Scientific Evolution

Mathematics
Physics
Chemistry

數理化通俗演義（下）【新裝版】

梁衡——著

新版序

爲科學加一層薄薄糖衣

這本書從一九八四年初版到現在，不覺已過了三十一個年頭。這期間共出過電子科技版、人民教育版、北師大版、湖北版、香港版、臺灣版、連環畫版等十七個版本，這次再版算是第十八版了，至於重印的次數已很難統計清楚。在頭版序裡我曾說過，本書只是一層薄薄的糖衣，想不到這一點甜味竟然三十年不散。值此又新版之際，謹向熱情的讀者表示深深的謝意。

此書寫作的本意是想緩解青年人，特別是在校學生的讀書之苦。一個人從小到大以至成人，一是長身體，二是長知識。因此社會才設了小學、中學，進行必須的教育。因為我小時候也備嘗學數理化之苦，就想換一個方法來向青年人講述通常教師們在課堂上板著臉講，在考場上瞪著眼睛考的科學知識。知識既然如飯一樣是一種必不可少的東西，我們也就應該如品美食一樣地快樂學習。

數理化通俗演義

我想為讀者找回這份樂趣。但是在寫作過程中我深為科學家的敬業精神和治學精神所感動，同時又為他們的聰明才智所折服，於是就漸漸傾注進了自己的感情和思考。在樂趣之外增加了情和理，儘量表現他們的獻身精神和治學方法。

現在想近三十年來讀者還忘不了這本書，大概是因為這三點：一是科學知識本身的魅力；二是科學家人物故事的吸引力；三是科學家的治學方法。知識、人物故事和方法，這正是貫穿本書的三條紅線。三線交織，既不同於虛構的小說，也不同於刻板的教科書，也不是純粹的方法論，在教育、科學、文學三邊地區填補了一塊空白。

隨著近年來科學的發展，這次再版在內容和文字上又做了一些修訂，側重了對治學方法的提示。另外又更新了版式，力圖在形式上更美一些。

目錄

數理化通俗演義（下）

目錄

第四十一回　孤軍深入化學不幸陷困境
天降奇兵物理仗義助其功

——光譜分析法的創立

上回說到在給呂薩克的實驗室裡，給呂薩克突然問道耳吞，怎麼解釋「水原子」裡含有半個氧原子的問題。道耳吞一時語塞，無法下臺。這個問題只用原子論是解釋不了的，自然道耳吞無法回答。直到一八一一年義大利化學家亞佛加厥◎1在原子論中引進了分子概念，創立了分子論，這事才得以圓滿解決。原來氣體都是以分子狀態存在的，化合物的分子都是由幾種不同的原子構成的。而且在同溫同壓下，相同體積的氣體所含原子數並不一定相同，而所含的分子數則是肯定相同的，都是6.02×10^{23}個，後人將這數字叫亞佛加厥常數。在原子和宏觀物質之間有了分子這一層過渡，許多化學反應就都很好解釋了。這實在是化學的一大突破。所以有種看法認爲化學新時代是從原子論開始的，「近代化學之父不是拉瓦節，而是道耳吞。」這是後話。

再說化學從拉瓦節到道耳吞，確有很大發展。一七八九年，拉瓦節的元素表上有三十三種元素，但實際上只有二十四種是眞的。又過了四十年到戴維去世時，化學家已經敢肯定有五十三種不同元素的存在，十九世紀初，人們又發現銥（Ir）、鋨（Os）、銠（Rh）、鈀（Pd）四種元素，一八四四年又發現釕（Ru），元素數字已上升到五十七種。但是這種發現卻從此止步不前，二十年過去了，世界上正是經濟大發展的時期，陸地上修了鐵路，大海裡漂著輪船，空中載人氣球也已上天，人們四處探險，收集礦石，收集標本，大型的冶煉，精密的化驗，各種先進的手法都已用上了，但是「排空馭氣奔如電，升天入地求之遍。上窮碧落下黃泉；兩處茫茫皆不見。」像當年戴維一人就發現十來種元素，何等得意，而現在全世界幾十年都發現不了一種元素，眞是山窮水盡了。各位讀者，原來科學的發展各學科間是相輔相成的。戴維當年本得力於電學幫忙，不想這化學得了物理的好處便只顧自己揚鞭催馬，孤軍深入，現在再無別的力量可以借助，於是便陷入泥灘進退兩難。

卻說化學這種裹足不前的局面直惱了一個人，叫他坐立不寧，寢食不安。這人叫本生◎2，德國人。他的父親是個教授，他大學畢業後也當教授，他一生就是極平靜地讀書、實驗、講課，他不用像拉瓦節那樣擔心政治迫害，因爲他從不介入政界；他沒有失戀的痛苦，因爲他一生就沒有談過戀愛。他每天的生活節奏像時鐘一樣準確，一樣平穩。但是近來，他就連散步也要抬起腳將路邊的石頭踢出老遠，來發洩他心中的煩悶。

這天黃昏時分，本生那高大的身軀又出現在海德堡大學門口。他眞是個像樣的男子漢，濃眉大眼，寬肩厚胸，大禮帽頂在頭上，雪茄菸掛在唇邊，既有學者風度，又有軍人氣魄。只可惜近來眉間總有一縷愁雲。這時迎面走來一個又瘦又小，臉上總抹不去笑容，嘴唇總不肯合攏，邊走邊和熟人說話開玩笑的人。他叫克希荷夫◎3，也是這個學校的教授。他一見本生，便故作吃驚地喊道：「我們的化學將軍，爲何這樣心事重重？我這個物理小卒可否鞍前馬後效一點綿薄之力？」說完也不等本生答話，便挽著他的手，向校園東邊的路上散步而去。他的頭剛與本生的肩齊高。他們是一對好友。

註解

◎ 1. 亞佛加厥（西元 1776 年～ 1856 年）：Amedeo Avogadro。

◎ 2. 本生（西元 1811 年～ 1899 年）：Robert Wilhelm Bunsen。

◎ 3. 克希荷夫（西元 1824 年～ 1887 年）：Gustav Robert Kirchhoff。

本生和克希荷夫走在一起就開始訴苦了。他說：「我這個作分析化學的，近來發明一種新方法，就是任何一種物質，在火裡燒時都有其固定的顏色。比如鈉是黃的，鉀是紫的。我想用這種方法也許能檢查出新元素。可是最近又發現不同的物質卻可以燒出同一顏色，比如鉀鹽和鍶鹽都是深紅的。剛剛摸到一個路口，卻又是一條死胡同。眞是走投無路啊。」

機靈的克希荷夫不以爲然地說道：「這有什麼了不起。車路走不通走馬路。換成我們學物理的，就不去看火焰的顏色，而是去看他們的光譜◎4。」

「光譜？」

「對。牛頓發現的那種光譜。」

「我怎麼就沒有想起這一招呢？」

「將軍，只因你的大帳下沒有物理兵啊。如蒙不棄，我願效勞。我手頭還保存一塊四十五年前大光學家夫朗和斐◎5親自磨製的石英三稜鏡呢。」

第二天，本生佈置了一個暗室，還準備了他發明的「本生燈」。這種燈燒氣體燃料，燈頭能大能小，火焰溫度可高可低，最好的是它發的光是白色的，做實驗時不會像酒精燈、蠟燭那樣火焰總有顏色。克希荷夫也抱來了幾件儀器。說是儀器，其實簡單得可笑。一塊三稜鏡，一個直筒望遠鏡，一個雪茄菸盒，一片打了一道窄縫的圓鐵片。只見克希荷夫先將菸盒內糊了一層黑紙，將三稜鏡裝在中央，再將菸盒打了兩個洞，又將長筒望遠鏡一鋸兩截，分別插在菸盒的兩個洞口上，一邊是目鏡，這便是用眼觀察的窺管；一邊是物鏡，鏡外再蓋上那只有一條細縫的鐵片，只許一線光進來。克希荷夫那雙靈巧的手，三下五除二便製成了世界上第一臺分光鏡。

實驗開始了。先讓陽光從鐵片縫裡射進，從窺管裡看去，光譜上有一條條的黑線，這就是「夫朗和斐線」，到底是什麼意思，當時誰也不懂，先不去管它。

接著他們把本生燈的火焰對準鐵片縫，然後本生用一根白金絲挑著各種鹽往燈焰裡送，克希荷夫對著窺管看，一邊讀出光譜上的線條：鈉鹽——兩條黃線；鉀鹽——一條紫線，一條紅線。這時本生挑了一點鉀鹽，火焰發紅，克希荷夫對著窺管讀道：「一條明亮的紅線，一條較暗的橙線。」

「好，我再挑一點鉀鹽。」

火焰仍然發紅，可是克希荷夫喊道：「這是一條明亮的藍線，幾條紅線、橙線、黃線——不對，你剛才放的什麼？」

本生也不答話，又向燈上加了一點東西，一把搶過窺管，果然是藍、紅、橙、黃的線，他忙喊克希荷夫：「請往燈上投一點鋰鹽。」只見譜線是藍、紅、橙、黃。他離開窺管一下抱著克希荷夫，大喊道：「鋰和鍶分清了。剛才我第二次放的是鍶鹽啊，你這破菸盒子真厲害，騙不了它。我們有新武器了。」

他們兩人就如小孩玩萬花筒一樣，在這間暗室裡對著這個雪茄菸盒子，從早晨一直玩到中午，早已忘了時辰。這時那各種鹽粒也快要讓他們燒光了。本生靈機一動，對克希荷夫說聲：「請先閉上眼！」接著他把那些各種剩餘的粉末一起攪拌起來，投入燈焰，說：「現在再看！」

註解

◎4. 光譜：光通過稜鏡或光柵等裝置，引起色散現象，而成單色光排列的光帶，稱為光譜。

◎5. 夫朗和斐（西元 1787 年～ 1826 年）：Joseph von Fraunhofer。

克希荷夫對著窺管邊看邊說：「你這裡一定有鈉鹽、鉀鹽、鋰鹽、鍶鹽。」

「對！一點不錯。」本生激動極了。

這時，克希荷夫的眼鏡還貼在窺管上，他看著那些五顏六色的譜線慢慢變淡、消失。他也脖頸發麻眼發酸，正要推鏡抬頭，忽然鏡裡又出現了兩條極明亮的黃線。他喊一聲：「哪裡又來的這麼一塊鈉！」一抬頭只見本生正將右手食指伸往燈火裡面燒。克希荷夫搶上去一把把他的手打開，喊道「你瘋了！」

「不。剛才一高興，眼睛一濕，我抹了一點淚水，想讓你這個菸盒子看看淚水裡有什麼新物質。」

讀者有所不知。這本生是有名的鐵指頭。他經常在實驗室裡和酸鹼打交道，十指連燒帶磨早就長了厚厚的老繭。他還有個愛好，就是守著一個火爐、燒玻璃，自己吹製出各種形狀的儀器。天長日久，火裡的鐵塊，玻璃棒他都敢去抓一下，捏一會兒。他上實驗課時經常平平靜靜地將一隻指頭伸進燈火裡對學生說：「此處的溫度大約是華氏三百度。」他剛才用指頭抹了一滴淚水，那淚裡有食鹽（NaCl），自然能看出鈉的譜線。不要說一滴淚了，就是手上稍有一點汗，摸一摸白金絲，再到火上一燒，也能顯示出鈉的黃色譜線。原來只要有二百萬分之一毫克的鈉鹽就足夠使燈焰的光譜顯出黃線。你只要將一本有灰塵的書在離本生燈不遠的地方「啪」地一合，那燈裡也就有黃色火星閃過。原來海洋上含有食鹽的水氣吹到地球各處凝在塵埃裡又輕輕飄落。就這麼一點都逃不出分光鏡的眼睛。眞是明察秋毫，鐵面無私。

卻說本生自從有了這個能分光的菸盒子，就像戴維當年一得了電斧就亂砍一樣，他把這台「照妖鏡」往眼前一架，照得興起，就是茶水、牛奶、肌肉、血液、石塊、木片也都要抓來看看它們的光譜。他這樣一照還眞照出了東西。一八六〇年五月的一天，本生尋來一瓶礦泉水，他將水濃縮，放在燈上一燒，再往鏡裡一看，光譜面的一個位置上出現了從未有過的天藍線條，再一找，又找到一種沒有見過的暗紅譜線。他將燈啪地一下揑滅，高聲宣佈：「我發現了！」他眞的這樣輕而易舉地發現了兩種新元素：銫（拉丁文意爲天藍）和銣（拉丁文意即暗紅）。接著一八六一年英國人克魯克斯◎6又利用光譜法發現了鉈（拉丁文意爲綠色），又過了二年，法國化學家又找到了銦（拉丁文意爲藍靛）。尋找新元素的化學家們在茫茫的沼澤地裡苦苦掙扎了十六年後終於又拔腿前進了。

我們且不說本生慶賀新發現的勝利，回頭再說克希荷夫正被太陽光譜裡那一條條的夫朗和斐黑線纏得好苦。他拿那黑線的位置和地球各種元素的譜線位置相對應，銅、鐵、錫、鈉、鉀、鈣，每一種元素的亮線正對太陽光譜的每一條黑線。難道地球上的這些元素在太陽上都沒有嗎？他想了一個妙法，就是用純氫氧燃燒生成高熱，再把這高熱的火焰打在石灰棒上，石灰棒就發出耀眼的光，這是一種「人造太陽」，發出的光譜連續均勻很像太陽，好處是上面沒有那夫朗和斐黑線。他先讓人造太陽進入分光鏡，觀察了一下，又在這石灰棒光前擺了一盞燒著鈉鹽的本生燈，讓兩種光重疊進入分光鏡。這時他再對著窺管望去，這一看不得了，他不禁「唉呀」一聲。原來那本應出現的鈉的黃線的地方卻出現了一段黑線，正如太陽光譜上的黑線一樣。聰明的克希

註解

◎6. 克魯克斯（西元 1832 年～ 1919 年）：Sir William Crookes。

荷夫用手將腦門一拍，立即悟出了一個道理：鈉的火焰不僅自己能發出黃光，它還能吸收外來的黃光，所以外來的光在這一段上就留下了黑線。那麼，太陽周圍的熾熱大氣裡一定有許多和地球上一樣的元素，截留了與自己相對應的光，所以留下許多黑線。夫朗和斐線原來是這麼一回事啊。又是天上地下一個樣！

這克希荷夫是個性急的人。他一有新想法就半會兒也憋不住。這時正是中午時分，他不顧烈日當頭就向本生的住房跑去。本生住在校園後面，獨身一人，獨房獨屋，門前草坪一塊，翠柳一株，平時甚是安靜。誰知今天他剛一轉過牆角，就聽見是本生的聲音在大喊：「抓住他，幫幫忙，抓住他，抓住他！」本來興沖沖的克希荷夫突然吃了一驚。想一定出了甚麼大事，急忙拔腿向前跑去。只見本生在草坪上東追西趕，還有一群小學生也跟著亂跑亂嚷，卻看不清是追甚麼人。突然一個小學生，手揮一只捕蝴蝶的長柄網兜向地上一撲，本生也像足球守門員一樣，撲身倒地。這時克希荷夫已經趕到，只見他大汗淋漓，忙問：「你們在抓誰啊？」

本生抬頭一看，見是老友克希荷夫，才擦把汗，喘口粗氣說：「嗯，在抓它！」克希荷夫這時才看清，網兜裡有隻普通蒼蠅。原來本生今天正在做計算鈹的原子量的實驗，他見天氣好，就將吸有鈹的濾紙拿在窗臺上曝曬，不想一隻蒼蠅飛來貪婪地吸著那帶來甜味的鈹。本生一見忙追將出來，虧得這群小學生幫忙，才將這個盜賊捉拿歸案。這時克希荷夫說：「要不要用我的分光鏡看看它的腿上是否已經偷有你的鈹。」本生說：「我好不容易製得一點，讓你拿去一燒，還怎麼計算？我另有辦法。」後來本生將這隻蒼蠅放入白金坩堝◎7裡焚化，又將堝底物質細心收集，竟算出蒼蠅偷走的鈹是1.01毫克，再加上濾紙上的總數，終於得出鈹的精確原子量，這是後話。

先說本生見克希荷夫大中午跑來便知有要事。而克希荷夫急慌慌地將他的新發現講了一遍，語言也不條理，說著乾脆點起本生燈將剛才的實驗重演一遍。本生連聽帶看，甚是高興，他收拾起燈具說：「這麼看來，當眞天上地下一個樣？」

「是的，地上的元素都能在太陽光譜裡找到對應的線段。」

「但是，老兄你不要高興得太早。我這裡剛剛收到一本雜誌。你看法國人詹森◎8和英國人洛克耶◎9在觀察日蝕的時候都從太陽光譜上發現了一條從前沒有見過的黃線。你說這是什麼元素？」

這克希荷夫可謂是當時世界上第一位光譜權威，不管天上的元素還是地上的元素，在他的腦海裡都早已刻下固定的譜線。他這時端詳著這本雜誌上的光譜照片，又閉目想想自己記錄過的所有光譜表，半天竟找不出它的位置。到底這種元素是什麼？且聽下回分解。

註解

◎7. 坩堝：坩堝（Crucible）是實驗室中使用的一種杯狀器材。

◎8. 詹森（1824年～1907年）：Pierre Janssen。

◎9. 洛克耶（西元1836年～1920年）：Norman Lockyer。

第四十二回 踏破鐵鞋得來卻在故紙裡
種瓜得豆辛苦終會有收成

——惰性氣體的發現

上回說到天文學家詹森和洛克耶在日蝕光中發現一種新譜線，給物理學家出了一個難題，有好幾年誰也無法解釋。人們只好猜測太陽裡可能有一種新元素，於是就把它定名爲「氦」（希臘文太陽之意）。誰知一波未平，一波又起。一八九二年，洛克耶突然收到一封信，信中提出一個無法解釋的疑團，洛克耶就乾脆把它發表在自己主辦的《自然》雜誌九月號上：

今有一事特向貴刊和貴刊的讀者求教。我最近多次用兩種方法製取氮氣，但它們的密度總不一樣。既是同一物為什麼會有兩種密度呢？

瑞利◎1 一八九二年九月二十四日

各位讀者，你道這個瑞利是誰？他是英國劍橋大學的教授。此人有極好的耐心，因此他也就選了一個極要耐心的研究題目，那就是測量各種氣體的密度（密度是指一公升氣體在攝氏零度和一個大氣壓下的質量）。而他的實驗室裡也有當時極好的一架天秤，靈敏度可達到萬分之一克。他製了一個大玻璃球。用眞空泵將球內空氣抽空，秤出球重，算出體積，再充進各種氣體，秤出淨重，求出密度。幹這種重複枯燥的事，他眞能不厭其煩。每種氣體都要秤幾次，而且氣體每次都得以不同方法製得，如果測量結果都一致了，這才放心。他就這樣秤了氫又秤了氧，秤了氧又秤氯，秤了氯又秤碳酸氣，對著那個玻璃球，抽了又充，充了又秤，秤了再算。從一八八二年開始一直做了整整十年。

這工作雖然枯燥，但那些氣體在他的手中都一一有了精確的密度，內心倒也十分愉快。不想到第十個年頭上，瑞利這個辦法再也不靈。他測氮氣密度，第一個辦法是讓空氣通過燒得紅熱的裝滿銅屑的管子，氧與銅生成氧化銅，剩下的就是氮氣，密度為每公升 1.2572 克。第二個辦法是讓氨氣通過濃氨水，生成水和氮氣，這種氮氣的密度為每公升重 1.2560 克，比空氣中的氮輕了 0.0062 克。

瑞利百思不解，便向《自然》雜誌寫了以上那封信。信發表後，瑞利一面盼著回音，一面不停地重複這個實驗。誰知道這個 0.0062 就像鬼影一般，揮之不去，閉眼又來。直氣得他真想把那個玻璃球一拳砸爛。小數點後面三位的小誤差，這在一般人也就算了，但是細心的瑞利卻決不肯放它過去。而他的信在雜誌上公佈了二年，竟沒有收到一封回信。瑞利實在等不得了，便帶上他的儀器直闖皇家學會。

一八九四年十一月十九日，他向許多化學家、物理學家當面做了一個關於「兩種氮氣」的報告。這一招還真靈，報告剛完，便有一個化學家拉姆齊◎2自報奮勇出來幫忙，他說：「兩年前我看到你那封信還沒有弄懂其意，今天我明白了，你從空氣中得到的氮氣一定含有雜質，所以會密度稍大。」這真是響鼓不用重槌，明人不用多說，瑞利恍然大悟：雜質不就是未發現的新物質嗎？原來一塊新大陸正在招喚他呢！瞬間，心頭的愁雲早已化成了眉梢上的笑意。他想，或許我已經抓住新元素的尾巴了。這瑞利正喜不自禁，突然有一個叫杜瓦◎3的物理學家又走上前

人物

◎1. 瑞利（西元 1842 年～ 1919 年）：John Strutt, 3rd Baron Rayleigh，

◎2. 拉姆齊（西元 1852 年～ 1916 年）：William Ramsay。

◎3. 杜瓦（西元 1842 年～ 1923 年）：James Dewar。

來將他的肩膀拍了一把：「老兄，這個問題卡文迪許◎4早在二十年前就曾提出過，我建議你去查查他留下來的筆記，或許能幫你一把。」卡文迪許，瑞利現在就正在卡文迪許實驗室工作，那些舊筆記就鎖在他手邊的櫃子裡。他一聽這話更是喜上加喜，連忙喊道：「我現在就收拾東西回劍橋去。」

各位讀者，你道這卡文迪許何許人也？他可算得上科學史上的一個怪人。他出身貴族，很有錢，但是一不做官，二不經商，三不交際。他把錢都用來買科學儀器和圖書，他還蓋了一個很像樣子的私人圖書館，任何人都可以來借書，但是一定要按時歸還，就是他自己看書也要先打個借條，辦個手續。他的穿戴全是上個世紀的打扮，所以一出門就有許多小孩子跟在後面，又叫又笑。他一輩子沒有結婚，不知缺根什麼神經，從心裡厭惡女人，家裡用著女僕，但又規定不許與他見面。每天早晨，他將吩咐女僕辦的事寫在紙上，放在固定地方。吃飯時女僕先擺好飯菜退出餐廳，他再進來落坐。他離開後，才許女僕進來收拾碗筷。一天，他在樓梯上與女僕偶然相遇，一時竟氣得發抖，返身找到管家，命令再造一個樓梯，男女各行其便。他思維怪異，一生發現甚多，比如：第一個從水中電解出氫、氧，並測出比例；第一個測出地球的密度等等。但是他又極少公開發表，寧肯讓這許多成果掩藏在塵封土埋的筆記本裡。

直到他死後五十年，馬克斯威爾受命籌建卡文迪許實驗室，才十分吃力地將這些「天書」一本本地整理發表。這件事，著實使那個極聰明的馬克斯威爾晚年耗費了許多的精力。

再說瑞利連忙趕回劍橋，一進實驗室就開箱啓櫃，抱出那一疊疊紙色變黃的筆記，終於在皇家學會一七八四年和一七八五年的年報中找到卡文迪許的一篇《關於空氣的實驗》，而在他的筆記中又讀到了更詳細的實驗記錄。

原來這個怪人想出了這樣一個怪辦法，他將一個U形管的兩頭浸在兩個裝有水銀的酒杯裡，架起一個天橋，再用當時還原始的摩擦起電機從兩頭通電，U形管中的氧氣和氮氣在電火花一閃時便化合成紅色的二氧化氮，接著滴進一種特殊溶液將其吸收，再通氧，再化合，如此反覆多次。卡文迪許和他的助手輪流搖起電機，整整搖了三個星期，最後彎管中還剩下一個很小的氣泡，任你怎樣通電，它也再無絲毫的表示。卡文迪許當時就斷定，看來空中的氮氣（當時叫濁氣）不是單一物質，一定還有一種不與氧化合的氣體，而且他還算出了這種氣體不會超過全部空氣的一百二十分之一。

啊，原來如此。這眞是：

踏破鐵鞋無尋處，得來卻在故紙中。

卻說瑞利找到卡文迪許的筆記，喜得手直發癢，立即架起儀器，重做這個一百零九年前的氣泡試驗。不過，他現在已有了最新設備，這氣泡立時就得。他又將此事通知拉姆齊，拉姆齊用其他方法也獲得了同樣的氣泡。看來，這東西肯定是一種未發現的元素了，而且十有八九就是洛克耶和詹森在太陽上發現的那個氦。現在又用得上克希荷夫發明的那個雪茄菸盒子照妖鏡了。

他們興沖沖地取來分光鏡，誰知不照猶可，一照忽如一盆涼水貼著半個身子從頭到腳淋了下來。讀者或許要問，怎麼會是半邊涼呢？原來瑞利滿以爲這回他一定捕到了那個已有二十六年沒

註解

◎ 4. 卡文迪許（西元 1731 年～ 1810 年）：Henry Cavendish。

有歸案的逃犯——氦，不想分光鏡裡的譜線卻又是另外一種，所以渾身就涼了半邊。可是他再仔細一看，這譜線是橙、綠兩條，和其他已有元素也對不上號，不禁又激動起來。種瓜不收反得豆，他沒有逮住「氦」，卻發現了另一種新元素。瑞利給他起了個新名字叫「氬」，這在希臘文裡是不活動的意思。同時拉姆齊在倫敦也找到了氬。這是一八九四年八月的事。

卻說瑞利和拉姆齊種瓜得豆，找氦得氬後，拉姆齊總不死心。這時，他們找到氬的消息傳出，一位元化學家給拉姆齊寫信說，鈾礦和硫酸反應會生成一種氣泡，不能助燃，也不能自燃，說不定就是你的氬。拉姆齊連忙一試，這種氣體的光譜竟和氬又是不同。他實在想不出這又是一種什麼新玩藝兒，便連同裝著新氣體的玻璃管和分光鏡一起送給當時最權威的光譜專家克魯克斯◎5，請他鑒定。一八九五年三月二十三日，拉姆齊正在實驗室裡工作，突然收到一份電報：

你送來的氣體，原來就是氦。——克魯克斯。

真是有心栽花花不活，無心插柳柳成蔭，想不到追查了二十七年的氦，倒這樣輕易地被逮捕歸案了。

但是拉姆齊脾氣很強，他總覺得氦這樣躲躲藏藏地和他作對，雖然找到了也不痛快。而且，氦既然很不易和其他元素結合，那麼它一定會獨立存在於空氣中，所以他決心要在空氣中直接找到氦。他知道氦、氬都有惰性，已不易通過化學反應將它們分離，這回他換了一個物理的辦法，就是將空氣冷凝到零下192℃，變爲液體，根據它們蒸發的先後次序不同，再將它們一一分開。

這天上課了，拉姆齊教授走進課堂，他在桌上放了一個特製杯狀大器皿。裡而是冷凝的液態空氣。學生們從沒有見過空氣會像水一樣盛在杯子裡，都瞪大眼睛看教授要做些什麼。只見拉姆齊拿起一個小橡皮球在器皿裡浸了浸，往地上一扔，球沒有像往常那樣蹦起來，卻嚓啦一聲跌了個粉碎。只聽教室裡齊刷刷地「呀」了一聲，學生們驚得一個個眼睛溜圓。教授不慌不忙，又往一只裝滿水銀的試管裡插進一根鐵絲，連試管往器皿裡一泡，再抓住鐵絲往外一拉，竟拉出一根水銀「冰棒」，拉姆齊拿起一個釘子，用這根冰棒，當當當，幾下就將釘子釘到牆裡，這時教室裡又叫起一片笑聲。但是還不等笑聲散去，教授又從口袋裡掏出一塊麵包，大家還沒有看清怎麼一回事，麵包早在器皿裡打了一個滾，又撈了上來。拉姆齊說：「快將窗簾拉上！」只見室內一暗，這麵包竟發出天藍色的光。但是這時學生們卻有點急了，那寶貴的液態空氣越蒸發越少，難道花那麼多錢就爲今天變一陣魔術嗎？不想，拉姆齊乾脆宣佈實驗結束，大家回家吃午飯。他將那杯液態空氣大敞著口，鎖上門，揚長而去。

原來拉姆齊心中有一個既定主意。他想氦一定比氧、氮蒸發的慢，最後留在器皿底下，慢慢來收拾也不會跑掉。下午，拉姆齊將器皿底那點已經不多的空氣經過除氧、除氮處理，收得一個小小的氣泡，再用那個分光鏡一照，氦沒有找到，可是又出現了一種新譜線——這一定又是一種新元素了。這又是種瓜得豆，種豆收麥，跌跤拾寶，陰差陽錯。拉姆齊把這種新元素定名爲「氪」（希臘文隱藏之意）。這天是一八九八年五月二十四日。

沒有找到氦，拉姆齊並不氣餒。他想，你沒有留在最後就說明你先蒸發走了。這回他學聰明了，將液化空氣一點點蒸發分餾，然後逐次抽樣，用分光鏡檢查。他先查出一種新元素把它定名

註解

◎5. 即上回提到發現鉈的英國科學家克魯克斯。

爲「氖」（希臘文「新」之意），然後終於找到了那個最狡滑的氦，接著在一八九八年七月十二日又找到了「氙」（希臘文「陌生」之意）。這樣拉姆齊用分餾法加光譜法，在不到半月內就連克三城，發現了三種最不易爲人看到的惰性元素。到此爲止，那個氦已讓人發現過三次了。第一次在太陽上，第二次在釔鈾礦裡，第三次在空氣裡。因爲找它，又牽出了一串惰性元素。後來拉姆齊說：「尋找氦使我想到了老教授找眼鏡的笑話。他拚命在地下找，桌子上找，報紙下找，找來找去，眼鏡就在自己的額頭上。氦被我們找了一大圈，原來它就在空氣裡。」

正是：

種瓜不成反得豆，陰差陽錯終能收。
只要張網細打撈，魚蝦蟹蚌都不丟。

第四十三回　運籌帷幄一副彩牌定乾坤　決勝千里三國學人拜下風

——元素週期律的發現

前幾回說到化學家們爲發現新元素眞是廢寢忘食，絞盡腦汁。他們在元素王國這片陌生的土地上東奔西突，左砍右殺。各人祭起自己的法寶，八仙過海各顯神通。那戴維用的是一把電斧，東劈西砍發現了鉀、鈉等十幾種元素；那本生、克希荷夫用的是一柄光劍，一路刺開去找到了銫和銣；瑞利和拉姆齊則使的一把牛耳尖刀，專愛一層一層地剝竹筍，這就是分餾法，他們終於發現了氦、氖、氬、氪、氙等惰性氣體。

到此化學家們已將所能使的各種化學、物理方法都已用盡。十九世紀中期，元素也已發現到了第六十三種，又是山窮水盡再無路了。而且就是已發現的這六十三種元素也夠使化學家們眼花繚亂的。你看：有那硬的、一刀刺下不傷分毫；有那軟的，指甲掐去如碰豆腐；有那性格沉穩的，任怎樣擺弄也不去與別人結合；有那脾氣暴躁的，放在空氣中就冒火；更有那一物多變的，如磷，有紅，有黃；如碘，有時棕色，有時紫色。就是一塊燦爛的黃金，當把它打成極薄的箔片時竟會變成藍綠，而且還透明呢。現在不要說再去發現新元素了，就是先把這六十三種分分類、排排隊也無從下手。這化學，眞是剛從泥灘裡拔出來，又在森林裡迷了路，不知如何是好。

話說西元一八六七年俄國聖彼得堡大學裡來了一位三十三歲的化學教授門得列夫◎1。此人身材修長，眉清目秀，一看就是那種才華橫溢，精力過人的青年學者。只要他一開堂講課，教室

註解

◎1. 門得列夫（西元 1834 年～ 1907 年）：Dmitri Mendeleev。

門裡門外，窗沿上，臺階下都擠滿了學生。那奇妙的化學變化伴著他沉穩的手勢和多彩的語言，直把聽者吸引得就如釘釘死、膠黏住一般。連學校當局也暗自高興聘了一個好教授。但是這門得列夫卻有兩樣毛病，一是愛喝酒，二是愛玩牌。他平時備課，桌子上就是少了紙筆也少不得一滴白蘭地一只銀盃。要是有一點傷風感冒的小病，他從不上醫院，最妙的辦法就是一仰脖子，咕嘟咕嘟半瓶酒下肚，然後拉過一件老羊皮襖，渾身一裹，往沙發上一滾，呼嚕嚕地睡上一覺，什麼頭痛腦熱都會在夢裡雲散煙消。他身為化學教授大部分時間不是在實驗室度過，而是將自己關在書房裡，手裡總捏著一副紙牌，顛來倒去，整好又打亂，亂了又重排，也不邀請牌友，也不去上別人家的牌桌，真不知他這個牌是怎樣的玩法。

再說化學界因為那些難以捉摸的元素正鬧得亂哄哄的，莫衷一是。一八六九年三月，俄羅斯化學會專門邀請各方專家進行了一次學術討論。學者們有的帶著論文，有的帶著樣品，有的帶看自己設計的儀器當場實驗，各抒己見，好不熱鬧。而那個門得列夫隻身空手，裹一件黑色外衣，蓄著一把小鬍子，靜坐在桌子的一角，三天來不言不語，只是瞪著一雙大眼睛看，豎起耳朵聽，有時皺皺眉頭想。

這天眼看會議日程將完，主持人躬身說道：「門得列夫先生，不知你可有什麼高見？」只見門得列夫也不答話，起身走到桌子的中央，右手從口袋裡抽了出來，隨即就聽唰啦一聲，一副紙牌甩往桌面上，在場的人無不大吃一驚。門得列夫愛玩紙牌，化學界的朋友也都略有所聞，但總不至於鬧到這步田地，到這個嚴肅的場合來開玩笑。

在座的有一位長者壽眉雙重，銀鬚齊胸，他叫齊寧◎2，是門得列夫的老師，過去很賞識門得列夫的才華，推薦他來校任教。今天他見學生這樣開玩笑心中早已不快。只見門得列夫將那一把亂紛紛的牌捏在手中，三兩下便已整好，並一一亮給大家看。這時人們才發現這副牌並不是普通的撲克，每張牌上寫的是一種元素的名稱、性質、原子量等，共是六十三張，代表著當時已發現的六十三種元素。更怪的是這副牌中有紅、橙、黃、綠、青、藍、紫七種顏色。

門得列夫眞不愧爲一個玩紙牌的老手，他用拇指和食指輕輕一拈，紙牌由紅到紫便成一排，再一拈又是一排。這樣前排靠著後排，整整齊齊，竟在桌上列成了一個牌陣。要是豎看就是紅、橙、黃……分別各成一列。門得列夫將這個牌陣排好，叫大家看個明白，然後用手一攪，滿桌只見花花綠綠，橫七豎八，不過是一堆五彩亂紙片。他說：「這混亂的一團；就是我們最感頭疼的元素世界。實際上這些元素之間有兩條暗線將它們穿在一起。第一，就是原子量。儘管不同元素有時會有相似的某種特性，儘管同一元素不同情況下又會表現出不同的顏色、形狀，但有一點它們卻永不會變，就是各自有自己特有的、互不重複的原子量。因此，我們可以根據原子量的大小將它們排成一條長蛇。」

說著，門得列夫十指撥弄一番，一堆亂牌變成整齊的一線。誰知這一排，卻明顯地看出那七種顏色的紙牌就像畫出的光譜段一般，有規律地每隔七張就重複一次。門得列夫又將其一截截地斷開，上下對齊說：「可見，按原子量的大小，元素的性質在做著有週期的重複。如果豎著看，每一列的元素性質相似，這就是第二條暗線——原來每列元素的化合價◎3相同。你們看，左邊

註解

◎2. 齊寧（西元1812年～1880年）：Nikolay Zinin。

◎3. 化合價：由一定元素的原子構成的化學鍵數量。

這列紅紙牌上標的是：氫、鋰、鈉、鉀、鉫、銫，它們都是一價元素，性質活潑，除氫外都是鹼金屬。它們構成相似的一族，而在這一族裡因原子量的遞增，元素的活潑性也在遞增，鋰最輕，原子量是7，也最安靜，落到水裡只發一點嘶嘶聲，鈉的原子量是23，落到水面上就不安地又叫又跑；鉀的原子量是39，落到水面上會尖叫著亂竄、爆響，還起火焰；要是排尾的那個銫，原子量是133，簡直不能在空氣裡待一秒鐘，立即就會自己燃燒起來。這六十三種元素，原來就這樣暗暗地由原子量這條線穿起來，又分成不同的族，每族有相同的化合價，按週期循環，這就是週期律，元素週期律。」

只見門得列夫雙手像變魔術一樣將那副紙牌在桌上變來變去，口中念念有詞講著每一個元素的性質，滾瓜爛熟，如數家珍。他放下紅紙牌又拿起綠牌，說了第一族又說第二族，周圍的人直聽得目瞪口呆，他們這些在實驗室鑽了十年、幾十年，手上也不知被燒起多少傷疤，掉了幾層皮的專家、教授，想不到一個青年人玩玩紙牌就能得出這番道理，要說不服氣吧，好像有理，要說眞是這樣，又哪能這樣容易。這時突然有人說道：

「先生，我看你那幾張牌也未必就能將元素規律演試清楚。你看六年前發現的新元素銦，原子量是75.4應排在砷和硒之間，可是這樣一來砷無法和它相似的磷在一族裡，硒也被擠出了硫那一族，豈不是擾得四鄰不安？這還算什麼規律？」

「先生，莫急。我看那銦的原子量很可懷疑，它的性質和鋁相似，按我推算它的原子量應是113.1（後來測得是114.82），它本來就不應該擠在砷後面，應排到鎘與錫之間去，這不就大家都相安無事了嗎？」

這時，一直坐在旁邊看著的齊寧早已氣得鬍子掀起眉毛高，他一拍桌子站起來，以師長的嚴厲聲調高聲說道：「快收起你這套魔術吧。身爲教授、科學家不在實驗室裡老老實實做實驗，卻異想天開，擺擺紙牌就要發現什麼規律。這些元素難道就由你這樣隨便擺佈嗎？」

門得列夫一見是老師發了脾氣，忙將紙牌收攏，畢恭畢敬地解釋道：「不是我不做實驗，是前人，戴維、本生、克希荷夫他們已經做了夠多的實驗，發現了這麼多元素，我們該從理論上做一點思考了。克卜勒當年從他的老師第谷手中接過了七百顆恆星的觀察資料，並沒有按照師囑再去觀察第一千顆，他做了理論思考，終於發現了能解釋眾星運行的三定律；勒維耶之前有多少人在觀察尋找天王星外的新星，他並沒有把主要精力放在實地觀察，而是做了理論推算，一下就準確地找到了海王星。在研究元素的過程中人們使用的武器夠多了，有光，有電，有分餾法，這些都不夠了，現在需要理論，化學該有自己強大的理論武器問世了。」

「你這是什麼理論？像是說夢，像是小孩玩積木。你何不按字母順序去排元素週期呢？那樣不是更省事，更整齊嗎？」這齊寧老頭越說越激動，一邊就收拾皮包準備離去，別人見狀也都紛紛站起，這場討論不了了之。

再說門得列夫回到家裡後還是繼續推著這副紙牌，遇有哪個地方的順序接連不上時，他就斷定一定還有什麼新元素未被發現，暫時補上一張空牌，再根據它所在的族起一個「類鋁」或者「類硼」等樣的名字。他這樣一口氣預言了十一種未知元素，那副紙牌也已是七十四張。自從那天在會上碰了釘子，他閉門謝客，每日起來獨自玩一會兒紙牌，翻幾本新到的雜誌，便叫助手安東拿過酒瓶自斟自酌，倒也悠閒。這樣一連過了幾年，忽一日他正品酒翻書，突然大叫一聲，將酒杯扔出老遠。安東不知出了什麼事，急忙推門進來。門得列夫一下撲上去，雙手搖著安東的肩膀喊道：「我們勝利了，他們這回要投降了，有人已經證實了我的預言！」

原來他剛才看到一個材料。法國科學院宣佈他們的科學家瓦博德蘭◎4在一八七五年九月發現了一種新元素——鎵。而且那發現過程是多麼艱苦，多麼神秘。這個瓦博德蘭是一個光譜分析的好手，在一八七五年八月二十七日深夜三點多鐘，他在分析從庇里牛斯山送來的一種閃鋅礦時捕捉到一微紫色光線。他對這個新發現沒有把握，但又怕別人搶了先，於是連忙寫了一個備忘錄，用火漆封好，寄交法國科學院備案。又過了三個星期，他手頭的這種新物質已經積累到一毫克，他又測了它的比重、原子量，於是就正式宣佈他發現了新元素。

再說門得列夫見有人發現了新元素，喜得酒杯也扔了，牌也不玩了。但過一會兒他發現瓦博德蘭的測量並不準確，立即提筆寫了一封很自信的短信：「先生，你發現的鎵，就是我五年前預言的『類鋁』，只是它的比重應該是五點九，而你卻測得是四點七，請你再做一次實驗，我想大概是你的新物質還不太純的緣故吧。」

這瓦博德蘭在巴黎正為自己的新發現所陶醉，不想突然收到這樣一封信。全世界就只有他擁有這麼一點鎵，這個俄國人由哪裡得到的資料呢？他半信半疑立即將新積累的共十五分之一克鎵拿來再仔細測算一次。——天啊，果然是五點九四！這個法國人立即給聖彼得堡回了一信：「尊敬的門得列夫先生，首先祝賀你的勝利。我能說什麼呢？這次實驗，連同我的發現都不過是你的元素週期表的一個小註解。這是你的元素週期律的偉大之處的最好證明。」

事情沒過幾天，齊寧也親自來登門得列夫的門。這回他手裡提著酒瓶，一進門就開朗地喊道：「年輕人你贏了，我們俄國人贏了，讓我們一起來痛飲一杯！」

事情還不止於此。這門得列夫坐在家裡，千里之外不斷地向他送著捷報。法國剛發現了鎵，一八七九年瑞典人尼爾森◎5又發現了鈧，就是門得列夫曾預言的「類硼」。一八八五年德國人溫克勒◎6又發現了鍺，就是門得列夫曾預言的「類矽」。尤其是這鍺和門得列夫十五年前的預言竟然吻合得如此嚴密。門得列夫說：「它的原子量可能是72。」溫克勒說：「測到的是72或73。」門得列夫說：「比重該是5.5。」溫克勒說：「是5.47」門得列夫說：「新元素的氯化物比重大約是1.9。」溫克勒說：「是1.887。」

門得列夫驚人的預言，準確的週期表一時間轟動了法國、瑞典、德國，轟動了全歐洲。各國科學院紛紛請他去訪問，爭先恐後地向他授予學位、學銜。他預言的十一種未知元素後來都一個個被人找到，乖乖地到他的週期表裡排隊站位去了。特別是後來找齊了的氦、氖、氬、氪、氙、氡又給週期表增加了新的一族。元素世界一目了然，週期表眞可謂天衣無縫了。它像一幅大地圖，只要我們一展開，萬里河山就盡收眼底。以後人們對化學的研究就全靠這幅指南圖了。各位讀著，這正符合了實踐生成理論，理論指導實踐的道理。我們前幾回書裡講過的勒維耶發現海王星，赫茲發現電磁波，不都是在牛頓和馬克斯威爾的理論之後嗎？這實在是一條科學發現的相似

註解

◎4. 瓦博德蘭（西元 1838 年～ 1912 年）：Lecoq de Boisbaudran,Paulémile。

◎5. 尼爾森（西元 1840 年～ 1899 年）：Lars Fredrik Nilson。

◎6. 溫克勒（西元 1838 年～ 1904 年）：Clemens Alexander Winkler。

規律。這種理論上的突破比戴維當年找到一種鈉或鉀不知重要多少倍，在思維方面付出的艱苦勞動也決不亞於在實驗室裡的具體操作。當時有人眞的以爲門得列夫只是喝酒、玩牌就發現了週期律。有一天，聖彼得堡的一位小報記者上門採訪說：「門得列夫先生，你是不是承認你是一位天才？」

「什麼是天才？終身努力，便成天才！」

「可是我聽說你是在一晚上做了一個夢，夢見你桌子上的牌變成一條蛇，這蛇又彎成幾折，醒來後就製出了週期表。」

門得列夫哈哈大笑，笑得鬍子都在顫抖，答道：「你要知道，這個問題我大約想了有二十年，而你卻以爲坐著不動，五個子兒一行、五個子兒一行地寫，就寫出來了，事情哪有這樣簡單。」

門得列夫本來就是學院裡有名的教授，週期律發現後他更受學生的歡迎，每天慕名來聽課的人擠得連教室的走廊上也插不進一隻腳。這天，像往常一樣，門得列夫又來上課，照樣是滿堂屛氣凝神，鴉雀無聲。一會講課結束，學生們又歡呼雀躍，掌聲雷動。可是門得列夫卻將講義合上，示意學生們靜下來，走到講臺的前緣。他沉默了片刻，像要說什麼，卻又說不出，眼裡含著憤怒，還閃著一點淚光，最後只說了一句：「對不起，同學們。我這是給大家上的最後一堂課。希望你們今後認眞讀書，各自珍重。再見。」

門得列夫爲何突然罷課，請聽下回分解。

第四十四回　一聲霹靂滿面鮮血高呼勝利　萬貫資財終生發明全留後人

——強力安全炸藥的發明

上回說到門得列夫突然罷課。原來這位科學家不但投身於科研事業，他還深切的關心著當時俄國的革命運動。一八九〇年三月，聖彼得堡爆發了反沙皇的學生示威遊行，門得列夫立即挺身而出表示支持，並代表學生向教育部送了請願書。當局拒不接受，門得列夫就決定辭職，以示抗議。這以後他離開了自己曾任教三十三年的聖彼得堡大學，又任了幾處閒職，到一九〇七年一月二十日凌晨五時便不幸與世長辭。送葬那天，隊伍前面抬著一張巨大的元素週期表，自動參加的群眾有一萬多人。

在一個學科領域裡常常是一些人在理論方面開疆拓地，標新立異，而另一些人則在應用方面發明創造，大顯身手。正像前幾回在物理方面我們講過馬克斯威爾又要講講馬可尼一樣，現在，在化學家中我們說過門得列夫還要再表一個人物，這就是只比門得列夫大一歲，卻比他早死了八年的黃色炸藥發明者諾貝爾◎1。

這諾貝爾與一般科學偉人的不同之處，就是他有一個科學研究和進取精神極強的家庭環境。讀者中如果有哪一位希望自己的子女成才便不可不留心於此。卻說西元一八三三年十月二十一日，後來成了世界名人的諾貝爾在瑞典的斯德哥爾摩降生。這是一個剛剛遭受一場大火洗劫後的家庭，一家五口只靠借債度日。而諾貝爾一降生就好像不準備在這個世界上過一樣，今天發燒，

註解

◎1. 諾貝爾（西元 1833 年～ 1896 年）：Alfred Bernhard Nobel。

明天驚厥，可憐的小臉上沒有血色，很少笑容。媽媽幾乎整天把他摟在懷裡，經常輕聲嘆息說：「他在這世界上待不了幾天的。」到六、七歲諾貝爾能到院裡玩耍時還慢慢騰騰，弱不禁風，因此他很少和夥伴們一塊兒遊戲。但是在他這個羸弱的軀體裡卻開始一點一滴地凝聚著堅強的意志。這首先是父親的影響。父親當過海員，學過建築，頭腦聰明，性格頑強，嗜好發明，決不肯安於現狀。家裡遭火災之後他便決心重振家業，出國到芬蘭謀生，後來又轉道俄國。兩個只有七歲和九歲的哥哥一有空就到街上找活幹，為家裡掙一點小錢。而母親呢，性格剛烈，心地慈祥。她一面支持丈夫到外面去闖天下，一面當孩子們去掙得錢時，她卻擲錢於地，厲聲說道：「知道嗎？你們這個時後應該讀書。用少年時光去換錢，給多少也不合算的。」她一個人扛起沉重的家務，為三個兒子的生活、學習，特別是為諾貝爾的身體操碎了心。到一八四二年一家人遷居聖彼得堡，家境才逐漸轉好了起來。

在聖彼得堡，父親為俄國軍界開了一個製造地雷和水雷的大工廠，已經很有錢了。他為三個兒子聘請了最好的家庭教師，一心要讓他們成才。孩子們學習成績極好，特別是諾貝爾，時間不長，俄文水準就超過了父親，他很快又學會了英語、法語、德語、義大利語，這為他以後走遍世界打下了一個極好的基礎。

再說諾貝爾在聖彼得堡一天天長大，他和兩個哥哥每天跟著父親出入工廠，接觸生產，對技術問題發生了濃厚的興趣。當時俄國正在和英、法、土耳其打那場歷史上有名的克里米亞戰爭，軍火生產供不應求。一天突然有兩位聖彼得堡大學的教授來訪諾貝爾的父親，請求製造一種威力極大的新炸藥。只見客人從箱子裡小心翼翼的取出一個通常裝眼藥用的小瓶倒出一滴黏稠的油狀物體，用火柴一點，「呼」地一聲就冒起一團兩尺高的大火。教授說：「這就是硝化甘油，比我們傳統使用的中國人發明的黑色火藥爆炸力要大十倍。但是它一八四六年問世以來，快二十年過去了，誰也沒法駕馭它，所以一直沒有被用於炸藥製造。連它的發明者義大利的索布雷洛◎2先生也被這雷神炸得受了重傷，面容被毀，實驗室被炸得粉碎。據我們所知英法等國雖然也有研製新炸藥，但是也沒有一家敢從這裡入手，不知你們這個廠敢不敢承擔這個任務？」

前面說過，那老諾貝爾是個爲發明不要命的人，如此有誘惑力的新炸藥他哪肯放過，便一口應承下來。但是時隔不久戰爭結束，工廠訂貨急劇下降，生產難以維持。接著又是一次爆炸事故，他們全家一夜之間又成了窮光蛋，只好再搬回瑞典。可是硝化甘油卻像夢魘一樣壓著諾貝爾父子的心。他們在衣食都難以保證的情況下還維持著一個小小的實驗室，賢良的母親就每天在這充滿火藥味的廚房裡操勞，她沒有一點怨言，經常悄悄地向上帝禱告，祝他們早日成功。這天正當母親收拾完碗筷，坐在床邊歇一下腳的時候，忽聽房後轟隆一聲巨響，她連忙推門，只見他們父子的那間小實驗室的窗戶裡正往外噴著濃煙，火苗舔著門框，玻璃碎落在地。她嚇得只是張口卻喊不出聲來，腿軟得挪不出半步，心想：「這回全完了！可憐的孩子，上帝總不肯放過他！」忽然那濃煙烈火中跳出一個人來，滿臉鮮血，袖口褲腳處還帶著火苗，胸前的衣服被撕去一大塊，也露著血跡。只見他一邊往外跑一邊舉起一隻手大喊道：「成功了，我成功了！」原來諾貝爾這些日子正在研究怎樣使硝化甘油引爆的辦法，今天試裝了一個雷管，剛一點火，想不到會有

註解

◎2. 索布雷洛（西元 1812 年～ 1888 年）：Ascanio Sobrero。

這麼大的威力，氣浪將他一下推倒在地。他爬起來伸手一摸滿臉血水，再一看屋裡煙火彌漫，也不知驚怕，不知疼痛，反倒欣喜若狂。母親見兒子成了這個樣，忙上去一把摟住，邊撲打火苗邊喃喃地說：「感謝上帝保佑，你眞算命大啊。」諾貝爾卻說：「好媽媽，感謝你虔誠的禱告，上帝保佑了我的成功。」

正是：

創造發明要勇氣，書生火中敢取栗。

卻說這諾貝爾自從試製雷管成功，硝化甘油炸藥便開始投入應用。當時歐洲到處修鐵路，開礦山，這炸藥自然極受歡迎。可是自從上次事故之後，他和父親建的炸藥廠又出了一次大事故，廠房被炸了個粉碎，有五人血肉橫飛，他的弟弟也不幸犧牲。由於人們對硝化甘油的性質認識不清，在運輸和攜帶當中也事故不斷。有人以爲它既是一種油也就有普通的油性，因此便隨手取來潤滑車輪、擦皮鞋甚至摻到燈油裡點燈，自然招來了橫禍。有一次在一座大飯店裡，服務員看見一個客人存放的箱子冒煙，忙提了出去，剛走到馬路中間，霹靂一聲，平平的馬路頓時出現一個一公尺深的大坑，兩邊樓房的玻璃全都如秋風搖落葉一般嘩啦啦地碎落下來。於是炸藥的發明者到處遭到人們的非議，諾貝爾簡直被人看作死神的化身。

一天，諾貝爾被警察局叫去，受到嚴厲的警告。當他心情煩亂，拖著沉重的步子走回家時，門口正圍著許多憤怒的人，大門上也讓人刷了幾個刺目的大字：「專門製造恐怖和死亡的人家！」人們高喊著：「走遠一點，死神！」「我們不要這樣的鄰居！」「不能和魔鬼在一起！」

他年邁的父親正顫巍巍地給大家說著好話，母親兩眼含著淚水，一隻手在胸前畫著十字。諾貝爾心中就如打翻了五味罐子不是滋味。他靠在路邊的燈柱上，臉色煞白，強忍著才沒有讓自己跌倒。

怎樣發明一種既威力強大又使用安全的炸藥呢？諾貝爾知道下一步是該攻這一關了。但是他若再這樣試驗下去，憤怒的人群會將他砸為肉醬的。於是他便來到人煙稀少，森林環抱的梅拉倫湖畔，買了一條廉價的舊船，將船停在湖心，又開始了新的試驗。到夜深人靜之時，人們常會聽到湖心傳來砰砰的爆炸聲。遠遠望去漆黑的湖面閃著一星燈火，大家說那就是那個不要命的炸神諾貝爾。

諾貝爾就是這樣整天和死神廝混在一起，後來終於想到：「要是能將液體甘油變成固體，不就容易保存，便於運輸，安全多了嗎？最好能找到一種吸附劑。」他試了紙屑、木粉、煤末、木炭，最後終於找到了一種「矽藻土」，這種東西可以天然開採，有許多小孔，重量很輕，將硝化甘油往裡一拌，要捏成什麼樣就是什麼樣。在岩石上打個圓洞，將它搓成長條塞進去，用雷管一點火，那些堅硬如鐵的山石立即就被炸成個天女散花。這就是黃色炸藥，它徹底替換了人們使用了上千年的黑火藥。而且這種炸藥還很安全，你就是從高處拋下來，放在鐵板上用鐵錘砸，它也不會爆炸。

諾貝爾創辦的炸藥公司立即大批生產，行銷歐洲各國。一八六八年時年產量還只有七十八噸，到一八七四年時升到三千一百二十噸以上。諾貝爾已經由一個科學家變成大企業家，他在十四個國家建立了十六座炸藥工廠，眞正成了一個炸藥大王。他本人也乾脆在巴黎買了房子，建了大實驗室，遷居法國。不久他又在這裡進一步發明了威力更大的膠質炸藥和無煙炸藥。

現在諾貝爾的大名已經和他發明的炸藥一樣傳遍全球，於是各種應酬的麻煩事情也就接踵而來。有請他出席各種儀式的，有要給他授銜的，有訂貨談生意的，有和他爭專利打官司的，還有許多人是寫信或找他要錢的。他們都知道諾貝爾先生是當今世界上少有的富翁，就都來向他拔毛。

有一次諾貝爾年輕的女廚師來向他請假，說她要去結婚了。諾貝爾說：「妳想要一件什麼樣的禮物？」這姑娘脫口而出說：「我只想要先生一天的收入。」諾貝爾覺得很有趣，但他一天的收入是多少，他自己也不知道。他說：「請讓我算一算。」過了幾天後這個姑娘得到了一筆四萬法郎的贈款，光靠利息她也就可以安樂一輩子了。

據統計，郵局平均每天送來的乞求信，所要求的錢加起來就有二萬法郎。實在是樹大招風。法國商人怪他搶了他們的炸藥生意，便誣告他的發明是竊盜別人的成果。法國政府更誣告他盜竊軍事機密，出動員警搜查了他的住所。他在巴黎再也住不下去了，只好於一八九一年離開了這座他居住了十八年的城市，遷到義大利的聖雷莫重建自己的實驗室。

現在他已經是一個近六十歲的老人了，本來他從小就體弱多病，一生又和炸藥打交道，藥物中毒得了一種「硝化甘油頭痛症」，其他還有慢性支氣管炎、慢性傷風、輕度壞血症，心臟病也不時發作。

他所發明的炸藥不知爲人類改造地球帶來了多少好處，他登記的發明專利總共有三百五十項，包括人造橡膠、人造皮革、煤氣表等許多與人們生活有關的東西。現在，他眞正覺得自己老了，像過去那樣周遊世界，用五種語言去談生意、打官司的精力，再也沒有了，他想有一塊能使自己安靜的地方，繼續再想一點問題。聖雷莫在波嫩特河畔，氣候濕潤，風景宜人，站在高坡上可以望見碧波蕩漾的地中海，海面上自由來往的帆船和鼓著白翅膀的水鳥。他叫人在別墅的周圍栽起一片桔園，又種上一片棕櫚，房前屋後全都種滿鮮花，然後又佈置了一個優雅的客廳，客廳正面的牆上親手提著一行大字：「我的安樂窩」。

誰知環境安樂，他的心境卻無法安樂。就在諾貝爾遷居聖雷莫不久，有一位巴黎時期的老朋友來看他，進得別墅，見那紅花綠樹，亭臺閣樓，頗爲讚賞，只是一進客廳，抬頭看見那一行大字，便哈哈大笑：「安樂窩，安樂窩，既是個窩，裡面就應該有兩隻鳥啊。」這一句話，正說中諾貝爾的痛心處。送走朋友，他挑燈伏案，抱頭沉思，心如刀割。他想自己這一生征服了最爆裂的炸藥，卻未能征服一個女人；擁有龐大的跨國公司，卻未有一個小小的家庭，命運眞是這樣地捉弄著他。

他曾有過一次眞正的戀愛；十七歲那年在巴黎碰見一位美貌少女，兩人已經好得難分難離，但是突然一場疾病，戀人就狠心地拋下他離開了人世。一七八六年他又認識了一位叫索菲的女子，他一下就愛上了她，愛她那雙迷人的眼睛，那一泓秋水裡總是映著一個童話般的世界，只要他們的目光一接觸，他就不由地要被拉進去，他愛她那姣好的神態，她小巧，苗條，身上有一種精緻的美，從他們第一次見面，他就覺得這女子好像生就應該做他的漂亮的居室的主人。但是他錯了，索菲是那種專以漂亮爲本錢只戀愛而不願結婚，只要男人的愛撫而不願受家庭的約束的人。他爲她在巴黎、奧地利等地準備了豪華的別墅，安排好僕人，他帶她出入上流社會，陪她看戲，啓發她讀書，他想盡力將她改造成一個有教養的女人。但是索菲開始還裝裝樣子，以後只要一見面或者一寫信就是要錢，要高檔服裝，要華貴的馬車，要上這些就放任地到各地去混，而且到處以諾貝爾夫人的名義招搖行騙，到處用他的名字借款、欠債。他欲罷不能，就這樣痛苦的維持了十八年，最後，一八九一年七月，索菲突然來了一封信，說她最近生下一個女孩，並且理直氣壯的告訴他，這女孩的父親是一個匈牙利軍官，並且又振振有詞的提出要三十萬匈牙利克朗。諾貝爾通過律師給了她三十萬克朗，並且好心地勸她和這個軍官結婚，安心去過日子。這漫長、痛苦的戀愛才算告一段落。他付出了數不清的金錢，付出了自己熾熱的感情，但是得到了什麼？得到的是現在這豪華別墅裡一片空虛和冷寂，這難道就是自己的窩嗎？

諾貝爾在這間寬大淒清的客廳裡一人踱著步子，朋友一句話點破了他心靈深處那顆充滿了孤獨和傷感的心，不由得兩滴淚水慢慢地掛到腮邊來。他遙望著窗外藍天碧海輕輕地吟出一首詩來：

我是否愛過？
啊！你的質問，
從我記憶的漩渦喚醒了一幅甜蜜的輪廓。

那夢寐以求的幸福啊，
生活不肯將它賜給我；
那滿腔熱忱的愛情啊，
不待成長就已經凋落。
你不會懂得，
一個年輕心靈的理想世界，
是怎樣遭到現實的折磨；
挫折、幻滅與憂思，
是怎樣捉弄那歡樂的生活，
使一切都失去燦爛的光澤。

他剛吟完最後一句突然覺得心臟隱隱發痛，忙轉身扶著椅子坐下，在桌上摸過一個小藥瓶。他看著藥瓶上的三個字：「飲料劑」，不覺臉上泛起一絲苦笑。醫生可眞會開玩笑。什麼飲料劑，這明明是一瓶硝化甘油，怕病人緊張換了這麼個好名字。我這個炸藥大王到頭來要吃炸藥來治病，這眞是上帝絕妙的安排。他又想到這強力炸藥發明以來，用於戰爭不知炸死了多少人，用於建設不知開了多少山，修了多少路。一項發明問世，是禍是福，發明者實難駕馭。他想自己是眞正的老了，大概不會久存於人世了，應該讓自己的這些發明多爲人類造點福。他自己沒有一個親人，雖有百萬財富有誰繼承呢？還是讓這些由科學發明而換得的財富去資助後人新的發明吧。

這樣想著，他提筆寫下了這樣一份永垂青史的遺囑：

請把我的全部財產作為基金，以其利息作為獎金。

把獎金分為五等份，作為下列五種獎的獎金。每年給為人類作出了最卓著貢獻的人：

（一）物理學獎：獎給在這個領域有最重要發現或發明的人。

（二）化學獎：獎給在這個領域有最主要發現或重要改良的人。

（三）生理學或醫學獎：獎給在這個領域有最重要發現的人。

（四）文學獎：獎給在這個領域發表了理想主義的傾向，有最優秀作品的人。

（五）和平獎：獎給為國與國之間的友好、徹底或裁減軍備、召開和平會議及實施和平會議的原則作出了最大努力的人。

各獎的獲獎人由下述各委員確定：

物理學獎、化學獎由瑞典科學院院士確定；

生理學或醫學獎由斯德哥爾摩卡洛林研究所確定；

文學獎由斯德哥爾摩科學院確定；

和平獎由挪威議會選出的五人委員會確定。

不論世界上哪個國家的人都可獲獎。我衷心希望世界上最有成就的人獲獎。

艾爾弗雷德．諾貝爾

諾貝爾立完自己的遺囑一年後，便在聖雷莫不幸逝世。爲了爭取他這個偉大遺囑的實現，他的助手、遺囑執行人又經過許多艱苦的工作。首先，清理他的財產便是一大難事，他的工廠遍佈各國，而各國的法律又各不相同，他的祖國政府對將這筆錢獎勵別國人也有意見。另外還有不少眞假親朋乘機提出財產要求。諾貝爾的侄子們倒是繼承了父輩的好性格，立即聲明並不想要叔叔留下的財產，同意按遺囑辦事，可是那個和諾貝爾戀愛了十八年而始終不肯結婚的女人索菲現在又跳出來要錢了。她看到諾貝爾去世的消息，立即不知從什麼地方鑽出來，找到遺囑執行人索爾曼，將諾貝爾生前給她的兩百一十六封信放在桌子上說：「你敢不給我一大筆錢，我就將這些信件的原件出版權賣掉。」爲維護一個偉人的名譽，索爾曼只好同意出錢購買版權。諾貝爾九泉有知，他那顆孤獨的心怎能再承受這種殘酷的攻擊？總之經過幾年的工作，諾貝爾獎金終於在一九〇〇年正式設立。諾貝爾獻出的這筆基金共九百二十萬美元，每年的利息約二十萬美元。他不但將數百項發明留給了後人，還留下了一個科學家最可貴的無私獻身精神。

第四十五回 小醫生扣響物理大門 啤酒匠發現科學定理

——能量守恆和轉換定律的發現

前幾回說到十九世紀中葉化學上的重要發現與發明，而這一時期物理上也有了重要突破，這就是被恩格斯列為十九世紀自然科學三大發現的能量守恆和能量轉換。而這條定律的發現，卻是和一個被稱為「瘋子」的人聯繫在一起的。

卻說這個「瘋子」名叫邁爾◎1，德國人，從小學醫。一八四〇年時他才二十六歲，便在漢堡獨立開業行醫了。他平時對事情總要問個為什麼，而且必得親自觀察、研究、實驗，別人笑他這股癡勁，他卻反笑當時形而上學的詭辯哲學，並對它「已討厭到了噁心的程度」。他一天天不滿足自己生活著的漢堡這個小天地，和親友們鬧著要到外面去闖一闖。機會也真的來了，有一支船隊要到印尼遠航，正缺一個隨船醫生，他便欣然應徵。一八四〇年二月二十二日這天，他便開始漂泊在那浩浩蕩蕩的洋面上。

他這樣頂風破浪、顛簸搖盪，也不知過了多少個白天黑夜，經了幾回月虧月圓。那邁爾終日在船上憑欄遠眺，但是不見陸地，不見林木，除了綠水就是白浪，只是覺得氣候越來越熱。在漢堡時坐在診所裡清涼宜人，而現時卻如坐蒸籠；那家鄉的太陽溫暖可親，這裡的烈日卻如火球一樣炙人。一日，好不容易到達爪哇島的巴達維亞（即今日的加爾各答），人們才終於能登陸休息。但是因氣候水土不服，許多船員又都突然生起病來。邁爾就按照他過去的老辦法，放血治療。在德國時治這種病只要在病人的靜脈管上刺一針就會放出一股黑紅的血來，現在他雖仍然是一針扎下，可是自己這些德國同胞的靜脈管裡卻冒出了鮮紅鮮紅的血。船員們的病倒是治好了，邁爾卻開始頭疼起來。他本就有一個愛觀察、愛思考的癖好，今日遇到這等奇事，他的腦海哪能平靜？

經過多日的冥思苦想，他終於得出一個道理。他想：血液所以是紅的，是因爲裡面含有氧，氧在人體內燃燒生成熱，維持人的體溫，這裡正是赤道附近，氣候炎熱，人的體溫並不用那許多氧去維持，血裡的氧消耗不多，靜脈管裡的血液自然就還是鮮紅的。這一個推論不一定正確，但是他卻天才地想到一個人們從沒有想過的極重要的問題，就是人身上的熱究竟由什麼轉換來的，是由於肌肉的運動嗎？不是，他計算了一下，頂多只有五百克重的一顆心臟，它運動做功◎2生成的熱根本不能維持全身的體溫。看來體溫是靠全身的血肉來維持，而這又是靠人吃食物，吃肉得來；肉是其他動物吃草長成，草是靠太陽的光熱轉變成化學能而生長成。太陽的光熱又是從何而來呢？他想太陽假如是一塊燃燒的大煤，按一克煤可以放出熱量二十五千焦耳◎3計算，這塊大煤只能燃燒四千六百年。看來不是這個道理，他又想那是無數隕星、小行星高速撞擊到太陽表面使之發熱的，他推出太陽中心的溫度是兩千七百五十到五千五百萬度（今天我們知道實際是攝氏一千五百萬度）。

卻說邁爾就是這樣做著沒完沒了的聯想，各種能的形式在他的腦海裡不斷置換，越想越多，越想越寬，越想越從具體上升到抽象，最後他想應該集中到一點：用什麼來說明、來衡量這些能

註解

◎1. 邁爾（西元 1814 年～ 1878 年）：Julius Robert von Mayer。

◎2. 做功：做功的定義是施一個力使一物體在沿著力的方向上作移動。

◎3. 焦耳：焦耳是能量的單位，即公斤乘以公尺。

量間的轉換呢？這就是熱、熱量。各種能量都可以轉換或換算成熱量，這便是它們之間的相似點。邁爾不知不覺中已從狹窄的醫學領域縱身一跳，跳在眾家學科之上。這正是：

有的人只敢在隧道裡行走，
膽怯地盯著前面的亮點。
行走，行走，
兩旁是冰冷的石岩。
有的人
喜歡在高原上攀登，
狂熱地追求著前面的峰巒。
登攀，登攀，
腳下是遼闊的平原。

卻說邁爾這次從北海之濱遠征南洋，得了這樣一個新思想，喜得就如抱了一個金娃娃一般。他一回國就寫成一篇論文《論無機界的力》提出機械能與熱能的思想，而且還自己設計實驗測出熱功當量是三百六十五千克×公尺／千卡◎4。他興沖沖地帶上這篇文章來到當時德國最權威的科學雜誌《物理年鑑》，聲言一定要親見總編。總編輯波根朵夫◎5一見到這個年輕人便先問他道：「你是學什麼的？」

「我是一名醫生。」

「醫生怎麼到我們物理雜誌來投稿呢？」

「我的這個新理論不但管醫學，也管物理、化學，一切自然學科都逃不出它的管轄。」

「年輕人，你在說瘋話吧。」

波根朵夫答應，可以把論文先留下。可是邁爾回到漢堡，左等右等總不見發表。料想自己這個無名小卒人家不會相信，便又將此文送給一份醫學雜誌，終於在一八四二年五月問世。但物理學家們誰去注意這種醫學小刊物。他到處演說，擠進去參加人家的物理學術會議，讓人們相信世界上能量是不生不滅的。這天他又在一個討論會上大聲演說：

「你們看，太陽把能量灑向地球。地球絕不會讓這些能量浪費掉，就到處佈滿了植物，它們生長著，吸收著陽光，並生出各種化學物質……………」

但是他講的這些誰也不相信，下面議論紛紛：「這純粹是胡扯，是瞎猜，有什麼實驗根據？」其實邁爾所提出的光合作用現象，以後果然為俄國科學家季米里亞捷夫◎6所證實。這是後話。人們不願聽邁爾的演說，對他很不尊重，說：「看來他真的有些瘋吧。」

邁爾氣極了，大聲喊道：「什麼叫瘋子？瘋子是不按常規想事、做事，但不循常規的人並不一定都是瘋子。哥白尼、布魯諾、伽利略、哈維不是都打破了常規，都曾被人稱為瘋子嗎？可是歷史證明他們是真正的偉人！」

「哈哈，原來你是想當哥白尼啊！」

「你還是當一個好醫生，先治治自己的精神病吧！」

註解

◎4. 熱功當量的定義是熱力學的單位卡與做功的單位焦耳之間存在的換算關係，單位是：千克 × 公尺 / 千卡，或是：焦耳 / 卡。

◎5. 波根朵夫（西元 1796 年 ~ 1877 年）：Johann Christian Poggendorff。

◎6. 季米里亞捷夫（西元 1843 年 ~ 1920 年）：Kliment Timiryazev。

會場上一片哄笑。

邁爾不被人理解，他陷入極度的痛苦中。正趕上他的兩個兒子又相繼去世，精神上更受打擊。他走過大街，人家議論：「這就是那個瘋醫生，連自己的孩子也治不好。」漸漸，他的診所也無人光顧了。他也一天天更形容枯槁，脾氣狂躁。

一八五〇年的一天晚上，他拖著疲憊的身子走回家來。剛邁上樓梯就聽到家裡有人說話，是妻子的聲音：「先生，請你拿個主意，他大概是該去住一段醫院了。」他推門進去，本地一位精神病院的名醫正坐在沙發裡。原來家裡人也把他當精神病人了。他大怒，將桌子一把掀翻，喊道：「你們全都瘋了，你們不要我這個瘋子，我就離開這個全是瘋人的世界！」說罷，他推門出外，從陽臺上頭朝下一跌，便栽下樓去。家裡人半天才反應過來，看著黑呼呼的樓下，一時又哭又喊亂成一團。到底邁爾性命如何，我們暫且按下不提。

再說和邁爾同時期研究能量守恆的，還有一個英國人叫焦耳◎7。他從小身體羸弱，不能到學校裡去，只能在家裡自學。後來又投到道耳吞門下學化學、物理、數學。焦耳的父親是一位啤酒商，他爲兒子留下了一個啤酒廠，焦耳便一邊經營啤酒一邊研究科學。長期的釀酒實踐，使他懂得準確測量的重要。自從他聽說法拉第發現電磁感應後，又迷戀於電的研究。

眞是條條大道通羅馬，就如邁爾從靜脈血液的顏色想到能量轉換一樣，焦耳從導線通電後可以發熱，想到了電能和熱能的轉換。一八四〇年他才二十二歲便發現將通電金屬絲放在水裡，水會因此發熱。通過多次精細地測試他得出這樣一條定律：通電導體所生成的熱量和電流強度的平方、導體的電阻和通電時間成正比，這就是有名的焦耳定律。當時焦耳就將自己的結論寫成論文，送給英國皇家學會。但是這個釀酒匠的文章，被拖到第二年十月才在《哲學雜誌》上登出。

這焦耳的性格畢竟與邁爾不同。他謙和大度又極有韌性。無論社會上承認不承認，重視不重視，他總是埋頭苦幹下去，打破砂鍋問到底，一定要弄個水落石出。一八四三年他測了水電解時生成的熱，測了運動線圈中感應電流生成的熱，計算出無論化學能、電能等何種能量所生成的熱都相當於一定的功，即四百六十千克×公尺/千卡。

一八四五年的一天，他帶上自己最新測得的資料和實驗儀器，參加在劍橋舉行的學術會議。他當場做完實驗，堅定地宣佈：「自然界的力（能量）是不能毀滅的，哪裡消耗了機械力（能），總能得到相當的熱」。臺下坐著的都是一些赫赫有名的大科學家，他們對這種聞所未聞的理論一個個直搖頭，連法拉第也轉過身來對身旁的人說：「這怕不可能吧。」更有一人當時十分惱火。此人叫威廉·湯姆生◎8，後來的英國皇家學會會長，這年才二十一歲，但已是一個遠近聞名的才子。他父親是格拉斯大學的數學教授，他八歲就隨父親聽大學數學，十歲就正式考入該大學，後又到劍橋學習，這年剛畢業就獲得了數學學士和史密斯獎章，自認為學富五車，才高八斗，那些數理化的規律早就爛熟於心。今天聽了焦耳的這段奇論，他轉身問道：「這臺上站著的是哪個大學的教授？」別人告訴他是曼徹斯特啤酒廠的廠主。他鼻子一哼道：「原來是個釀酒匠啊，也配來這裡說話？」說完起身退出會場。

臺下的議論，湯姆生的舉動，焦耳自然也都聽到耳中看在眼裡。但他都不放在心上，回到家

註解

◎7. 焦耳（西元1818年～1889年）：James Prescott Joule。

◎8. 威廉·湯姆生（西元1824年～1907年）：William Thomson, 1st Baron Kelvin。

裡繼續一邊釀酒，一邊搞業餘研究。他不僅用水來測機械能轉換成的熱，還換了水銀、鯨魚油、空氣，又用鐵片摩擦生熱，後來又把熱功當量精確到四百二十三點九千克×公尺／千卡。這樣鍥而不捨地實驗竟連續做了近四十年，達四百多次，其毅力著實驚人。一八四七年焦耳終於設計成一種清楚明瞭且後來在科學史上很著名的實驗，就是一個密封水桶裡裝上槳，槳上有軸，軸與兩邊的重物相連。這樣重物下降帶動槳的轉動，便使桶內的水磨擦生熱而通過下降的高度來求熱功當量。這年英國科學協會又在牛津召開會議，焦耳又興沖沖地帶上自己的實驗裝置前來赴會。會議主席一見他來便皺起眉頭說：「焦耳先生，你的那些東西據我所知現在還沒有一票支持，最好不要再浪費時間了。」

「我匆匆趕來正是爲了取得支持，我相信經過現場表演，這些聰明的教授會看得懂其中的道理，會支援我的。」

「那好，實在是時間有限，請只介紹實驗，就不必做報告了。」

「可以。」

焦耳將他的儀器擺好，轉動搖把，讓重物升高下降，又測出桶內水的溫度說：「你們看機械能就是這樣可以定量地轉換爲熱，反過來一千卡的熱也和四百二十三點九千克×公尺的功相當。」

他話還沒有說完，突然臺下站起一個人來高聲說道：「這是胡扯！熱是一種物質，熱素，它與功毫無關係。」

焦耳抬頭一看說話的正是湯姆生，想不到今天他又來了，眞是冤家路窄。現在的湯姆生已是格拉斯大學的教授，年輕得志，而比湯姆生大六歲的焦耳卻還是一個釀酒匠。焦耳對湯姆生的無禮並不以怨相報，他讓自己冷靜一下，以一種溫和的語調說：「熱不能做功，那蒸汽機裡的活塞爲什麼會動呢？能量要是不守恆，那永動機爲什麼總是造不成呢？」

這眞是秤鉈雖小壓千金。這個釀酒匠不緊不慢，不軟不硬的兩句話頓使場內鴉雀無聲。他雖然沒有教授的風度，但是他那釀酒房裡特殊訓練出來的熟練的操作技巧，精細的計算、推理，都無懈可擊，再加上他那雙謙虛的眼睛，誠懇的笑容，使這些教授們不由地認眞思考開來，一會兒紛紛起來發言，爭論得好不熱烈。他們又上前眼看、手摸，仔細檢查了焦耳的儀器，實在是新穎簡明，不得不佩服這個啤酒匠的才智。

再說湯姆生自以爲聰明多才，不想今天在會上碰了這個釘子，羞愧難當。他回到學校後，也自己動手做起實驗。不久，他在資料室裡隨意翻查舊雜誌，竟發現了前幾年邁爾發表的那篇論文，其思想與焦耳完全吻合，這才使他大吃一驚。他忙將這篇論文藏在懷裡，又帶上自己最新的實驗成果，急匆匆地趕去見焦耳。他抱定負荊請罪的決心，想請焦耳原諒他過去的傲慢，共同來探討這個偉大的發現。

卻說湯姆生來到啤酒廠裡，只見滿地酒槽、酒瓶。他打聽焦耳，別人指向一處房子，他推門進去，酒氣撲鼻，霧氣騰騰，只見一個身繫帆布圍裙的大個子正在指揮工人添料、加水。他一眼認出這就是兩次在臺上演講的那個身影，忙趨前幾步說聲：「焦耳先生，湯姆生前來拜訪你。」

這焦耳兩手酒漿，回頭一看，不提防卻是這個論敵。看他這身筆挺的教授服裝，這副誠懇的神態，不知出了什麼事。忙雙手在圍裙上抹了兩把，喊道：「原來是你，湯姆生教授，快到實驗室裡去休息。」

兩人在實驗室裡坐定。湯姆生打量著他這裡堆著的酒瓶酒罐，和各種代用的儀器，暗暗為焦耳這種堅韌不拔的精神所折服。待焦耳洗了手，換了衣服，他站起來說：「焦耳先生，看來是你對了，我今天是來認錯的。」

「哪裡，哪裡。我自己也還有很多地方沒有想通，正要向你求教呢。」

「你看，我是看了這篇論文後，才感到你們是對的。」說著就掏出邁爾的文章。

焦耳不看也罷，一看，剛才臉上的喜色頓然消失：「湯姆生教授，可惜你再也不能和他當面討論問題了。這樣一個偉大的天才因不為人所理解，已經憤而跳樓自殺了。」

「啊？」湯姆生的眼睛睜得雞蛋似的喊道：「他已經不在人世了嗎？」

「在。那天跳樓並沒有摔死，但已神經錯亂，住進精神病院裡，怕難康復了。」

湯姆生低下了頭，半天無語。一會兒他抬起頭，真誠的目光盯著焦耳的眼睛，說：「實在對不起。我現在才知道自己的罪過。過去我們這些人曾給你多大的壓力啊。焦耳先生請你原諒，一個科學家在新觀點、新人面前有時也會表現得很無知的。」

焦耳連忙上前扶他坐下說道：「湯姆生教授，不要這樣說。就是我的實驗也有許多不完善之處，難以立即服人。」他為了緩和一下氣氛又補充道：「況且我這個人一向會自我解嘲，反正我這裡有的是酒，不順心時喝下幾大杯，也就愁雲四散了。所以我經常醉，卻永不會瘋的。」說完他先哈哈大笑了，湯姆生也一陣大笑。兩人親密地並肩而坐，研究起湯姆生帶來的新實驗報告來。

正是：

脣槍舌劍亦無妨，靈犀一通釋前嫌。

心底無私胸懷闊，化敵為友亦不難。

從此，焦耳和湯姆生成爲一對密友。湯姆生畢竟是受過專門訓練的，一八五三年他幫助焦耳終於完成了關於能量守恆和轉換定律的精確表述。至此，自然科學中的三大發現之一的能量轉換和能量守恆定律宣告得到公認。後來兩人又合作發現了著名的焦耳—湯姆生效應，即氣體受壓通過窄孔後會發生膨脹降溫，爲近代低溫工程奠定了基礎。這是後話。

第四十六回　略施法術鋼鐵竟能作人語　費盡心機棉線也會放光明

——電燈的發明

上回說到湯姆生和焦耳言歸於好，兩人終於合作完成了能量守恆定律的最後表述。讀者也許已經注意到：我們這套書主要是寫那些在科學規律、定理、公式、法則發現方面的偉人，在具體技術方面落墨不多。但是科學理論方面的重大發現必然帶來具體的技術發明和生產的發展。生產實踐又促使人們去探索新的未知的規律。所以個別雖不是科學家，但有偉大發明的人物我們也還得介紹一、二。這類人物中影響最大的有兩個人。一個就是我們前面已經說過的瓦特，再一個就是我們這回要表的美國人愛迪生◎1。

讀者也許要問，有史以來的發明家千千萬萬，燦若星漢，你何獨厚愛他們二人呢？原來工業的發展決定於它所使用的能源。在人們只能使用人力、畜力的時代，自然只能是農業和小手工業。人們找到的第一個大的能源是地下的煤，這地下之火的露頭為工業革命和資本主義初期的發展立下汗馬功勞，而馴服地火，使之轉換為機械能的就是發明了蒸汽機的瓦特。誰知時日不久，喜新厭舊的人類對地火之能已不滿足，轉而又去找天上之火，這就是電。電能的利用立即使資本主義擺脫充滿煤炭味的舊時期，而進入壟斷資本主義的新時期。而馴服天火使之實用於照明和動力的大功臣便是愛迪生了。

大凡在科學上有成就的人總是離不了聰明和勤奮。這愛迪生從小就極愛動腦筋，遇事一要問個爲什麼，二要親自試一試。六歲時他見母雞孵蛋，問這是幹什麼？母親說這是母雞在用自己的體溫孵小雞。一天愛迪生忽然不見了。大人東找西找，到吃晚飯時才發現他趴在一個草垛裡，懷裡正抱著幾個雞蛋。問他在幹什麼？回答說，在孵小雞。父母直笑得淚花飛濺。到八歲時他上了小學。開學三個月後的一天，老師講算術，在黑板上寫2＋2＝4，他立即站起問：爲什麼就等於四。全班同學大笑，老師也眞說不出爲什麼。只是氣得大罵他是一個糊塗蟲。愛迪生受此委屈，回家向母親訴苦。母親南茜過去也當過教師，覺得這樣的老師哪能教好學生，便憤而替兒子退了學，自己在家裡教他讀書。這小學三個月便是愛迪生一生僅有的一點學歷。

愛迪生回到家裡後，再沒有學校裡那一套上課下課、考試提問的束縛，由著他的性子讀書，不會時就隨時去問母親。他的聰慧立即表現出來，一目十行，過目成誦。九歲時便讀了《羅馬興亡史》、《美國史》、《世界史》、《解剖學》，十一歲時便自學了《科學百科全書》和牛頓的著作。到十二歲他就在家裡關不住了，到外面找工作，賣報、當報務員，用賺來的一點錢買些化學藥品搞起試驗來。一八六八年他受聘到西方聯合公司，開始研究法拉第的《電學實驗研究》，從此就和電打上了交道，終日埋頭實驗，而且每次實驗必有詳細記錄，這個習慣一直堅持了六十年。他一生僅在專利局登記的發明就有一千三百二十八種，實際上早已超過了二千種，從他出生直到他八十四歲逝世，平均每十五天就有一項發明問世。

愛迪生有一句爲世人所熟知的名言：「天才是九十九分血汗加一分靈感。」他一生中最大的樂趣就是工作，他性格中最主要的就是頑強，就是毅力。他八十四歲高齡的那一年有人問他：

註解

◎ 1. 愛迪生（西元 1847 年 ~ 1931 年）：Thomas Alva Edison。

「你什麼時候退休？」他說：「等到出殯那一天。」勤奮確實是他成功的主要原因。但是愛迪生還有比其他科學家、發明家高人一等的地方，就是以辦企業的方法來搞研究，一懂得抓錢，二懂得抓人。有了資金，有了人才，他的天才思想就一個接一個地變成了現實。

閒言不表，書歸正傳。卻說愛迪生十二歲走向社會，歷經艱辛，先是在火車上提籃叫賣，後又當電報員。到一八六九年他二十二歲時，時來運轉，當時股票市場行情變化急劇，愛迪生憑自己的才智爲華爾街「老氏金融報告公司」發明了「證券報價機」。老闆問他要多少報酬，他還眞不好意思開口，再說常常是靠一個麵包就頂一頓飯的他，也不知道金錢的份量。他想這回可要撈個高價，要五千吧？不行，太多，人家不會給，三千？可是老闆已經等得不耐煩了：「年輕人，四萬，行不行？」愛迪生驚呆了，但又很快裝出不在乎的樣子說：「行，行。」

他後來回憶，當時他心跳得厲害，眞怕對方聽出自己的心跳聲。後來愛迪生又因一次發明專利得了十萬元。於是他不需再零零碎碎、單槍匹馬地幹了，便選中了新澤西州的門羅公園，蓋起了一個大實驗室。實驗室呈長方形，分上下兩層，附近還矗立著機械加工工作室、木工房、圖書館。他聘請了從專家到會吹玻璃的工匠這樣一批出類拔萃的人物，世界上第一個大型實驗室開張了。

這時愛迪生才剛三十歲，但是實驗室裡的人比他更年輕，大家都叫他「老頭子」。這老頭子率領這批富有幻想又極聰明、極能吃苦的勇士們，開始建設一個科學王國。愛迪生給實驗室提的要求是：每十天一項小發明，六個月一項大發明。果然實驗室成立不久，這片本是十分荒僻的公園就不斷有新鮮玩藝出現。本地居民簡直以為這裡降落了一批神仙，各家報紙也不斷派記者來向這些怪人採訪。他們一個個不修邊幅，衣著邋遢，工作起來沒時沒點，機床邊吃飯，桌子上睡覺。那個首領愛迪生就最是這樣。他的一位部下曾這樣描述道：

「愛迪生睡覺，不分時間，不分地點，什麼都可以當床。我首見他用手作枕頭睡在一張工作臺上；還見過他兩腳架在辦公桌上睡在椅子裡；有時他也穿著衣服睡在小床上。還有一次我見他一連睡了三十六個小時，中間只醒來一個小時，吃了一大塊牛排和一些馬鈴薯、餡餅，抽了一支雪茄。此外，還有站著睡覺的時候。更妙的是他睡覺時常常愛枕一本辭典，一覺醒來精力充沛，彷彿那辭典裡的知識已在剛才滲入他的腦中。」

卻說愛迪生這天在實驗室裡又這樣一覺醒來，忙抽出辭典又隨手從筆記本裡撕下一張紙，從上胸口袋裡抽出鉛筆，三勾兩抹劃成一張草圖，連聲喊道：「克羅西◎2，快來。請把這個東西加工一下，下午就要。」

前面我們說過愛迪生手下有自己最得心應手的幾員大將，他們是英國工程師巴奇勒◎3、瑞士鐘錶匠約翰．克羅西、德國技師西格蒙．伯格曼、數學家厄普頓◎4、玻璃吹製工貝姆等。只要愛迪生腦子裡轉出個新花樣，一聲令下，這些人就能按他的思想把實物捧上桌來。今天點的是這位克羅西的最拿手本事。無論愛迪生的圖怎樣潦草，他也能準確地製出樣品。

不足一個時辰，克羅西已經將一個小怪物擺到愛迪生的案頭：一個圓鐵筒，連著一把銅搖柄，筒內有兩根鐵釘。克羅西雖然製出了東西，但不知它有何用，說：「愛迪生先生，你要這個

註解

◎2. 克羅西（西元1843年～1899年）：John Kruesi。

◎3. 巴奇勒（西元1845年～1910年）：Charles Batchelor。

◎4. 厄普頓（西元1852年～1921年）：Francis Robbins Upton。

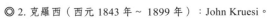

不倫不類的東西幹什麼？」

「我要讓它和你說話。」

因爲愛迪生常愛和部下開玩笑，所以克羅西也不當眞，他說：「這銅和鐵都能說話，我當場輸給你一大筐蘋果。」

「你這話可算數？」

「算數！」

只見愛迪生取下鐵筒，小心地裹上一層錫箔，然後咳嗽兩聲，清清嗓子，右手扶起搖把開始緩緩地一圈圈地轉動，然後開始對著鐵筒唱兒時母親教給他的那首兒歌：「瑪麗有隻小羊羔……。」

克羅西坐在桌子對面，眼睛瞪得快有鶴蛋大了，這時實驗室裡的技師、工人也都靜靜地圍了過來。每當有個新發明問世，他們總是這樣圍在「老頭子」周圍，作世界上的第一批享受者。這時愛迪生已唱完了兒歌，他將鐵筒退回原位，又頂上另一根鐵釘做爲唱針，再慢慢搖動手柄，只聽鐵筒裡傳出一陣輕輕的歌聲：

瑪麗有隻小羊羔，雪球兒似一身毛。

不管瑪麗往哪去，它總跟在後頭跑。

大家屏氣凝神，這聲音多麼遙遠，彷彿是外星球傳來，但又眞眞切切是愛迪生那濃重的中西部口音。兒歌唱完了，愛迪生又換上一張錫箔，這時圍在他身邊的人都像被誰使了定身法一樣，只剩下張嘴瞪眼的份兒，就算他們與這個被報界稱爲魔術師的發明大王朝夕相處，可怎麼也不敢相信這每天摸來摸去冰冷堅硬的銅鐵竟會說話呀！一會兒還是克羅西先醒過來，他從口袋裡掏出一把錢遞給一個工人說：「快去，快到門口買一大筐蘋果來！」

那個工人正要抬腿，愛迪生一把接住他，示意大家安靜，他又將滾筒復位，再輕輕搖轉，只聽那鐵筒裡突然傳出一個又粗又急的聲音：「快去，快到門口買一大筐蘋果來！」

全屋子的人嘩地一下笑出聲來，那歡喜的聲浪驟然衝出門窗，就像突然引爆了一顆笑的炸彈。其他工作室裡的工作人員不知這裡出了什麼事，也都一起向這間房子擁來。狂喜的人們不知該怎樣表達這第一次聽到鐵會說話的興奮之情，有的把帽子扔到天花板上，有的敲著手裡的工具，有一個年輕人甚至就地打了一個滾，還有幾個人就要去將愛迪生抬起來。愛迪生卻說：「且慢，一次就成功的東西，總會有許多缺點，我們要趕快將它完善，二十天以後就上專利局去。」

這時克羅西又擠到前面，摸著這個自己親手加工的神秘東西說：「愛迪生先生，你怎麼一下子就想出這個會說話的機器？」

「克羅西，你知道我的耳朵不好，所以我試驗電話時就用觸覺來試耳機圓筒的振動，用一根短針一頭抵住耳機圓筒，一頭抵在手心。於是就想到：聲音能使這根針頂動，反過來將這根針的顫動刻劃在錫箔上，是否也能記錄波紋，而用另一根針讀出變成聲音呢？這是一種相似思維方法，不過是逆向相似，就如化學反應中的可逆反應。法拉第當年不就是從奧斯特發現電變磁，逆向相似地推出可讓磁變電嗎？他成功了，我們今天也成功了。」

克羅西等人靜靜地聽著愛迪生的分析。每次一項發明完成後，他們聽愛迪生講發明思路，是一種最高的享受，它清晰明白像哲理，卻又形象豐富像音樂。克羅西這時早已不再關心那個具體的說話機器了，他目光注視著愛迪生那寬大的前額，心裡在說：「他簡直是大海啊，誰知道這裡面保存了多少智慧。他渾身都是機關，隨便一個什麼原因的觸動，都會像扳機引發子彈一樣地迸出一項發明來。」

克羅西正這樣發著愣，忽聽愛迪生又說到他的名字：「今天還得感謝克羅西，沒有他的合作，我光想想也拿不出這機器來。這正是我們門羅公園實驗室的力量所在。」

說著，愛迪生拿過實驗記錄簿來，拔筆在上面記下了幾個大字：「克羅西今天完成留聲機的製作。一八七七年十二月六日。」他總是這樣忘不了大家。

正是：

紅花哪能無綠葉，將軍越大越要兵。

一人之力終有限，需知眾志始成城。

卻說十八天之後，愛迪生果然提著這臺留聲機闖蕩紐約城。他先來到權威的《科學美國人》雜誌編輯部，也不言聲，只把機器往桌子上一枚，用手一搖就聽那個圓筒在說：「編輯先生，你們好。你們終日伏案工作十分辛苦，愛迪生先生託我向你們問安致意！」直把那些編輯們驚得手裡的筆抬在空中半天落不下來，就像桌上突然跳出一個小魔鬼來。這件事立即成了當時報上的總統競選一樣大的新聞。專利登記之後，愛迪生被請到科學院、總統府去表演。愛迪生讓他的機器背詩唱歌，給別人錄音，眞是無所不能。他對《紐約每日寫眞報》記者風趣地說：「我還要改進這個機器，話筒裡裝個人嘴大小的音箱，也許還有舌頭、牙齒，聲音就更好聽。我雖然製出了許多機器，但只有這個是我的孩子，我盼望他快長大，以便在我年邁之時能盡些贍養之責。」

但是愛迪生的「孩子」實在太多了。留聲機剛問世，他又有了一個更可愛的寶貝——電燈。電燈的歷史最早可以追溯到戴維一八一二年設計的電弧燈。但這種燈太刺眼，所以當時一般照明還是大量使用著煤氣燈。自法拉第之後人們逐漸完善了發電機，電源再不只靠化學能電池了。愛迪生決心將電能應用於照明，徹底革掉那又冒煙又嗆人的煤氣燈的命。

電燈的發明最能證明愛迪生的那句名言，即：「天才是九十九分血汗加一分靈感」。具體發明前，他先從理論探討入手。爲了打倒「敵人」，先要瞭解「敵人」，所以他買下了煤氣工程學會所有的與外界交易的檔案和歷年的煤氣雜誌，經常徹底鑽研。有人說愛迪生在成爲電燈專家以前，已是一個最權威的煤氣專家了。愛迪生自己說：「我在電燈方面建立了三千種不同的理論，每種理論似乎都可能化爲現實。可是，我在試驗中只證實了其中的兩種行得通。這麼說，並不是言過其實。」其艱苦，其付出的心血可見一斑。

一八七九年十月的一天，愛迪生在實驗室二樓將他手下的幾員大將叫到一起，開始佈署這場光明向黑暗的決戰。他穿著一件奇怪的工作服，領口很高，下擺很長，一直拖到地板，這是爲了防止濺上酸鹼液。他那頭總是蓬亂的捲髮，可有可無似地隨便堆在頭上，由於連日痛苦地思索，兩頰微凹，面容有些憔悴。但是他明眸閃閃，雙眼放出興奮的光芒，好像這光馬上就能把電燈點亮。部下們知道，這是在腦海裡已經有了新方案的證明。愛迪生說：「現在除我們之外，還有三家公司也在研究電燈，還有煤氣公司在拚命想保住他們對光明的壟斷，我們公司已經爭取到三十萬元的資金。錢不算很多，所以要搶時間快做。我這裡已有各種圖紙。貝姆，你來吹製各種形狀的燈泡；厄普頓，你負責計算；巴切勒，你尋找最合適的燈絲。」

門羅公園又開始了一場科學發明前緣的總攻戰。愛迪生像個將軍一樣，從這個工作室到那個實驗室，來回巡視指揮。他來到圖書館，厄普頓正爲各種圓形、橢圓的容積大傷腦筋，滿是公式，數字的紙張鋪滿一桌。他已經熬了整整一夜了。愛迪生過來看了一會兒，拍拍他的肩說：「數學家，你的才華和時間不應該卡在這裡吧。」說著，他拿起幾只空燈泡，叫秘書端來一盆水。他將燈泡灌滿水，再將燈泡裡的水倒進量杯，又指著刻度說：「這是不是你要的容積？」他走到玻璃吹製間，從火紅爐膛裡蘸出一團玻璃親自吹了兩個，試試這批玻璃的性能。

他走到一樓實驗室，巴切勒正在這裡試製燈絲，這是成敗的關鍵所在。他們已經試過了各種各樣的材料，木纖維、魚線、紙條；果皮直到愛迪生的頭髮，巴切勒的鬍子。現在他們已將包圍圈縮小到棉線上。他們在坩堝裡將一根棉線炭化，然後小心翼翼地捧在手裡送到吹製間去，可是這種極脆的炭化絲，手一顫就斷了。他們又製了一根，不小心一張紙落在它上面，又切成兩截。他們再做，從上午到下午，從日落到東方發白，一根炭化後的棉線終於平安地封進燈泡裡。

白天，愛迪生命令所有的助手去睡個好覺，晚飯後，這只燈泡像從天國裡請來的怪物一樣被供在工作臺上。以往的燈泡只能點到兩三個小時，今天運氣如何？大家吃飽了，睡足了，希望這只新燈泡和他們比比耐力。

電源接通了，實驗室裡立即灑滿明亮而柔和的光。節令已入初秋，室外已是夜幕籠罩，秋風新涼，而屋子裡卻如春風吹拂，旭日初升。大家屏神靜氣看著這個明亮可愛的小東西，想著人類爲了尋找光明走過了多麼漫長的路程。篝火，火把，蠟燭，油燈，煤氣燈，都離不開火的直接燃燒，而今天將要用電了，用這種不冒煙，沒有味道的新能源。一想到這些，他們就更覺得身上有一種神聖的責任，他們是在開闢一個新時代啊。

開始，大家誰也不說話，好像一出聲就能將這燈泡震破似的。一小時、兩小時，五個小時過去了，那明亮的光輝似乎毫無收退的意思。人們漸漸鬆了一口氣，而且情緒也興奮起來。巴切勒首先打破沉寂說，我們何不借這美好的燈光，請愛迪生先生再講一點發明方面的事。愛迪生這時也很高興，他說：「好，這電燈要是試成之後我們還可以試很多東西。比如咱們實驗室外農夫種的黃瓜，它每天吸收陽光，如果可以逆轉這個過程的話，黃瓜就會變成一節節釋放出光能的電池。」

大家都大笑起來，克羅西說：「要能這樣就好了，當我們的儲電池沒有電的時候，隔著籬笆伸手摘一節黃瓜，接上導線就可以工作了。」

不等大家笑聲停止，愛迪生又開始講另一個幻想故事：「還有，電還可以用於軍事。我們在城堡裡放一臺兩萬伏的交流發電機，一條線接地，另一條線與高壓水流接通。這樣只要隨時放開龍頭，那些攻城的敵人就是千萬人一起湧上來，我們只要幾個消防隊員就足夠應付。而且可以調整電壓，不一定非得把對方擊死不可，只將敵人擊呆，然後上去將觸電的將軍捉回，以便索取賠款……」。

愛迪生講得一本正經，大家都早已笑得前仰後合。他的腦海是一刻也不會平靜的，許多發明都是在隨便的談笑，旅行參觀，甚至吃飯時生成的。

他們就這樣說笑著，也認眞討論一點電燈製作中需要解決的問題，不免東方發白。可這燈光卻毫無向日光讓位之意。愛迪生興奮極了，連忙喊廚房送早點和酒來，大家圍著這盞燈共進早餐。他們一連在這燈下吃過一天的三頓飯，又是日落月升，這燈光卻更加柔和甜蜜。人們雖已很疲倦，但誰也不肯去休息。愛迪生的日記留下了這個美好的記憶：「我們坐在那裡留神看著這盞燈繼續點燃著。它點燃的時間越來越長，我們笑得神馳魂迷。我們中間沒有一個人能走去睡覺——共四十個小時的工夫，我們中間的每一個人都沒有睡覺。我們坐著，洋洋自得地注視著那盞燈。它繼續亮了四十五個小時的工夫。」

燈滅了。愛迪生和他的部下流著熱淚擁抱在一起，這時他們的激動之情早已超過當年發明了會說話的機器。高興過後，愛迪生又拿過記事本在上面寫了一行大字：「一八七九年十月二十一日，燈泡壽命四十五小時。下一個目標——一千小時。」

之後他們又不斷尋找新的燈絲材料，燈泡壽命也上升到一百、二百、三百個小時。但是那些和他競爭的公司，那拚命要保住自己傳統地位的煤氣公司，那些個別並沒有看到這項發明的潛質的科學家，紛紛指責愛迪生的工作是毫無希望的蠻幹。他的部下沉不住氣了，要求他出來說話。

愛迪生卻說：「這才是一群不懂得怎樣競爭的傻瓜。讓他們去誇誇其談吧，我們正好埋頭苦幹。時間從他們的嘴裡流走，卻流到了我們的桌上。」

愛迪生不說一句話，卻把他的門羅公園裡裡外外都掛起燈泡。夜幕降臨，這裡卻是一片燈海，是一個落地的銀河。他請報社記者來參觀，就在這燈下談話，發稿。請他們參觀自己電燈照明下的排字房。於是許多報社立即請愛迪生給自己的印刷工作室裝燈，這樣一來，夜班效率大大提高。不出幾個月，愛迪生電燈的光就將那些攻擊者的謊言燒得灰飛煙滅。誰要是想從生活中趕走電燈，簡直就像要摘掉太陽一樣難了。

閒話少表，卻說這愛迪生發明了電燈之後又改進了供電系統，又不斷發明了電影，發明了橡皮，甚至遠被聘為海軍顧問去發明武器。他的發明把他自己人生時間的口袋塞得滿滿的，到高潮時一天就有兩項發明問世。他這樣追著時間，不免匆匆已過半個世紀。當時有一個叫福特◎5的美國人，創辦了一座規模巨大的歷史博物館。他忽生奇想，要把愛迪生的門羅公園複製一個在博物館裡，好讓後人知道這光明的起點。他訂在一九二九年十月二十一日搞了一個大型的白熾燈五十周年紀念。這天愛迪生應邀出席，他驚奇地發現自己又回到了門羅公園。福特確實費了不少心思，連鋪地面的土也是專門從門羅公園運來的，那白色的籬笆，二層樓實驗室，實驗室裡毫不走樣的擺設！此時愛迪生已經八十二歲，顯得老態龍鍾了。他在自己當年的椅子上坐下，默默地陷入一片沉思。當年他和朋友們就在這裡分享留聲機、電燈誕生的喜悅，現在這種喜悅已經為全世界人民共用了。大家都在離開他幾步的地方靜靜地站著，不願打擾這位發明大王作那最豐富的

註解

◎5. 福特（西元 1863 年～ 1947 年）：Henry Ford。

回憶，他們看到老人的雙眼裡噙滿了淚水。

一會兒，還是愛迪生打破沉寂，說這實驗室複製得還有一分不像。

福特說：「那裡不像？」

「這地板從沒有這樣乾淨過。」

大家都笑起來。

晚上，慶祝活動在「實驗室」學行。實驗室重又回到五十年前，點著煤氣燈，一片昏暗。這時愛迪生由總統親自攙扶著入席，他板動開關，掛在屋裡各個角落的電燈一下子大放光明，接著是一片掌聲和歡呼祝賀之聲，全國數百萬聽眾這時圍在收音機旁收聽這一激動人心的實況。同時全國各地的電燈也在這時大放光明，這是比放多少響禮炮還要隆重的儀式。宴會結束時愛迪生發表了簡短的談話，他說：「我這一生行將結束。我的人生哲學是工作，我要揭示大自然的奧秘，並以此爲人類造福。我在世的這短暫一生中，我不知道還有什麼比這更好的了。」

人們紛紛舉杯向愛迪生祝賀，祝他長壽，祝他再爲人類完成幾項發明。老人也舉起杯來，他的眼裡放著光彩，這艱苦和緊張的一生是在汗水裡泡過來的，在他的記憶裡似乎還沒有過今晚這樣閒暇和輕鬆的場面。他站起來向大家致意。但他突然眉頭一皺，右腿一陣痙攣，老人暗暗咬了一下牙想挺住，但是沒有挺住，滑倒在椅子上。

欲知後事如何，且聽下回分解。

第四十七回 看門人推門闖進小王國 磨鏡翁窺鏡發現微生物

——微生物的發現

上回說到在慶祝白熾燈發明五十周年的宴會上，愛迪生突然發病跌倒，兩年後這位大發明家便不幸辭世。像愛迪生這樣有功於人世的偉人如能多活幾年，又不知能給人類再帶來多少幸福。人爲什麼會有病有死呢？解答這個問題又是生理學和醫學方面的任務了。前面我們說過，自一五四三年出版《天體運行》、《人體結構》，科學進入近代時期，便兵分兩路：研究外部世界的，從哥白尼直到上回才說過的愛迪生，成績卓著；而研究人體本身的，從維薩留斯到哈維，也大有進展，並且已經逐漸探源求本，向微觀世界邁進。而在這方面的第一個開拓者，是荷蘭人雷文霍克◎1。

這個雷文霍克，在我們所講述的科學家中，至少有兩點是很特殊的。一是他的高齡：一直活到九十一歲，而且工作到九十一歲；二是他經歷的單純：他出生在荷蘭的台夫特市，在當地布店裡當過幾天學徒，又在當地市政府當一位看門人，直到死沒有換過工作，也沒有離開過台夫特一步。但是這個原地不動的人，其聲名卻遠播全球，而且順著歷史的長河流傳至今。

卻說雷文霍克在二十多歲時就到市政府門房上班，每天看著人進人出，早晚照管門開門閉，他渾身鼓蕩的血液，隆起的筋肉，漸漸就要被這悠閒枯燥的歲月消磨和吞噬。他想！我總得找點什麼事情來幹，才對得起上帝給我的這些時間。一個偶然機會，他得到一塊凸透鏡，發現能放大

註解

◎1. 雷文霍克（西元1632年～1723年）：Antonie Philips van Leeuwenhoek。

鏡下的東西。可惜這鏡片已很模糊，他就決心重磨一個。凡人只要找到一件自己喜歡幹的事，便如找到自己最理想的情人，時間、精力、身體、歡樂、痛苦等一切，便都託付給了它，一定要做到爲它犧牲一切可犧牲的東西。這雷文霍克自從迷上磨鏡片後，每天茶飯不香，睡覺不安，黎明即起，手捧一塊油石，一塊玻璃，非常認眞又十分吃力地磨來磨去。只要沒有什麼人到門房裡打擾他，他就這樣從日出幹到日落。說什麼鐵杵磨針，面壁十年，那些都比不上雷文霍克磨鏡的誠心和辛苦。

他這樣一直磨了四十年，他門房裡間的屋子成了當時世界上最大、最齊全的透鏡庫。雷文霍克有個怪癖，就是總和自己過不去，他磨出的鏡片只要自己發現有一點不滿意，比如光潔度差那麼一點，橢圓度還不夠理想，都要立即重製。如果還不滿意，便氣憤地一把摔碎在地，再向自己的腿上狠狠地砸上一拳，然後抹一把汗水又重新磨一片。他不但磨鏡片，還要把這些鏡片鑲在銅的或銀的架子上，就像一個個漂亮的工藝品。爲此他又學習金屬的冶煉、澆鑄、加工。反正，爲了他的小鏡子，他什麼苦也願意去吃。

這雷文霍克磨鏡成癖，有了鏡子就拿著它到處去照，也成了癖。他把木塊、蟲子、石塊、肉、毛髮、種子等，統統拿到他的鏡下一一檢查。他看見本是平光光的木塊在他的鏡下竟是溝溝凹凹，洞洞眼眼；看見一個平常的小蟲子竟像一頭小豬一樣走來，他高興地哈哈大笑，把他的鄰居、朋友都請來共同大飽眼福。

一六六五年的一天，他竟像小孩子一樣突然想起：要是把河裡的小蝌蚪放在鏡片下不知會是什麼樣子，於是這個近六十歲的老人立即帶上女兒瑪麗亞到河邊撈回幾條蝌蚪。他將小蝌蚪吸在一個細玻璃管裡，將管子固定在鏡前，當他將眼睛對準鏡片時，他大叫道：「瑪麗亞，蝌蚪透明的尾巴裡原來還有這麼好看的東西啊！」他的觀察記錄裡留下一段興奮的文字：

最初看著，真使我歡喜之至，血液的流動，竟像小河裡的水一樣，循環流動到各處……。

哈維當年發現的血液循環，義大利醫生看到的微血管，今天才讓這個看門老頭兒第一次實實在在地觀察到它的運動。以後，他又發現了紅血球。皇家學會的虎克◎2，在他的啓發下，觀察到軟木片上的空腔，取名爲「細胞」，導致了以後（一八三九年）細胞學的創立◎3。這個看門人決沒有想到他會有這麼大的功績。

這一天，外面正淅淅瀝瀝地落著秋雨，雷文霍克在一排排的鏡架前凝神工作，聽到這雨聲便又生一計：「瑪麗亞，到院子裡舀一點雨水來！」雨水舀回來了，他用頭髮絲一樣細的管子吸了一滴，眼睛又貼近在鏡子上不動了。足足有半個小時，他不說話，也不抬頭，躬著腰，只是實在難支持時，揉一下酸乏的眼睛。

瑪麗亞看著老父親這種癡樣，不覺又笑了，她悄悄將一根手杖塞在父親手裡，讓他支撐一下腰身。而雷文霍克突然一把抓住女兒的小手。大聲喊道：「孩子，你知道你剛才舀回了什麼？這是一個小王國啊。它的人口大概有幾百萬，比我們全國人口還要多。這是些什麼樣的居民啊，奇形怪狀，有的像個圓球，有的是一根長皮條，有的渾身是毛，有的兩個連在一起像個孿生的怪胎……，它們一個個都不安靜，在不停地飛跑，互相碰撞。它們怎麼總是有使不完的勁啊？它們

註解

◎2. 虎克即本書上冊提及與牛頓不和的虎克。

◎3. 細胞學說是關於細胞是動物和植物結構和生命活動的基本單位的學說。

每天吃什麼好東西？怎樣生活的啊？」

雷文霍克這樣一直喊個不停，倒把瑪麗亞嚇壞了。她是個很孝順的女兒，每天盡心侍候老父。而父親近來脾氣古怪，總是鑽到他的小鏡子裡，有時說話也文不對題，鄰居們甚至懷疑他是否患上精神病了。今天瑪麗亞聽見他這樣喊，心裡就跳，忙拉過椅子，硬按他坐下。雷文霍克這才捶捶酸疼的腰，又抹掉眼邊的淚，問：「你剛才舀的水裡到底有什麼東西呢？」

「這不是，這杯水還在這裡呢，什麼也沒有呀！」

雷文霍克端起玻璃杯來，仔細看著，果然是一杯透明而沒有什麼雜物的水。「你剛才在什麼地方舀的？」

「在院裡水缸裡。」

「再去舀一杯來。」

水舀回來了，再觀察，還是有那許多小生物。這回老頭子非要自己動手不可了。他拄著拐杖，一步一滑地冒雨走到院子的最中間，舉起一隻杯子，向天空托著，心裡想這回要直接得一杯天上的水，看它裡面有什麼。果然，這杯水裡沒有剛才看到的那許多小東西。那麼這些小東西是從那裡來的呢？他在自己的房間到處擺滿了水盆，在通風的地方，不通風的地方，光亮處，陰暗處，高處，低處，然後一一觀察對比。最後他發現，無論開始多麼純的水、放上幾天後，這些神秘的小動物便又突然蜂湧而至了。

雷文霍克百思不得其解。老頭子這幾天真的是得了精神憂鬱症，再也不說不笑，就是對著那些水盆發愣。這天飯後，老人又在桌前坐下想心事，他這樣悶坐了一個時辰，看著桌上一個牙籤盒，便下意識地抽出一支，剔牙。突然他想這牙垢裡會不會也有個小王國，便把它稀釋在水裡送到鏡片下面。他這回更是吃驚不小，原來自己的嘴裡還飼養著這些可怕的東西啊，它們有的像魚，有的像蝌蚪，有的是直線，有的成螺旋狀，有的慢悠悠地像散步，有的急速跑著像衝鋒。雷文霍克看得高興了，忙叫瑪麗亞煮一杯滾熱的咖啡來，但是當他剛喝完咖啡，再觀察自己的牙垢時，啊，這回他更吃驚了，這些小東西怎麼一個也沒有了，原來他們是這樣怕熱啊。

雷文霍克已經發現了細菌和怎樣滅菌，不過他當時並沒有意識到這一點。

再說雷文霍克自從發現這個奇怪的小王國後，再按捺不住自己的興奮。他這個十六歲就當學徒，後來一生看門的勤雜工，決心用自己這雙被油石磨出許多老繭和傷口的手寫成一篇篇論文。當第一篇又像記錄，又像論文，又像是一封信的文字寄到英國皇家學會時，學會主持人虎克大吃一驚◎4。他連忙按照雷文霍克的指點找來顯微鏡觀察一滴水，天啊，這裡面果然有一個小王國。這一發現由於皇家學會的認可，立即震驚了全歐洲。雷文霍克的小門房前人來事往比鬧市還要熱鬧十倍。人們並不是來市政府辦事的，他們只進這座門房，卻一個也不到政府大樓裡去，雷文霍克這個看門人現在比市長大人還要神氣了。

這天下午，雷文霍克正拄著拐杖在那一排顯微鏡架子間作著驕傲地巡視，忽然市長大人親自推門進來。雖然市長每天從這個大門裡要進出幾次，可是多年來他們從沒有說過一句話。今天什麼大事讓市長屈駕登門呢？雷文霍克忙恭身讓坐，又喊瑪麗亞倒茶，可市長今天倒沒有一點架

註解

◎4. 因雷文霍克的顯微鏡放大倍率高達兩百多倍而吃驚。

子，只是急慌慌地說：「雷文霍克先生，快將房子收拾一下，英王陛下◎5親自來參觀你的小鏡庫了。」

「女王陛下也知道我這個看門老漢啊？」

「知道，知道，你現在早已不是爲我看門了，你是守在一座新王國的門口，誰都想到這個門縫裡來求你允許他往裡看一眼呢。連俄國皇帝也已經準備前來看你了。……好啦，你快準備一下吧。」

不一會兒，就聽門外車馬喧鬧。女王在一大群侍從和本國大臣的陪同下向門房走來。由於雷文霍克的鏡室實在太小了，大部分侍從被擋在門外，雷文霍克陪著女王還有本國的大臣挑簾進到屋裡。外面的人只好頓足嘆氣了。

這是一排長方形的平房，雷文霍克因陋就簡，把它佈置成鏡室也就是他的私人實驗室，環牆一周的一排平臺上擺滿了各種大小和各種形狀的鏡子。這些小鏡子都嵌在金屬板上，較講究的幾臺是嵌在銅板和銀板上的。金屬板後面有一個小支柱，上面有一根極細的玻璃管子，要觀察的東西就吸在這個管子裡。支柱上的物體和鏡子之間的距離都可以通過手柄的旋鈕來調節。奇怪的是，不少細玻璃管裡都放著東西。女王不解地問道：「雷文霍克先生，難道你每天都在觀察它們嗎？」

「回陛下，這些小東西有的已在我這架子上住了好幾個月了。我每天就這樣走來走去，和它們打招呼，問好，它們告訴我別人都不知道的東西。我這樣擺著，就像書架上插滿書，隨時就可翻閱一樣。」大家聽到老人這個奇怪的回答都笑了。

這時女王發現一臺奇怪的鏡子。鏡片小得只有一粒大米那樣大，它嵌在一塊銀板上，鏡邊鑲了一圈金絲，鏡片後面的物架是一隻正展翅飛來的小鳥，鳥嘴裡銜著的一根細玻璃管裡裝著一個黑點，卻不知是什麼東西。女王將這個小巧的器物拿在手中左看右看，愛不釋手，這哪裡是科學儀器，就是她宮裡珍貴的藝術品也不會再比這個精緻了。她指著管子裡的小黑點問：「這是甚麼？」

「請陛下將一隻眼對準小鏡子，就能發現它的真相。」

女王將架子舉到眼前，對看窗戶進來的亮光。她剛把眼睛對準鏡片，突然「啊」地驚呼一聲，鏡子差一點失手落地，大臣忙上前攙扶，女王也自覺失態，忙恢復鎮靜，說：「雷文霍克先生，你這架子上綁著一頭什麼怪物啊？」說著又將鏡子移到眼前。

「陛下看到了什麼？」

「像一隻大蜘蛛，有腿，可身子又亮亮的，瞪著一雙牛眼，啊，太可怕了。」

這時雷文霍克將物架上那根管子拔下，舉起來給女王指點著，他雖已年近九十可是眼睛一點也不花。「陛下，你剛才看到的實在是一隻普通的跳蚤。」

「啊？」這回女王更吃驚，不過接著她就高興地笑了，周圍的人也都笑了。

「稟告陛下，我那個米粒大的鏡子，別看它小，卻可以放大兩百倍呢。我用我的鏡子看到的水裡那些小動物，就是一百萬個加起來，才有一粒沙子大呢。」

註解

◎ 5. 實際上，當時（1679 年）拜訪雷文霍克的統治者是荷蘭省督威廉三世。威廉三世於 1672 年時成為荷蘭執政，1689 年成為英格蘭國王。

女王今天非常高興。大英帝國雖然曾經統治過全球的許多地方，但是對這個陌生的小王國卻聞所未聞。她在這間小實驗室裡轉了一圈後，招手讓侍從捧上一個銀色的盒子，取出一張印得很精緻的厚紙，雙手送到雷文霍克面前說：「尊敬的雷文霍克先生，英國最權威的科學機關——皇家學會很榮幸讓你成爲會員，我此行就是特爲向你表示祝賀的。」大家一陣掌聲，雷文霍克忙將拐杖丟在一邊，雙手恭敬地接過銀盒子，人們看到他偷偷地抹掉一滴眼淚。

雷文霍克以一個沒有受過正規教育的看門人，被破例吸收爲皇家學會會員，他的名譽已經不亞於國王權臣了。但是他還是終日在那間小房子裡磨鏡，觀察，記錄。一七二三年他剛渡過自己的九十一壽辰，覺得身體大不如去年，他知道自己老了。這天他叫女兒去把自己的老朋友胡格夫利埃特請來。

他領著老朋友在實驗室裡走著，用拐杖指著那些顯微鏡，還有大本大本的記錄，冷靜地交待後事：這是我一生的收穫，我的心血。我的生命已經邁入了自己的九十年代，我想上帝不可能讓我在這裡待夠一個世紀。九十年的生命中我有半個世紀是不停地磨著鏡片。我深信一千個人當中沒有一個能做這樣的研究。因爲這需要無限的時間，要花許多的金錢，還因爲一個人要想有所成就，就必得嘔心瀝血，孜孜不倦。我努力這樣去做，一共得到了四百一十九塊鏡頭、製成了兩百四十七臺顯微鏡，它們都在這裡了。還有我寫好的三百七十五篇論文。現在我暫時還要用到它們，我辭世之後請你將這些東西轉交給皇家學會。只是還有一點，我雖然發現了這個小王國，但那些小生物到底是甚麼，它與我們人類又有甚麼關係呢？看來，我是只好帶著這個問題去問上帝了。

雷文霍克一口氣講完這許多話，已經有點微微喘氣。老朋友忙扶他坐下，祝福著：「你對人類的貢獻已經夠大了，上帝會讓你活到一百歲的。」

正是：

生命有限物，使用要集中。

矢志在一點，必能獲成功。

雷文霍克感到遺憾的問題，他發現的那些小生物到底是什麼呢？且聽下回分解。

第四十八回　求佳人才子喜得賢內助　攻化學醫學卻展新前程

——微生物學的確立

上回說到雷文霍克觀察到許多「小生物」卻不甚明白這到底是些甚麼東西。在他死後過了整整一百年，終於又出來一個人接續他的研究。這就是法國化學家巴斯德◎1。

說來有趣，這巴斯德一生不知攻克了多少個難題，而第一大難題就是怎樣贏得一個女子的愛，我們就先從這裡慢慢說起。

一八四九年一月，年輕的巴斯德到斯特拉斯堡大學任化學教授。一日他正端坐窗前凝神備課，抬頭間忽見窗外園中的小路上走來一白衣紅裙的女子。那女子款款而行，眞個「翩若驚鴻，宛若游龍」，她神態自若，抬頭時神清氣朗，如芙蓉出水，光潔玉潤；低眉時心沉志凝，如風落梧桐，端莊恬靜。這女子沿園間小路走來，越走越近，漸漸更看清她那一頭金色秀髮，紅潤的臉龐尤其是那雙深藍色的眼睛，像一汪深深的湖水，巴斯德彷彿已在其中照見了自己的影子。他正這樣癡看呆想，忽見那女子一抬頭，秋波一掃正遇著他的眼神，嚇得巴斯德心跳臉紅，立即低頭將臉埋在書裡。約莫這女子已走過窗前，他才慢慢抬起頭來，只見綠蔭裡一角紅裙飄飄忽忽，漸漸隱去。巴斯德哪還有甚麼心思備課看書，他將筆往桌上一摔，用拳頭砸著自己的腦袋，輕輕喊道：「上帝啊，這就是我意想中的情人！」

從這天起這巴斯德一伏案讀書，好像那書上沒有字，一提筆寫字，好像那筆裡沒有墨水，食不知味，睡不成眠，好端端一個教授被那女子的倩影折磨得顛三倒四。好在巴斯德畢竟是受過高等教育而又有抱負的人，深知事業爲重，不可使自己的這種狀態長期持續，就在研究記錄本上暗暗記下，先解決這個課題。他再一調查，知道這女子竟是校長大人的千金，這下心裡更是高興。這倒不是他要攀龍附鳳，而是校長一向愛巴斯德年輕有才，這門親事或許更有希望。於是他便心生一借風使船之計，提筆先給校長爲了一信：「我的父親是一個阿爾波亞地方的鞣皮工人，我的三個妹妹幫助他做作坊裡的工作和家務，以代替去年五月不幸去世的母親。我的家道小康，當然談不上富裕，而且我早就決定將日後會歸我所有的全部家業讓給妹妹們，因此我是沒有財產的。我所有的只是身體健康，工作勇敢，以及我在大學的職位。我計畫把一切獻給化學研究，並希望能有某種程度的成功。我以這些微薄的聘禮，請求允許我和你的女兒締婚。」

這可眞是欲擒故縱，說是遞上聘禮，反倒沒有一文，不過眞坦露了一顆赤心。而校長倒也開明，便將信轉給女兒瑪麗，要她自己決定。瑪麗一看字裡行間的書呆子氣，「啪」地摔入紙簍，胸脯一挺，到校園裡又唱又笑地獨自玩耍去了。

巴斯德等了七天不見動靜，又再換一個進攻角度提筆給瑪麗的母親寫了一信：「您知道我是多麼愛您的女兒，但我怕瑪麗小姐太重視第一印象了，而第一印象對我是不利的。我確實沒有甚麼吸引人的地方。但回想過去的經歷，我知道那些深知我者，總是深愛我的。而我今天才第一次將我的愛奉獻出來。」這封信也照樣傳到瑪麗手裡，但照樣是一周毫無動靜。

這回不必迂迴使用火力了，巴斯德直接給瑪麗寫了一信。他說：「我知道您嫌我身上這般書

註解

◎ 1. 巴斯德（西元 1822 年～ 1895 年）：Louis Pasteur。

呆子氣，但我只祈求您一點，不要匆忙地下判斷。您知道，您可能錯了。時間會告訴您，在我的這個矜持、靦腆的外表下，還有一顆充滿熱情的向著您的心。我雖然一無所有，但我會給您帶來榮譽。」

這回瑪麗小姐芳心動搖了，這一封封樸實無華的信證明巴斯德不是那種紈褲子弟，她完全可託以終身。他們開始在花園裡幽會，在巴斯德稿紙成堆的書桌上對燈靜坐到很晚很晚。愛情再不是折磨巴斯德感情的絞索，而成了他這架科研機器的潤滑油。有瑪麗在身旁，他寫作時就文思泉湧，千言立就。他鑽進實驗室裡，雖然總想早點出來去看看她，但一想到應該對得起她的愛，便又沉下心來工作了。而瑪麗時間長了不見他，就像一隻小貓一樣悄悄地溜進實驗室，將一雙小手輕輕地搭在他的雙肩上。

巴斯德這次愛情攻關雖再三迂迴，但卻事半功倍，不到半年時間，一八四九年五月二十九日，他們便舉行了婚禮。但就在賓客臨門，典禮就要開始之時卻找不見了新郎，大家都十分焦急。這時只有瑪麗不慌不忙，她說：「別急，他一定在實驗室裡，可不能讓那個實驗半途而廢啊。」

一八五四年，他們夫婦遷居里爾，巴斯德任里爾學院的院長兼教授。里爾，這是一個釀造業很發達的城市。巴斯德很快在這裡找到了自己的新課題，掀起一場關於微生物的軒然大波。

一天，當地的造酒商來求巴斯德，說幾個月來，他們的酒突然一下子發酸了，一桶一桶地倒掉，他們的工廠眼看就要倒閉，請化學家務必救他一把。巴斯德這個皮匠的兒子，從小聞慣了鞣皮的味道，連酒坊門也沒有進去過。但他確信有雷文霍克留下的武器顯微鏡，不怕弄不出個結果。

他到酒廠取回好酒漿和壞酒漿各一桶。先從好酒桶裡取出一滴放在顯微鏡下，裡面有許多細小的球，這是酵母球，就是它使甜菜漿變成了酒。他再從壞酒桶裡取出一滴，奇怪，酵母球沒有了，有的只是一些細桿棒，它們很小很小，大約只有二萬五千分之一英寸。他立即又從廠裡搬來許多桶一一化驗，都找到了這種小細桿棒。他明白了，一定是這些菌消滅了酵母球，獨霸了天下，於是香甜的酒就變成了苦酸的黏液，像一桶酸奶。他又配了一瓶酵母湯，然後往裡面滴入一點細桿菌液。他想如果我這個推論正確，這種細桿菌就會在這瓶裡繁殖起來的。

它會不會活，會不會繁殖呢？夜深人靜巴斯德做完這一切，才洗洗手，懷著忐忑的心情，掩上實驗室的房門回到臥室。床頭亮看一盞小小的燈，這是給他留的，瑪麗已經入睡。自從他們結婚以來，幾乎想不起有幾次是同時就寢的，總是瑪麗收拾完家務，又幫他抄寫一會兒論文後，實在睏乏之極，只好一人上床去。所以每次巴斯德深夜回房，總懷著一種深深的歉疚之情。

當巴斯德輕手輕腳剛走近床頭時，瑪麗突然將被子一拉蒙上鼻子，喊道：「呀，你又去擺弄那些酸酒桶了。」

「親愛的，對不起，我應該先去洗個澡的。」

這時瑪麗嫣然一笑，退下被頭說：「算了吧，也不看幾點鐘，再洗完澡就天亮了，再說化學家身上的氣味哪兒是肥皂就能洗掉的？」

巴斯德上了床，但是眼看著天花板，還是不能入睡。瑪麗知道實驗室的溫箱裡一定又放上了甚麼瓶子，才攪得他這樣心緒不寧。每逢這種晚上是巴斯德最難過的，也是瑪麗最焦慮的。她用自己柔嫩的手撫摸著巴斯德那雙被藥品燒起一層老繭的大手，撫慰著他疲倦的身骨。當手碰到巴斯德的胸口時，她感覺到他的心臟在劇烈地跳動。她嚇壞了，一下將耳朵貼在他的胸口：「親愛的，是不是心臟病又犯了！為了那些小動物也不能不顧自己啊。」

巴斯德拍拍她的手平靜地說：「別怕，心跳快一點說明工作速度快，搶到了時間，有甚麼不好。」

「你這哪裡是工作，是提前支出生命啊。」說著瑪麗伏在他身上，淚水打濕了巴斯德的前胸。

「嫁給我吃虧了吧？」

「不，你就是我的生命，我已經完全溶化在你的工作裡。我們會成功的。明天這實驗一做完，你就是我們的牛頓，我們的伽利略。」

巴斯德感到一種極大的安慰，他就是失敗了，也能在妻子面前得到一種足以抵銷一切沮喪的溫存。他比諾貝爾要幸福一千倍。

他們真的成功了。第二天一早巴斯德抽出那個小瓶子，昨天放進去的一個小灰點，現在起了汽泡，他輕輕搖晃一下，瓶底升起縷縷灰霧，他取一滴放在顯微鏡下，驚呼道：「它們活了，它們繁殖了！」像牛頓開闢出經典力學一樣，巴斯德開闢了微生物領域，他也是一位科學巨人。

這巴斯德躍馬橫刀闖入微生物領域，便勢如破竹，如入無人之境（本來，以前也沒有幾個人涉獵這裡）。他先幫助葡萄產地的農民解決了防止酒變酸的難題。說來簡單，只要把酒加熱到攝氏五十五度，就可以將細菌殺死，這就是後來被普遍採用的「巴氏消毒法」◎2。他發現了寄生在蠶身上的微生物，挽救了法國全國的養蠶業；他發現了羊炭疽桿菌，並治好了羊炭疽病，挽回了兩千萬法郎的損失。他由此又推出：人身上的傳染病，也是由這些看不見的殺人犯傳播的。這可是一個大膽的結論，這就不是化學，也不是微生物學的事了，巴斯德已經揚鞭催馬踏入了醫學的領地。當時歐洲對突然間流行全國的瘟疫束手無策。在俄國的一些鄉村裡，深更半夜男人們起來把四個寡婦綁在犁上，趕著她們繞村犁上一圈，認爲這樣就可以抵擋瘟疫，而苦主們也只知降溫、放血，或吃點不頂用的藥丸。現在巴斯德突然闖了進來說：「這些統統都是騙人！」於是整個醫學界就像一個被捅了的馬蜂窩。

巴斯德是一個性格豪爽，拚命向前，苦幹務實，想到就要說要做的人，況且他也不大會裝出一種謙虛去爭取同情。他手頭有了許多實驗事實之後，就到處作學術報告，作科普宣傳，而且態度直率，語言尖刻。在一次學術會上他說：「我眞夠聰明的，我居然能發現這一切，而你們眞傻，竟到現在還不肯相信。」一次在巴黎舉行科普講座，會場裡本來燈火通明，他突然將燈全部熄滅，然後打出一束光劃破黑暗，只見這光中許多細小的微粒上下翻動。他指看這些微粒說：「你們看見了嗎？斑疹傷寒、霍亂、黃熱病……，一切傳染病菌就都在這些小微粒上面。你們不要小看這些小東西，它能量之大絕不亞於狂風暴雨。比如一種破壞酒精的微生物，幾天之內

註解

◎2. 巴氏消毒法事實上是60~90℃的短暫加熱。

能使比自己重一百萬倍的酒精變成醋，好比一個二百磅體重的人，幾天之內就可以劈掉二百萬磅木材，誰能有這麼大的力氣？如果這種病菌鑽入人體，不難想像，歐洲幾天之內就會屍橫遍野……。」巴斯德這些話使聽眾們不寒而慄。包括那個大小說家大仲馬◎3，那天他也在場，無論他曾構思過多麼驚險的小說也不如巴斯德這幾句話叫大家張目結舌。

好像別人都是聾子，都是瞎子，巴斯德大聲向人們講著他聽到的，看到的一切。而大家都覺得他實在是個瘋子，因爲他們每一個人都既沒有聽到什麼，也沒有看到什麼。因此，他們對這個瘋子攪得他們忐忑不安簡直不能容忍。他們開始在自己遠占絕對優勢的陣地上——學術會議、各種刊物、報紙上指名道姓地攻擊巴斯德了。但他毫不退讓。

這天，巴黎醫學會又舉行一次醫學報告會，討論當時死亡率達百分之九十的產褥熱，還有外科手術感染問題。一個叫昆恩的頑固老頭正在誇誇其談這種病的病因。突然前排站起一個人說：「完全是胡說八道。這些病首先得由你們醫生、護士負責，是你們的手，醫院裡的床，還有手術刀，繃帶將那些致病微生物傳給一個病人，又傳給一個病人，你們還全然不知。醫院成了殯儀館的前廳，手術臺成了殺人臺，你們卻死抱住舊習慣不放，還在每天殺人。我昨天剛收到一封信，是蘇格蘭醫生李斯特◎4先生的，他在手術前將雙手、刀具、紗布，甚至刀口周圍都用硼酸徹底消毒，結果病人死亡率從百分之九十一下就降到百分之十五。」此人正是巴斯德。

這時下面有人搖頭，有人很注意地聽，而昆恩早就不耐煩了，他打斷巴斯德的話說：「你總是這樣像巫婆念咒似地叨叨，可是你說的可怕的微生物到底在哪裡？它怎麼能有這麼大的本事？

怎麼能無孔不入地傳播？你能給我看一看嗎，它到底是什麼樣子？」

巴斯德三步兩步邁到黑板前畫了一個鏈狀物，說：「引起產褥熱的就是這種菌。」

昆恩冷笑一聲：「算了吧，你口口聲聲說我們沒有見過微生物，倒是你恐怕連手術刀、繃帶也沒有換過呢。」

「我看你不是沒有看到顯微鏡下的微生物，而是沒有看到自己心靈上的微生物。」巴斯德也冷笑一聲。

但是他沒有提防，被激怒的昆恩突然揮動老拳，向他當胸擊來。各位讀者，不是作者在編造，這實在是科學史上一件不好說出口的醜事。十九世紀後期，像十六世紀教會蠻橫鎮壓伽利略那樣的事是不可能再發生了，但偏見和頑固仍然是科學的大敵。再說當時幸得有人上去一把抱住昆恩，這架才未打起來。可是昆恩立即提出：「你要有膽量，明天我們到郊外決鬥去！」

巴斯德冷笑一聲：「我的任務是救人的命，而不是殺人！我死並不足惜，可惜我還有一個重要課題沒有完成呢。」

巴斯德回到家裡，由於剛才的不快，兩隻手還在顫抖。瑪麗知道最近他常在外面受委屈，就過來挽著他的手坐下。現在他們已是年過花甲的老夫妻了，但還是如在蜜月裡一樣的情深。巴斯德心裡的怒氣立即煙消雲散。

他所說的課題，是尋找根治狂犬病的辦法。這是一種必死無疑的痛，只要被瘋狗咬了的人和任何動物都會傷口像火炮一樣地疼痛，而且狂躁不安，直到被折磨而死。巴斯德想，這一定又是

註解

◎ 3. 大仲馬（西元 1802 年～ 1870 年）：Dumas Davy de la Pailleterie。

◎ 4. 李斯特（西元 1827 年～ 1912 年）：Joseph Lister, 1st Baron Lister。

一種微生物在作怪。他知道自己來日不多了，便想加快解決這個課題。

這天，他和助手設計了一個方案，就是從瘋狗唾液裡取來病菌，然後注射到好狗身上，或許可以獲得免疫。但那是一條瘋狗啊，取時談何容易。巴斯德命令助手將一條壯實的瘋狗綁在桌子上，再用撬棍將它的嘴撬開。那狗憤怒的哼著，呻吟著，嘴裡滲出唾液。這時巴斯德取來一根玻璃吸管，含在嘴裡就要向狗嘴裡去吸。突然瑪麗從房間裡衝出來，一把摟住他的胳膊：「親愛的，難道你眞的瘋了嗎？你的命眞的這樣不值錢嗎？」

「不怕，我輕輕吸一點，病菌不等到我嘴邊，我就會把它吐到杯子裡的。」

「不，如果這樣還是讓我來吸。你的生命怎麼也比我有十倍百倍的價值。」

「親愛的，反正都一樣，你萬一染病離開人世，我與其受悲痛的折磨還不如一死。況且論技術，當然我比你熟練一些。」

巴斯德說得輕鬆，但瑪麗渾身都在發抖了。她瞪著一雙吃驚的大眼看著巴斯德和瘋狗嘴對嘴，將那根細管子伸到狗的舌根，巴斯德那撮小鬍子彷彿已經觸到了狗的嘴唇。她突然用雙手捂住了自己的眼睛。

菌苗製好了，在動物身上試驗完全成功。但總得過人身試驗這一關。巴斯德決定給自己注射。這回瑪麗和幾個助手堅決不幹了。他們將藥品鎖起來，瑪麗更是整日不離開他一步。巴斯德像一個壯士被困在監牢裡，他坐在實驗室的長沙發上，捋著自己已花白的鬍子自語道：「還有什麼法子呢？上帝不會再給我多少時間，瑪麗又不給我冒險的機會，還有什麼法子呢？」他正這樣愁眉不展地坐著，突然門口吵吵嚷嚷，還夾著哭聲，一個助手推門進來，但還不等他開口，後面又跟進一個老婦人進來。她一見巴斯德便一頭跪在地上哭求道：「巴斯德先生，都說你是上帝派到人間的救星，快救救我的小兒子吧，他今天剛被瘋狗咬傷，除了你誰也沒辦法啊，他不能死啊。」這婦人說著早泣不成聲。

孩子被送來了，傷口已開始發紅，可憐的孩子，無疑是得了這個可怕的痛。他從現在開始還有半個月的時間，病菌將從皮膚、血液裡慢慢地向他的脊髓、腦液裡進攻，到那時他將發狂、昏迷、死亡。現在唯一的希望就是乘病菌還未進入脊髓、腦液之前每天注射一點疫苗，以毒攻毒，培養起抵抗力來。但是人類有史以來還從未這樣試過啊，到底有沒有把握呢？這第一針是準備打在我這個將不久於人世的老頭子身上啊，怎麼好在這個孩子身上試呢？

這時老婦人還在地上叩頭如搗蒜。助手說：「只有這樣，孩子也許有救，要不試一試吧。」巴斯德還在猶豫，老婦人早已抱住助手的手臂不住地懇求了。巴斯德站起來說：「就試一試吧。可是如果失敗，那些人一定會說我是殺人犯的。」

第一針打下去了，孩子安然入睡。◎5

第二針打下去了，沒見什麼別的反應。

以後每天一針。到第十四天頭上，最後一針了，毒性也已積累到最多了。巴斯德覺得自己的心在抖，他不敢到臨時病房去，只好吩咐助手去注射這最後一針，自己又坐在那個長沙發上，呆呆捋著他的小鬍子。他不知道自己將再次當一回牛頓呢還是當劊子手。他這樣從早坐到晚，瑪麗

註解

◎5. 狂犬病疫苗首先試用於九歲約瑟夫（Joseph Meister）上，時為1885年。

進來送了兩回飯，助手進來報告了兩回情況，倒沒有異常。但是關鍵是今晚，能不能平安地渡過這一夜呢？這是陰間和陽間的界河啊。

當晚巴斯德沒有回臥房，就躺在這個長沙發上。瑪麗抱來了毯子輕輕給他蓋好，虛掩著房門出去了。他在黑暗中看一會兒天花板，又透過窗戶數一會兒天上的星星。不知什麼時候迷迷糊糊地剛睡去，就聽門外又是那個老婦人的聲音：「巴斯德先生在哪裡？快，我要見他！巴斯德先生，你還沒有起床啊，我非見你不可。啊，我的孩子……！」

巴斯德聽到聲音，一個鯉魚打挺，翻身下地，摔落毯子，就向院裡衝去。這時瑪麗、助手也都早已跑出來，他們一起攙住老婦人，緊張得三顆心都已提到喉嚨裡。到底這孩子性命如何，且等下回分解。

第四十九回　五年環球先從自然探得實際　六個便士只向爸爸買點時間

——進化論的創立

上回說到巴斯德第一次給病人注射狂犬病疫苗後，病人生死未卜，直弄得他六神無主，寢食不安。忽聽老婦人一聲狂呼，早教他冷汗淋淋。其實是一場虛驚，老婦人是來報喜，感謝大恩人的。她的兒子已爽然康復。人類終於第一次征服了這種可怕的「不治之症」。正當巴斯德一路人馬研究那些只有在顯微鏡下才看得到的微觀生命時，有人卻把目光轉向整個世界，將整個地球把在手裡，仔細捉摸：這地球上的花草樹木，飛禽走獸乃至人類的生命是怎樣地來去。正是花開兩朵，各表一支，從這回起我們來講這方面的故事。

這個故事的主人翁就是鼎鼎大名的達爾文◎1。達爾文從小出生在一個書香門第之家。他的父親是個醫生，便送他去學醫，但是他見到解剖室裡的屍體就怕，他說：「這些可憐的人，和我們一樣地愛過人也被人愛，今天竟這樣任人切割！」於是決計不學醫。父親又將他送到劍橋大學科學院，不想他對科學更無興趣，三年的科學院生活除了應付考試，大部分時間就是打獵，郊遊，搜集動植物標本。當時他還說不清將來要做什麼，但是他酷愛大自然，愛得發瘋。他自己後來的回憶錄裡有一段描寫可以為證：

「有一天，我剝去一些老樹皮，看見兩隻罕見的甲蟲，就一手一隻捉住了。正在這個時候，我又瞧見第三隻新種類的甲蟲，我捨不得把它放去，於是我把右手的那隻『礦』的一聲放進嘴

註解

◎1. 達爾文（西元 1809 年～ 1882 年）：Charles Robert Darwin。

裡。哎呀！它排出了一些極辛辣的液汁，燒痛了我的舌頭，我不得不把這隻甲蟲吐出來，它就跑掉了，而第三隻甲蟲也沒有捉到。」

大凡有成就的人都會在青年時代就給自己設計一個軌道，並使自己及早進入軌道運行。達爾文在科學院三年完全是按照自己的軌道奮進，絕沒有讓官方的課程浪費他的時間和精力。他一是讀了很多自然科學的書；二是有機會就到野外觀察，收集標本；三是拜了一個好老師：研究植物的亨斯洛教授◎2。他在成名後說：「我所受的學校教育束縛了我的觀察力。我所學到的一切有價值的知識都是靠自學獲得的。」但是劍橋的天地已覺太小，這時英國政府正在向全球擴張，不斷派船探險，達爾文便經亨斯洛教授推薦踏上貝格爾艦，於一八三一年十二月二十七日開始了五年的環球考察旅行。中國有句古話「飽以五年讀，勞以萬里行」，道出了作學問的訣竅。達爾文現在正是這樣去身體力行，他在劍橋飽飽地讀了一肚子書，然後乘船去觀賞實踐，這進化論的創立自然非他莫屬了。

各位讀者，我們在這本書的第一回就提出世界到底是什麼？從屈原問天，泰勒斯說地開始，我們就隨著那些可敬可愛的科學家去上天入地尋求探索，陪他們一塊流汗。流血，一起被拷打，一起受火刑，終於將世界從上帝手裡一塊一塊地解放出來。但是上帝還有一塊最後的，最頑固的陣地——生物學領域。世界上這許多生物怎樣出現和存在？當時的經典說法是上帝創造的，這就是所謂「神創論」，它認爲從上帝創出來那一天起，各種生物就原封不動地存在了，今天是什麼樣子，當初就是什麼樣子。上帝還將這個世界安排得非常完善，有老鼠就有吃老鼠的貓，有吃草的鹿，就有吃肉的狼，眞是無懈可擊。所以科學家要奪回這塊陣地，比之天文、物理、化學要難得多，這達爾文比哥白尼也就遲生了三百三十六年。閒話不表，我們且看達爾文是怎樣發起這場最後的攻堅戰的。

小獵犬號駛離德文港後，艦長菲茨羅伊◎3爲達爾文安排了一個小房間，中間是一張很大的繪圖桌，桌上是一個睡覺的吊床，他將在這裡整理標本、繪圖、觀察。艦長又派給他一個叫科文頓◎4的僕人。這人以後給他獵取鳥獸，製作標本，成了一名重要助手。小獵犬號的環球線路是，出英吉利海峽，進大西洋，貼著南美洲東岸下行繞過合恩角，再北上進太平洋，去澳大利亞後進入印度洋，繞過非洲的好望角，再次進入大西洋，返回英國。

他們一登上南美洲大陸，熱帶雨林中的動植物立即以它們特有的魅力和無窮的奧秘緊緊將他們吸引，這天達爾文和科文頓正在林中披荊斬棘，艱難前行，忽覺得頭上有什麼東西閃閃發光。一抬頭是一片蜘蛛網，這網也特殊，蛛絲比一般要粗，要亮，像一根根鋼絲緊綳在樹枝間，一個瓶蓋大的蜘蛛正在緊張地吐絲工作。達爾文正有興趣的看著，科文頓忽然說：「快看！」他順手勢一轉頭，不覺哎呀一聲。原來頭上的整片林子都已結成一張大網，那亮晶晶的蛛絲東來西去，四通八達。一個快有手掌大的蜘蛛雄踞中間。各處又有許多小蜘蛛分兵把守，有的在吐絲修補被風吹斷的網子，有的在閉目假寐，專等獵物落網。

這時一隻黃蜂飛來，它的翅膀不愼觸在一根蛛絲上，也只這一觸便厄運難逃，越是掙扎，越陷在網裡不能起飛，這時那隻假寐的蜘蛛早圓睜雙目，怒衝衝地撲來。只見它口中噴出一點亮

註解

◎ 2. 亨斯洛（西元 1796 年 ~ 1861 年）：John Stevens Henslow。

◎ 3. 菲茨羅伊（西元 1805 年 ~ 1865 年）：Robert FitzRoy。

◎ 4. 科文頓（西元 1816 年 ~ 1861 年）：Syms Covington。

光——先黏在黃蜂身上，然後就拉著這根絲圍著牠繞圈，三轉兩轉早把那隻黃蜂捆得結結實實。不想，正當蜘蛛得意之時，頭上又有一隻黃蜂飛來，乘其不備挺起自己的刺向牠猛地螫去，蜘蛛受此一擊疼痛難忍，翻落網下，它知道敵人還會作第二次攻擊，就忍痛爬入草叢。但黃蜂不停地做低空飛行，很快就發現了牠。這黃蜂也知道蜘蛛那雙毒螯肢的厲害不敢貿然下手。牠先做了幾個佯攻的假動作，乘蜘蛛一仰身之際，一下刺中牠的胸部，蜘蛛不動了，其實牠並沒有死，黃蜂只是注射一點毒液讓牠昏迷，半死不活地留給自己的子女食用。達爾文被這緊張戰鬥所吸引，早看得忘了時辰，一會兒只覺得腿上發麻，他以爲纏著草藤，蹬腳甩了兩下，覺得很沉低頭一看，哎呀！原來是一條一握粗的長蛇，早將牠的小腿纏了三圈。科文頓也看見了，拔刀躍起，就要去砍。達爾文卻示意他不要動，只見這條蛇吐著又長又紅的舌頭，牠已經發怒，嗉囊鼓得有皮球那麼大。

這是他在英國從未見過的品種。達爾文敏捷地將蛇的頸部一卡，那蛇氣急，狂吐舌頭，卻不能動。他大喊：「科文頓快動手！」科文頓上前一隻手將蛇身一捋，另一隻手提起蛇尾，來一個「倒鬆井繩」，這蛇就落入他們的標本袋裡。自然，剛才那雙冤家——黃蜂和蜘蛛，也都讓他們這兩個漁翁得利收走了。他們高高興興向海邊走去，科文頓只顧低頭開路，一個毛茸茸的東西正與他撞得滿懷。他嚇一跳，後退三步，原來是一頭長尾猴從樹上倒捲下來。這猴子已經死去，但那尾巴卻還有這麼大的捲纏力。達爾文覺得有趣，想取下來製作標本，無奈那猴尾比蛇身捲力更大，他們只好連樹枝砍下，才將這猴子取下帶回。這一路他們主僕二人好生奇怪，蜘蛛會織網，黃蜂有刺，蛇有毒牙，猴子有這神奇的尾巴，他們都靠這些絕招來禦敵、覓食、生存。科文頓邊走，邊讚美全能上帝，他怎將這個世界安排得這樣好呢？他在造物時，怎麼能造出許多千差萬別又各有本領的物種呢？

他們走出了樹林，已經看見海灣裡的船。科文頓將那隻沉重的猴子從背上放下，達爾文也放下肩上的標本袋，他們坐在軟軟的沙地上小憩，達爾文仰面這一望無際的藍天，不由地輕輕自語：「上帝呀！你創造世界的計畫是多麼偉大，這個工程又是多麼的完善啊！」

確實，達爾文在剛出海時還堅信世界是上帝創造，世界上的各種動植物都是上帝在最初一次造好就放到地上，它們就這樣永遠不變地，一代一代地繁衍下來。但是大自然這本書卻不比那種黑紙白字的書，你越是仔細讀下去就越能發現許多從未見過的東西。

一八三二年九月達爾文來到阿根廷中部東海岸，發現地上有許多古代陸生物化石，他十分高興，立即和科文頓奮力挖掘起來，苦戰了三個多小時，挖出了一個完整巨大的劍齒獸化石，這東西真正有趣，和現代動物比，它的軀幹像大象，牙齒像兔子，眼、耳、鼻又像海牛。象、兔子、海牛現在不是屬於不同的目嗎？過去它們怎麼會集中在一起？半天揮鎬撬石早把達爾文累得上氣不接下氣，現在這個新難題又叫他困惑不解。他一屁股坐在土坑裡，雙手捧著那個奇怪頭骨化石，豆粒大的汗珠順臉頰慢慢滾下，他一動也不動像突然遭了雷擊電打一樣地麻木了。半天，他才仰天長嘆一聲：「上帝啊！請原諒我對你懷疑，難道在造物之初，物種並不是這個樣子？或著這物種本來就不是你造的？」他才把最後半句話說完，不由渾身打了一個寒顫，一身熱汗瞬間變成一身涼水，——啊！我這樣想是不是瀆犯了上帝？科文頓在一旁聽見這話，就問：「達爾文先生，你說什麼？」達爾文連忙說：「啊！我沒有說，什麼都沒說。天不早了，我們趕快收拾東西回船吧。」

但是，從此這個疑團就佔據了達爾文的心：「地球上新的生物第一次出現到底是什麼樣子？」各位讀者，許多偉大科學家之成長，常常起於最初的那一段自我一問。伽利略見自由落體，一問而研究出落體規律；牛頓見蘋果落地，一問而終悟出萬有引力；哥白尼見托勒密體系的繁瑣，一問而生成出自己的日心說；克卜勒見火星軌道與觀察記錄的八分誤差，一問而導致發現行星運行定律。一個人性格的養成，要學會堅內而拒外，防微而杜漸，出污泥而不染，相反一個人學問的做成，則要虛懷而多求，見縫插針，追蛛絲馬跡而不捨。當他遇到可疑的東西時那一捫心自問，正是已將鑰匙插入了鎖孔，只待一擰，再一推門，一座神秘王國就豁然展現在眼前。這達爾文自從心裡暗暗起了對上帝的懷疑，在以後的考察中就處處留心，時時在意了。

又過了三年，一八三五年九月，達爾文隨小獵犬號來到加帕戈斯群島。這個島位於太平洋東部離南美洲西海岸五、六百英里，它的歷史不長，是幾千年前由於海底火山噴發從海水裡鑽出來的一塊小陸地。當達爾文和科文頓背著獵槍和標本袋上岸後，他們立即感覺到這支槍實在多餘，島上的所有動物並不怕人類。這主僕二人在島上悠閒自得隨意散步，而那些鳥獸或嬉戲於前，或不捨於後，好不快樂。突然他們看到許多大龜排成長隊，足有幾里長，浩浩蕩蕩向前爬著，而每隻海龜少說也有一百多公斤。原來這個島上缺水，它們是前往水源地喝水的。看牠們那個樣子，一會兒探出頭來望望前面，離泉水還遠著呢，又縮回脖子，一步一寸，不慌不忙地往前挪。達爾文看得好笑便跳上龜背，這龜就如背上落了一片樹葉一樣，毫無負重之感還是四平八穩地前進。泉水到了，龜們不顧一切地將頭栽到水裡，一連喝幾十口水才喘一下氣。原來牠們這樣喝一次就可以忍受好多天乾渴，那水都保存在心包裡和膀胱裡。難怪當地居民遇到缺水就殺這種大龜取水呢。同樣是龜，為什麼這個島上的龜就有這種特殊本領呢？難道這是上帝專門為這裡專造的新種嗎？可是這個島不過才幾年啊。這以前上帝不是早就將所有的物種都造好了嗎？達爾文經過仔細觀察，發現島上的物種與南美洲屬同一類型。但是由於這裡氣候奇特，牠們又很不同。他收集了島上的生物標本，二十六種陸棲鳥類中，有二十五種是島上特有的；十五種海棲魚類，全部是新種；二十五種甲蟲中，只有兩三種是南美也有的；一百八十五種開花植物，其中新種就有一百種。看來這些新物種並不是上帝創造的，是這裡特殊的氣候，特殊的環境造成的，物種是可以改變的，是受自然選擇的！

一八三六年十月二十日，經過五年的海上漂泊，達爾文回到英國。這五年飽覽了自然風光，航過了大西洋、太平洋、印度洋三個海洋；看到熱帶森林中枝葉如蓋、藤蔓如麻的鬱茂風光；他看到地震後海中會升起一片小島的奇景，看到了火山噴發，岩漿從天而降的奇景；他看到了如碧玉瀉流的冰川，看到了如人工工藝品一樣的珊瑚島。但是更重要的，他在這各種奇景迭現的地方發現了在倫敦根本不可能發現的物種。他自己登岸不久，那些標本箱打著美洲、歐洲各城市的郵戳，也源源不斷地寄到了倫敦。他五年前出門之時還是抱著對上帝的無限信仰和對自然的好奇，想去搜集一些標本。五年後他再返回國門時，已將上帝甩在腦後，而開始思索這一系列風光和標本內在的聯繫規律。

一八三九年他與自己的表姊愛瑪結婚。達爾文的腑內已經是一座富礦，——那是五年環球生活中一點一滴形成的，現在他就要坐下來一點一點開採了。他將資料整理，出版了《考察日記》、《貝格爾艦航行期內的動物志》五卷、《貝格爾艦航行中的地質學》三卷。他知道自己雖收集了許多材料但專業知識還是不夠。他繼續和他崇拜的地質學家雷爾◎5聯繫，又找到植物學家胡克◎6合作。雷爾比他大十二歲，胡克比他小八歲，但是他們卻結成了一個眞正的「忘年聯盟」，這個聯盟後來還有比達爾文小十六歲的赫胥黎◎7加入，組成了一個進化論向舊勢力開戰的堅強堡壘。

有了材料，有了戰友，現在達爾文要做最後的衝刺了。爲躲避過多的社交活動，達爾文在倫敦郊外十五英里的地方買了一所房子，這就是唐恩村那座他一直住到逝世的有名住宅。

現在一反過去那種不規律的生活，他爲自己安排了一套極嚴格的時間表。上午八時到十一時半工作，下午一時到四時工作，然後又從五時半工作到七時半，中間是散步或聽愛瑪朗誦小說，晚飯後聽愛瑪彈琴或兩人下棋，十時睡覺。他說：「我的生活過得像鐘錶一樣規律，當我生命告終的時候，我就會停在一個地方不動了。」

能迎風搏浪，到大自然中去探索，又能潛心靜性，埋頭在書房裡研究，這實在是大學問家的風度。但是這個環境的造成，首先得感謝愛瑪。達爾文共有五個男孩，兩個女兒，不用說家裡就如同幼稚園一般。但是愛瑪規定孩子們誰都不許進父親的書房，而且經過書房門口要像貓走路那樣不能發出一點聲響。達爾文本是一個極愛孩子的人，他控制自己的感情，在一天的三段工作時間裡一定閉門不出，只有在吃飯時或休息時才和孩子們遊戲。他每天這樣或埋在書籍筆記裡查找資料，或伏案疾書，每當撕下一張稿紙，聽見那「嚓」的一聲，便感到極大的安慰。由於五年的海上生活，或許還有遺傳的原因，現在他的身體很不好，頭暈，失眠，嘔吐，有時一天也寫不了幾頁。但精神一好就趕快工作。那潦草的初稿從書房裡一頁一頁地遞出來，愛瑪就伏在會客室的那張大寫字臺上爲他謄寫清楚。

這天達爾文正這樣拼命寫作，忽然聽見幾下低低的敲門聲，不像是外面來的客人，因爲如果雷爾或胡克他們到了，愛瑪一定會先招待的。他捶了捶發酸的後背起身去開門，門縫裡顯出一個瘦小的身影，原來是四歲的小兒子法蘭西斯。只見他怯生生地伸出一隻又黑又髒的手，手裡有四個便士，鼓著腮幫子也不說話。孩子來書房是犯禁的，但達爾文一見兒子這樣子也就心軟了，而且「執法官」愛瑪也正好不在跟前。父親彎下腰問道：

「小法蘭西斯，你上門來有什麼大事嗎？」

「我每天早晨一醒來就不見爸爸，所以就想來看看你。」

一股父子柔情突然襲上達爾文心頭，他探身摸摸兒子紅紅的臉蛋，又捏著他的小手說：「那你拿這四個便士幹什麼呢？」法蘭西斯小聲地說：

「我怕爸爸不讓我進來，就向姊姊要了……。」

註解

◎ 5. 雷爾（西元 1797 年～ 1875 年）：Charles Lyell。

◎ 6. 胡克（西元 1817 年～ 1911 年）：Joseph Dalton Hooker。

◎ 7. 赫胥黎（西元 1825 年～ 1895 年）：Thomas Henry Huxley。

可愛的兒子原來是要用這四個便士買爸爸的一點時間啊。達爾文禁不住熱淚奪眶而出，他一把抱起兒子，在他小臉上狂吻著，淚水滴在兒子臉上，又被他的鬍子擦成一片。他覺得自己的內心受到深深的一擊，好像被打穿了一個洞那樣疼。他自語著：「我眞不夠格做個父親，我對不起你們啊！孩子，走，今天爸爸不寫了，這一天的時間全是你的，我們到花園去捉蝴蝶，挖蚯蚓去。」

他抱著孩子走出房門。法蘭西斯難得有個撒嬌的機會，他緊摟著父親的肩膀不肯下身，小嘴緊緊地吸在父親的臉上。當走過窗下時達爾文看見愛瑪正在那裡抹眼淚，她已經看到這幕戲，達爾文不覺一怔，隨即快活喊道：「愛瑪，叫上我們所有的孩子到花園裡去。我宣佈今天放假！」

一八五八年悶熱的夏季籠罩了唐恩村。夜深了，達爾文從燈下抬起頭來，伸手抽出一支雪茄，點燃，思緒和著縷縷輕煙在這間書房遊蕩。他翻開剛寫完的《物種起源》第十章，用手撫摸著剛剛滲入紙裡的墨蹟。這每一個字就是一滴汗，甚至有時還要咬一下牙。他的身體越來越糟，經常徹夜不能入眠，那種要向上帝宣戰的衝動，在他的心裡時時泛起，擾得他每一根神經都不能有一會兒的安閒。這部稿子是在一八四二年動手的，最初只寫了三十五頁提綱，後來又擴充到兩百三十一頁，到一八五六年雷爾建議他趕快成書，不然必定有人搶先。但是他知道這個問題實在和哥白尼反抗托勒密一樣，雖不至於會被教會燒死，但那反對浪潮也足以把他淹沒了，所以再三核對材料，尋找根據，又將那兩百三十一頁的稿子壓縮了一半。這樣反覆提煉，再三推敲，現在總算有了個樣子，不久就能送去出版。雷爾、胡克早就等得不耐煩了。

這時門打開了，後面響起輕輕的腳步，一會兒，一雙溫柔的手搭上他的雙肩，這是愛瑪。他抬起頭，愛瑪以手背觸著他消瘦的雙頰說：「你實在是拼命啊。」

「我知道自己是在拼命。工作已使我的疲倦超過一般的程度，但我無其他的事好做，只要進化論能成立，我想我的精力無論是早一年耗盡，還是晚一年耗盡，都是無關緊要的。」

「不要這樣說，查理。現在這本書眼看就要完成，你應該減緩一下自己的疲勞。我來給你取一杯葡萄酒來。」

酒捧過來了，達爾文沒有接酒卻輕輕握住妻子的手，扶她坐下，他眼中已飽含淚水。「愛瑪，你眞是世界上最好的妻子！你的價值比等於你體重的黃金還寶貴多少倍。世人將來可能知道達爾文，但不知有個愛瑪。但是，假如沒有你，我就沒有這許多聰明、愉快和勇氣，沒有人來聽取我疾病的訴苦，我會在冗長的歲月內成爲一個孤單的悲慘的病夫，也根本不會有這本書。」

「不，世人沒有必要知道我。查理，你和你的事業是一片大海，我是一滴水；不只我，還有你的許多朋友，我們都甘心溶進這片蔚藍色的海中。」

「但是你，還有孩子們都受苦了，這都是爲了我才淹到這個苦海裡。」

「可是最苦的還是你，我只恨自己不才，不能替你承擔一個題目或幾頁稿紙。」

這時達爾文的眼淚怎麼也忍不住了，他不願讓愛瑪看見，趕快掩飾地端起酒杯，一仰脖子，連淚帶酒嚥進肚裡。愛瑪也激動不已，她拿起書上的桌稿，輕輕地摸著，這些全是她謄寫過的，有她的心血，有她的汗水，禁不住眼眶也熱了。兩人隔燈對坐，許久無言。月光透過紗窗，一片幽靜。愛瑪又斟上一杯酒，達爾文不去接酒，卻拔筆在紙上寫上一首小詩。那首詩當然是洋文，容筆者將它翻成方塊漢字，大意如下：

葡萄美酒心中淚，月明如鏡夜如水。

相對無言言難盡，莫問苦甜醉一杯。

這晚他們因書稿將成，苦中見甜，喝了一點酒，又說了許多安慰的話，很遲才睡。大概是如釋重負，達爾文難得有如此好覺，第二天直到日上三竿還未起床。愛瑪一早起來收拾完早餐，她打發孩子們先吃，並讓他們輕聲點不要吵醒爸爸。這時郵遞員按時送來今天的信件。愛瑪就坐在花園裡的圓桌一封封地拆閱，這是她每天的功課。可是當她看完了其中的一封信，不覺拿信的手抖動不止，彷彿這信燙手似的，她將信從左手倒到右手反覆讀了兩遍，然後不顧達爾文還在睡夢中，便急忙向臥室跑去。

到底這是一封什麼重要的信件，且聽下回分解。

第五十回　飛鴻一葉華萊士已著先鞭　擲筆三嘆達爾文欲棄前功

——進化論的發表

上回說到愛瑪接到一封信頓時臉色大變。你道這信是誰寫來的？原來是一個叫華萊士◎1的人，他當時正在馬來群島考察。這人也在探尋物種起源問題，過去常來信向達爾文請教，可是他今天隨信寄來一篇論文，大有捷足先登之勢，達爾文多年的辛苦豈不白費？愛瑪將這封信急慌慌送到臥室，達爾文擁被而坐，睡眼惺忪，也急忙讀了起來。先是一頁短信，說他夜來輾轉床頭著實難眠，又回憶了這幾年考察研究的結果，遂得出一奇怪的理論，寫成一篇論文，不知是否妥當，轉送上請過目，並請轉雷爾，也請他提提意見。達爾文立即如磁遇鐵，捧著論文讀了下去：

「野生動物的一生是生存鬥爭的一生，它們所有的器官和力量都是為了保護自己以及子獸幼禽的生存而發揮作用的。在不適宜的季節覓取食物的可能性，逃避最危險的敵人的可能性，以及其他等等，都是決定個體生存和整個物種生存的首要條件。這些條件也決定了物種群體的大小。仔細考慮這些情況以後，我們就能夠理解，並且在一定程度上解釋原先看來是不能解釋的事情——為什麼有些物種個體數目非常多，而另一些和它們密切相關的物種個體數目卻非常少……」

達爾文讀著讀著，激動之情已無法按捺。多麼似曾相識的文章！就差這稿子上不是他自己的手跡了。他一把撩起被子，只穿一件睡衣，坐到窗前的桌子上，飛快地掃過下面的文字：

註解

◎1. 華萊士（西元 1823 年～ 1913 年）：Alfred Russel Wallace。

「最能適應環境以獲得經常性食物供應、並且能夠抵禦天敵和氣候變化的物種，它們的數目必定有所增加，而且力量和身體結構上有缺陷的、在食物來源減少的情況下不能適應的那些物種，在數目上一定會減少，甚至完全滅絕……」

達爾文讀著讀著只覺眼前一陣暈眩，他稍一定神，將拳頭輕輕地擊著桌子，喊道：「世上竟有這樣的巧事！華萊士啊，你知道我在研究物種和變種問題，可是我從來沒有把變異的原因和方式告訴過你，怎麼你的論文簡直就是我的書的縮寫呢？雷爾先生，你在前幾年就勸我快點寫書，快點發表，不然總有人要搶先的，不想今天被你不幸而言中。這個搶先者今天眞的出現了，他已經大搖大擺地走進我的研究室，捧著他寫好的論文，傲視著我桌上這一堆散亂的手稿。華萊士先生，你既然寫好了論文就該直接去發表啊，爲何又要讓我看，讓我改，給我出此難題呢？」

愛瑪一直站在達爾文的身後，她看他像是突然被雷擊了一樣渾身癱軟，兩手發抖。她上前攙扶他，讓他到床上休息。達爾文卻捏著那幾頁紙，哆嗦著示意扶他到書房裡去。書房像一個戰場，桌上還留著昨晚激戰後的痕跡，墨水瓶開著口，稿紙散在桌上，幾十本筆記或者敞開攤在燈下，或者裡面都挾了紙條，卡片都用小鐵夾子分門別類夾成許多小疊，在桌子的右角堆成一個高臺。達爾文坐在他那把已經磨穿幾個洞的大籐椅裡，把目光從桌上移開，環視四周，靠牆都是一人高大的資料櫃，有各種標本，整櫃的筆記，還有別人的和他自己已出版的著作。這間房裡無處不滲透著他的心血啊。

他從椅子上站起，先將散亂的卡片全部放在一起，用夾子夾好，又將筆記本一本一本地合上。愛瑪站在旁邊忙順手接過，放回資料櫃裡。她熟悉達爾文的習慣，每寫完一章就這樣清理一次，那桌子也就難得地乾淨一次。但也不會超過一天，下一場戰鬥又打響了，「戰場」上又是一片混亂。今天看來他是要徹底打掃了，連墨水瓶也都放進了抽屜。

達爾文最後收拾的是那半尺厚的手稿。他將它細心地理齊，查過頁數，又找來一根絲線攔腰捆了一道，然後交給愛瑪說：「我們現在可以宣告結束戰鬥了。」

「怎麼，現在就立即送去出版嗎？」

「不，請你把它送到那裡去。」達爾文用下巴指指書桌旁的壁櫥，又拾起一盒火柴放在愛瑪手裡。

「查理！」愛瑪突然明白了他要幹什麼。她喊著，聲音都變了：「你不能這樣，這是二十年的辛苦啊，是你的生命啊，難道就這樣付之一炬，就這樣前功盡棄！」

溫柔的愛瑪，達爾文這位可親可愛的表姐、妻子，今天突然十分威嚴。她將手稿重新放到桌子上說：「你最應該知道它的價值，這是偉大的成果，是將要照亮整個生物界的火炬，你怎會這樣輕易地拋棄。」

「它是一個偉大的成果。但是這個成果沒有我，別人也已照樣將它取得，說明它在我這裡已經毫無意義。現在，只有此法才是最合適的處理。假如我將這本書立即出版，華萊士一定以爲是我抄他的。那麼世人將認爲我不是科學家，而是盜賊。我寧肯不要首先權，也不背這個壞名聲。」

「你關於物種起源的研究早就不屬於你一個人，雷爾先生、胡克先生，還有那個熱情的赫胥黎，他們給了你多大的支持！沒有雷爾在地質方面指導，沒有胡克在植物方面的合作，哪能有今天這樣的結論？再說你也該想想我們夫妻的情份，這部手稿上不只有你的心血，也有我的許多手跡啊……。」

愛瑪說著禁不住鼻子一酸，背轉身去輕輕地飲泣起來。

愛瑪這幾句話眞叫達爾文心軟了。他說：「好吧，我先給雷爾寫封信，聽聽他的意見。」說罷便拔筆寫道：

你的話已經驚人地實現了——那就是別人會跑在我的前面……我從來沒有看到過比我這件事更為顯著的巧合；即使華萊士手上有我一八四二年寫的那個草稿，他也不會寫出一個比這更好的摘要來！甚至他用的術語現在都成了我那些章節的標題。讀完後請把論文還給我，因為華萊士沒有叫我發表，當然我立即寫信給他，建議他可以把論文寄給任何刊物去發表。因此，我的發現——不論它的價值怎樣——將被粉碎了……希望你會贊同華萊士的論文，這樣我可以把你說的話告訴他。

一八五八年六月十八日

信與華萊士的論文寄出後的三天，雷爾就來到了唐恩村，他的身後還跟著胡克。

在達爾文的客廳裡一場很奇怪的談判在激烈進行，隔壁的愛瑪不時緊張地豎耳靜聽，他們搬進這所房子以來，這裡還沒有過像今天這樣的爭吵。辯論的一方是達爾文，而他代表的卻是華萊士，另一方是雷爾和胡克，卻代表達爾文。

雷爾將達爾文的手稿捧在手裡激動地說：「查理，我曾勸你早點發表這篇東西，你不聽勸告再三推辭，說是要聽聽不同意見，那麼今天反倒聽見了相同的聲音，若再不發表，就該輪到別人去聽不同意見，享受優先者的光榮。所以我和胡克今天公佈這些研究成果。」

「不，雷爾先生，如果沒有華萊士的這封信，我可以立即將手稿託你去發表，現在卻反而不能發表了，而且永遠也不能發表了。華萊士先生近年來與我書信往來，我們彼此都知道對方從事的研究，他確實獨立地完成了這個艱巨的劃時代的課題。」

這時胡克插進來說：「達爾文先生，你不是比他更早就開始研究這個課題了嗎？而且你還掌握了最豐富的材料，已經陸續發表了《考察日記》和地質、動物、植物各方面的著作，就只差這層窗紙沒有被最後捅破，沒有公佈最後的結論了。不錯，華萊士先生是在搞這項研究，但是當你一八三一年就出發去環球考察時，華萊士才是一個剛背上書包的八歲孩子，一八四二年你已經寫出那份詳細提綱時，他才是一個十九歲的學生，一八五四年他在馬來群島進行考察，只花了二個晚上就寫成這篇論文。而你得出這個結論已經有二十多年了。你就是現在發表，誰敢說你是在搶優先權呢？」

「不，胡克先生，年齡的大小不能說明成果的先後，正像你比我小八歲，但在植物學方面仍是我的老師。華萊士如果有我這樣的環球經歷，有我這麼長時間的研究，他會得出更完善的結論。」

「但是，你早就在辛苦研究，而且已經得出了結論，這也是事實。」

「對，結論我已經得出，而且華萊士也已經得出，現在冠以誰的名字就更無足輕重了。我常想我們英國人對世界科學是做出了巨大貢獻的，但是有一件事讓我一想起就不愉快，就是偉大的牛頓因爲微積分的優先權和萊布尼茲爭吵了幾十年，這與數學本身的發展有什麼關係？難道讓世人將來評論說，在牛頓之後英國人又出了一場科學官司，是達爾文和他的朋友在物種起源研究的優先權上吵架。你們知道，我在科學研究上，在事業上，可以像鋼一樣的硬，可以不顧一切地往前衝，任何難題都是我要消滅的敵人；可是我在感情上卻像水一樣的軟，經常在左顧右盼，任何對我表示愛和友誼的人，都會使我屈膝投降。我不願朋友之間有一點的誤解，一點的怠慢，這種心靈上的一點創傷要勝過來自敵人的一次掃蕩。我不忍心這種痛苦駕臨到華萊士身上，他還年輕，他多麼聰明，他應該沒有煩惱地輕輕鬆鬆地去幹更多的事情。同時我純淨的感情之水裡，也決不允許滴進這一滴污水。這樣我會心神不安，即使終日面對稿紙卻將再也寫不出一個字了！」

這時雷爾看這場談判越談越僵，便起身趨前一步，以師長的身份緩慢而嚴肅地說：「查理，這是科學，不光是感情……」

早就悄悄守候在門口的愛瑪生怕達爾文又會說出什麼更無法挽回的話來，忙上前說：「查理，你不看已經幾點，該讓客人吃飯了。」說完，他們四人一同走進餐廳。

一八五八年七月一日，林奈學會在倫敦舉行學術報告會。這又是一次科學史上奇怪的學術會。論文作者是達爾文和華萊士，但是兩人都未出席。華萊士這時還遠在馬來群島，無法趕回。

而達爾文雖勉強同意同時宣佈他們兩人的論文，但聽說華萊士不能到會，他也不去。他對雷爾說：「雖說同時宣佈兩人的論文，可是只教我一人趾高氣揚地坐在主席臺上，我不幹。我坐在那裡想起這時正在熱帶酷日下艱苦考察的華萊士先生，會羞紅了臉。」他向會議請假說身體不適，論文請胡克先生代為宣讀。

雷爾主持會議，他說：「各位先生，今天我們要宣佈兩篇關於物種起源和變異方面的論文，無疑這是一個科學上的最新命題。但是更可貴的是兩位科學家達爾文和華萊士先生他們同時發現這一理論，但又誰也不想爭優先權，只此一點在科學史上也足可大書一筆，這是我們林奈學會的驕傲，是我們英國科學界的驕傲。」

這時全場響起一陣熱烈掌聲，大家都很興奮。胡克就在這種情緒中走上講臺，開始了介紹：

「生物為什麼會有許多的品種？它並不是上帝一次造成的。它先有較少的品種，然後由於環境的作用出現各種變異。比如鷹和野貓科的動物由於捕食的需要就逐漸長成了尖利的但又可伸縮的爪；長頸鹿是在地上的食物缺少，為了採吃高處的樹葉，脖頸就越來越長；蒲公英為自己的後代能夠延續，它的種子帶著輕軟的毛絨，可以隨風飄得很遠……。這種情況叫作『自然選擇』，也是生物為自身延續進行的一種生存鬥爭。

「其實除自然選擇外人工選擇早就在進行。達爾文先生以鴿子為例進行了研究。我們一般人認為各個品種的家養鴿子都是從自然中的鴿子得來的。達爾文先生解剖了所有的家養鴿種，比較了他們的骨骼，秤了每一根小骨的重量，研究了它們的羽色。他發現無論品種有多少，它們都起源於野生的『原鴿』。人們偶而發現一隻鴿子胸部突出，覺得好奇，就繁殖牠，一代一代，最後就出現了『突胸鴿』；人們發現有隻鴿子尾巴寬，就繁殖牠，最後出現了如鳳凰展翅一樣的『扇尾鴿』。達爾文先生還親自做實驗，把一隻白鴿和黑鴿相雜交，就得到一隻黑白斑駁的鴿子。這說明物種是可變的。可以通過自然選擇和人工選擇實現變異。

「達爾文先生還特別研究了中國的情況。我們知道，在養殖業和種植業方面中國是世界上最古老的國家之一。達爾文先生認爲：如果以爲選擇原理是近代的發現，那就未免與事實相差太遠。在一部古代的中國百科全書中已有關於選擇原理的明確記述。朱紅色鱗的魚最初是在宋朝於拘禁情況下育成的。現在到處的家庭都養金魚作爲觀賞之用。在中國，竹子有六十三個變種，適於種種不同的家庭用途。甚至中國皇帝也發上諭，勸告人們選擇良種。據說『御米』就是康熙皇帝出巡在一塊地裡看到一個品種，親自在御花園裡進行栽培。後來這成了能在長城以北生長的唯一品種，變得很有價值。達爾文先生還舉例牡丹在中國就有一千四百年的栽培史，養蠶則是在西元前兩千七百年就開始了。他的許多文章裡在討論物種時直接提到中國的材料就有一百多處。」

胡克越談興致越濃。這是多麼新鮮的道理，多麼新奇的材料，與會的生物學家們一個個都被吸引得忘記喝水，忘記吸菸。會場靜得就像一座剛打開窗戶的空房子，一股新鮮的晨風吹了進來，輕輕飄蕩，那是胡克的講演。

達爾文是眞夠幸福的。他有愛瑪那樣賢能的妻子幫助他的事業，又有雷爾、胡克這樣的朋友在關鍵時刻出來撐腰幫忙。是他自己那看似柔弱實則博大寬厚的情懷換來了這深沉的愛，成了他事業上的一種無形的後盾和力量。

這時達爾文正坐在唐恩村的書房裡。他還是深深地不安，他想這時倫敦的會場上會是什麼情況呢？一種新觀點的出現自然會有人反對，那倒是不足爲奇的。但是人們會不會議論說我硬擠進這項成果中來呢？會不會說我去搶青年人碗裡的飯，老師卻怕學生出頭呢？這件事是雷爾和胡克力主辦成的，他原來的意思便是將書稿一燒了事。這時他的那隻心愛的狗波利從門縫裡溜進來，用嘴咬著他的褲角拉他起身。該到每天散步的時間了，但是他今天實在沒心思到花園裡去。他那鐵的時間表今天也不得不有所變更。他伸手輕輕拍拍波利的腦門，波利夾起尾巴怏怏不樂地溜出房門。

達爾文又靠在籐椅裡思索了一會兒，他想應該向華萊士寫封信，雖說他知道今天這個會議，但是還應向他說明一下，順便問候他的間歇熱好了沒有。他在桌上鋪開一張紙，飛快地寫道：

親愛的先生：

今天林奈學會正在宣讀你和我的論文。在繁重的工作中，同情是一種有價值的和真實的鼓勵。我們遠隔千里卻能得出這樣一個全新的相近甚至相同的結論，我感到由衷的高興。我幾乎同意你文章中每個字所含的真理。如果有著可欽佩的熱情和精力的人應該得到成功的話，那麼你就是應該得到成功的人。

今天的學術會結束後我們的論文將同時發表在林奈學會的會刊上，這得感謝雷爾、胡克他們的安排，不知道這樣處理你是否滿意……

達爾文寫好了信，叫愛瑪派人送走，好趕上中午的第一班郵車。他這才到花園裡散步。從此他就每天等著華萊士的回音，彷彿只有華萊士來信批准了這件事他才會放心地去幹別的事情。愛瑪和雷爾都勸他不要這樣太重感情，他說不只是感情，更重要的是品德，決不能傷朋友的心。

就這樣日復一日，達爾文心事重重，約過了兩個多月，突然桌子上出現一封已磨破了皮的信。他一看那個有荷蘭國王頭像的郵票就知道是從馬來群島來的。不由驚喜地喊道：「華萊士先生有消息了！」

到底華萊士來信說了什麼，且聽下回分解。

第五十一回　亂紛紛大主教口濺飛沫　鐵錚錚小鬥犬力挫讕言

——進化論的傳播

卻說達爾文給華萊士發出信後，日想夜盼，這天終於有了回音。他都有點不敢直接去讀，忙叫愛瑪念給他聽。愛瑪也早急不可待，忙拆開讀了起來：

親愛的達爾文先生：

你的偉大的謙虛反倒使我十分不安。你大可不必為我們的事這樣掛心。我一心把你作為可敬的師長，當我還是一個匆忙急躁的少年的時候，你已經是一個耐心的、下苦功的研究者了，你總是儘量地責難自己，輕易不肯發表這個新理論。我不過是一個頑皮的牧童，偶然發現了一個寶藏的山洞，而你早就是這個山洞的看護人。我知道自己在做學問方面還有許多天生的弱點，缺乏你在收集事實時那種不倦的耐心，做實驗時的靈巧，整個的精確而豐富的生理學知識，還有，你的清楚、精確而令人信服的筆法，這一切都使你最有資格成為從事這項巨大工程的人。而且，你已經將你的全部智慧、整個身心都犧牲給了這個事業。所以我將向大眾提議將我們研究的學說定名為「達爾文主義」，而我只不過是一個榮幸的達爾文主義者。

下面還有一些自謙的和對達爾文表示敬意的話。達爾文擺擺手，示意愛瑪可以不念了。雖說華萊士是由衷之言，可是達爾文生性不愛聽一句恭維的話，有時他獨自一人在家看到這樣的來信也會立即臉紅的。他只要知道華萊士不會埋怨他就放心了。華萊士在信的末尾還希望他加緊《物種起源》後幾章的寫作，爭取早日出版。同時眞誠地要求他一定不要過分勞累。

現在達爾文可以安心《物種起源》的寫作了。雖然這是一本反上帝的大逆不道的書，但是有雷爾、胡克、華萊士這樣一批心心相印的朋友，他覺得有堅實的後盾，就更勇敢地向前衝鋒。

一八五九年十一月二十四日這本綠色封面、全名爲《根據自然選擇，處在生存鬥爭中適者生存的物種起源》正式出版。打開第一頁，導言部分就是一行行勇敢的宣言：

> 物種和變種一樣，是其他物種所傳下來的，而不是分別地創造出來的。
>
> 許多自然學者直到最近還持有的、也是我過去所接受的那種觀點——每一物種都是被個別創造出來的是錯誤的。我完全相信，物種不是不變的；那些所謂屬於同屬的物種，都是另一個一般已經滅亡的物種的直系後代，正如現在會認為某一種的那些變種，都是這個種的後代。
>
> 此外，我又確信自然選擇是變異的最重要的途徑，但不是唯一的途徑。

書中甚至還提到人類的起源也是這個道理。

這眞是震聾發聵的霹靂之聲。倫敦幾家書店的門前立即人頭攢動。頭一次印刷的一千二百五十冊，當天就銷售一空。幾天之內物種起源成了大街小巷行人見面談話的首要話題，就像當年羅馬街頭人們爭購伽利略的《對話》一樣，倫敦街頭也出現了一股「物種」熱。在這股沸沸揚揚的熱浪中，自然反對的浪潮首先掀起。因爲當時英國所有受過教育的人都是信教的，連科學家也沒有一人公開出來反對宗教。偉大的牛頓雖已窺見了自然規律，但他還是給上帝留了一個位置。所有科學的成就最後都用來證明上帝確實英明，在生物學領域更是如此。今天達爾文否認物種神造，就如布魯諾當年在宇宙裡不給上帝留下位置，這眞該千刀萬剮了。

但是也有一些少數敢堅持眞理的自然科學家與人文學者支持。書出版不到二十天，德國著名的社會學家馬克思和恩格斯就讀完了這本書。恩格斯在給馬克思的信中寫道：

我現在正在讀達爾文的著作，寫得簡直好極了。目的論過去有一個方面還沒有被駁倒，而現在被駁倒了。此外，至今還從來沒有過這樣大規模地證明自然界的歷史發展的常識，而且還做得這樣成功。

但是現在的達爾文和當年的伽利略不同，他沒有親自站到漩渦中間去抗爭、去申辯，他身體衰弱又拙於言詞。他是唐恩村一位多病的老者，隱居鄉下，幾無人知。那些反對的話也好，讚美的話也好，都無法灌進他的耳朵。一大部分意見是寫成信件投到出版社，才轉到他這裡的。每天早晨唐恩村的人就會看到一個郵遞員背著沉重的郵袋向達爾文的住房走去，而讀信則成了達爾文夫婦近來主要的工作。

還是那間書房。不過今天這張寬大的寫字臺上沒有卡片，沒有稿紙，平光潔淨，像一塊剛收割過的平原。奮鬥了幾十年的著作剛剛送去出版，下一部書還未來得及擬題綴文。現在無論讀者還是作者，敵人還是朋友，都被這一本書攪得狂躁興奮，其他暫時甚麼也顧不上了。愛瑪撿起一封信，拆開，說：「這是赫歇爾先生◎1寫來的。」（我們前面寫到的天文學家赫歇爾的兒子。）

「喔，我們住在倫敦城裡時的老朋友，現在唐恩村這所房子還是他幫我們買到手的。這個天

註解

◎1. 赫歇爾（西元1792年～1871年）：Sir John Frederick William Herschel, 1st Baronet。

文學家怎麼也關心起生物來了，請讀吧。」

尊敬的老朋友，一見到你的書就使我想起我們在高爾街十二號同住時的友誼，我終日在星瀚的大海中捕撈，你在地球上的三大洋中去捕撈，我們的目的都是為了證明上帝的英明、全能和這世界的和諧。而你這本著作實在叫我後背發涼，我真懷疑是不是出自老友之手。這裡講了那麼多的動物、植物，從大象到海藻，從蒼松到苔蘚，可是你卻不肯給上帝留一個位置。在你的筆下，世界是多麼可怕，弱肉強食，生存競爭，可憐的兔子註定要成為狼的美味，這是些甚麼雜亂無章的法則啊……

達爾文雙目注視著窗外，剛才因爲聽說是老朋友的來信而引起的一點興奮在他的臉上逐漸消失。這個最以友情爲重的學者聽到朋友這樣板起面孔的訓斥，心如刀絞。但他立即又恢復了平靜，赫歇爾畢竟是個外行，而且這本來是學術之爭。

愛瑪又拿起一封信：「這是塞奇威克先生◎2的。」

「好吧，讀下去。他是我劍橋時代尊敬的老師。」

查理，寄來的書收到了，我首先表示十分的感謝，但是當我讀著你的書時，我感到痛苦多於愉快，因為我認為你這些理論完全是錯誤的，有些地方簡直是令人難堪的惡作劇，我不時不得不為你荒唐的章節而狂笑，直笑得我兩肋酸痛。你這簡直是理智的腐化，是妄想人性的墮落，從上帝創造的人墮落成一群渾身長毛的動物。我過去曾說過你是我的學生中最優秀者，最有希望成為一名偉大的科學家，但是我現在不得不說，你是劍橋學生中最能胡思亂想，標新立異的一個了。

最後我要告訴你的是，我——過去你的老師，現在一個猴子的後代——雖然體力和精力已大不如前，但是上帝在言行兩方面的啟示我都謙卑地加以接受，我知道唯有上帝能夠在實踐中支持我。如果你也能這樣做，我們將在天堂裡會面。

信讀完了，達爾文額上的青筋已經根根突起，蒼白的臉上泛起一陣很不勻稱的紅雲，他雙手緊捏籐椅，指甲都扣進藤條縫裡。他想說點甚麼，但氣得只有鬍子發抖，好半天才示意將這封信扔到壁爐裡去。他看火苗將那一頁頁的紙捲起，吃掉，幾片黑灰輕輕地旋了一圈又落下去，心裡稍微平靜了一點，伸手去握愛瑪的小手，滿眼淚光地說道：「愛瑪，我們都曾是虔誠的教徒，而且你現在還是一樣的虔誠，你看我是怎樣的可惡嗎？我是一定要推翻上帝標新立異嗎？我這本書只不過是用我在環球考察中得到的事例，我的思考，我的語言去說明世界，就像伽利略向人們第一次描述他在望遠鏡中看到的月亮，難道我也因此要受火刑，受宗教制裁嗎？」

達爾文越說越氣，臉色鐵青，他重重地向椅子裡坐去，憤怒的目光直視著桌子上那堆來自全國各地和法國、德國等地的信件。愛瑪忙給他捶捶背，又用手溫柔地拭去他前額滲出的一層細汗，內疚地說：「早知這樣，我就不該來給你念的。反正書已出版，由他們隨便說去。」

愛瑪轉過身趕緊收拾桌上的信件，還有新到的報刊，她掃了一眼報上的標題：「撲滅邪說，拯救靈魂」、「打倒達爾文」比比皆是，她的手碰著了一個信封，裡面有什麼硬物，她撕開一看，天啊，是一粒子彈，還裹著一張紙條：「保衛上帝！——亞當的子孫。」她暗吸一口涼氣，一把塞進口袋，側轉頭看一下達爾文，他仰面對看天花板嘆氣。達爾文覺得愛瑪好像在看他，就

註解

◎ 2. 塞奇威克（西元 1785 年～ 1873 年）：Adam Sedgwick。

說：「怎麼不念了，念下去。我不信全英國科學界都是些瞎子、聾子！」

愛瑪又拆開一封信說：「是植物學家華生先生◎3的。」

「喔，又一個老朋友，不知現在是否已變成敵人。」達爾文自語一句，挪動一下身子，等著那劈頭蓋臉的攻擊。

達爾文先生，一開始讀《物種起源》，我就愛不釋手。你的主導思想，就是「自然選擇」的思想，一定會被看做是確定不移的科學真理，它有一切偉大真理所有的特徵，變模糊為清晰，化複雜為簡單，並且在舊有的知識上增加了很多新的東西，你是這個世紀自然史的最偉大的革命家。

現在，這些新奇的觀點，已經全被提到科學工作者的面前了，似乎真正值得注意的是他們當中許多人不能及時地看到他們的正路。

達爾文坐在椅子裡本是準備受審的，聽著這一席話忽如僵臥雪地之人，迎面吹來一股春風，愁眉漸展，雙頰返紅，雖四肢還未轉暖，心中卻一陣觸動，他長長地出了一口氣道：「我說是會有明眼人的。」

愛瑪也早笑盈盈地又撿出一封信，還未拆封便大呼道：「是赫胥黎先生！」聲音裡早蕩著十二分的喜氣。達爾文也忙將身子欠起，說聲：「快念。」

親愛的達爾文：……我所看到的博物學著作沒有一本給過我這樣深刻的印象，我最衷心地向你致謝，因為你給了我大量的新觀點。我認為這本書的格調再好也沒有了，它可以感動對於這個問題一點也不懂得的人們。至於你的理論，我準備為它接受火刑。

我認為你對物種的生成已經闡明了一個真正的原因，如果說物種不是按照你所假定的方式發生的，那麼你已把證明這一點的責任推給了你的反對者。

達爾文聽著這個聲音，笑容已經堆在臉上，他以手拍著籐椅說道：「這個赫胥黎，總是這樣犀利，這樣火爆又十分機敏。」

愛瑪繼續念道：

如果我不是大錯的話，很多的辱罵和誹謗已經為你準備好了。希望你不要為此而感到任何厭惡和煩擾。你可以相信一點，你已經博得了一切有思想的人們的永久感激。至於那些要吠、要嚎的惡狗，你必須想到你的一些朋友們無論如何還有一定的戰鬥性。雖然你時常公正地譴責這種戰鬥性，但它對你可能是有幫助的。我正在磨利我的爪和牙來準備進行戰鬥。

一八五九年十一月二十三日

達爾文只覺渾身熱血翻滾，豁然如日出霧散，眼前柳暗花明。他從椅子上躍起，以手擊桌高聲喊道：「好個赫胥黎，你是我最理想的代表人。有了你我這個靦腆的老頭就不會像伽利略那樣到教庭受辱了。我們也來場反攻。」

這達爾文創立進化論雖說也受了一點磨難，但他實在是一個最幸運的人。他有賢妻愛瑪體貼於內，又有摯友雷爾、胡克奔波於外，現在又得了一員虎將赫胥黎衝殺於前。他以多病之軀，柔弱之性，竟意外地得到這種完美的照應，那個被他徹底打倒的上帝不知爲甚麼反倒對他這樣的愛

註解

◎3. 華生（西元 1826 年～ 1892 年）：Sereno Watson。

憐。正是：

海風乍起，山雨欲來。

一場科學史上的大論戰已迫在眉睫。

一八六〇年六月三十日（星期六）清晨，牛津大學幽靜的校園裡忽然車馬轔轔，人來人往。原來《物種起源》出版半年來，報紙上幾乎天天都在爭論「到底是亞當的子孫，還是猿猴的後代」；街頭巷尾，劇場飯館，無處不談上帝到底還在不在。牛津大學，這塊神學的基地——用達爾文的話說，這裡的牧師比教堂裡的鐘還多——哪容這些邪說一天天氾濫惑眾。以韋柏福斯大主教◎4爲首的亞當的嫡傳子孫，今天就要在這裡發起一場大辯論，與這些叛黨逆軍一決勝負。那些忠實的信徒，有身份的紳士、太太自然把今天看成他們的節日，紛紛到來，要一睹達爾文主義者的可悲下場，因爲他們完全信賴韋柏福斯大主教的學識和雄辯的口才。會場原定在演講廳，但因聽眾還在不斷地擁來，乾脆改到圖書館的閱讀大廳，到最後，門口、窗臺上、廳外的草地上都坐滿人群。會議開始。先是幾個無關緊要的發言，試探性的偵察。大主教坐在主席臺上故作不想發言的樣子，可是他的信徒們卻鼓起狂熱的掌聲，催他講話，這其間也有青年學生故意要大主教丟醜。他們看見了近來已在倫敦多次講演的鬥士赫胥黎就在第一排。雙方群眾心裡都明白，眞正的白刃格鬥，眞正的好戲將在他們兩人之間進行。

大主教站起來走到臺前，他抬頭看一眼大廳高高的拱頂，這一微妙的神情好像向人們提醒天國的存在，大廳裡掌聲驟收，一片寂靜。他又環視一下臺下的人群，並平伸出一隻手，好像做洗禮撫摸教徒的頭，這樣全場人一下就感到他那雙大手上的神靈，一種神聖、神秘的感覺就突然籠罩全場。這時他才清清嗓子，用那唱詩般的悅耳的聲音開始發言：

「上帝的孩子們，我們一生下來就知道這是一個多麼完美的世界，山高水闊，綠樹成林，花香鳥語，萬物爭榮。我們自己更是有眼睛可以看，有耳朵可以聽，有腿可以走路，有手可以工作。這樣完美的一個世界除上帝所造，難道還有別的甚麼可能嗎？可是近來，我們英國突然出來一個叫達爾文的人，把這一切都歸於自然的創造，甚至包括我們這些在座的人。

「我們牛津大學動物館收集了全世界的動物標本，這眾多的證據都證明了上帝創造物種的全能。現在窗外開著美麗的鮮花，結著剛成熟的果實，這都是上帝精心的設計。他們卻說是自然。自然有手？有腦？還是有鼻子、眼睛？何不請來會場上讓我們看看呢？」

這時臺下起了一陣哄笑，有人喝彩。韋柏福斯很為自己的博學而得意，而且知道教徒們對他無比的崇敬，會場已經被他掌握，於是就一變剛才那種從容的語調，嬉笑怒罵起來：

「這些褻瀆上帝的人總是忘記他們的前輩所受的懲罰；當然，慈悲的主今天已不會再把他們燒死或監禁，可是他們也逃不過良心的審判。他們也自知罪孽不輕，所以你們注意到了沒有，那個達爾文今天就未敢到會。」

大主教的講話越來越開始使用煽動的口吻。他故意斜視了一眼坐在第一排的赫胥黎，好將眾怒遷到他的身上，然後說：「當然，今天到會的，據說有他的一個代表赫胥黎先生。達爾文寫書隱居不出，赫胥黎到處叫賣，還大喊甚麼猴子變人，這眞是絕妙的一對。我倒要請教一下坐在

註解

◎4. 韋柏福斯大主教（西元 1805 年～ 1873 年）：Samuel Wilberforce。

這裡的赫胥黎先生，如果你承認猴子變人，那麼請問是你的祖母還是你的祖父的上代爲猴子所生？」

這一放肆、尖刻、指名道姓的攻擊立即引起教徒們狂熱的反應。會場裡掌聲口哨聲在人頭頂上攪起一股小小的旋風。大主教很得意這個精彩的結尾，但他又很禮貌地向臺下揮揮手，退回原位，然後以目光向赫胥黎挑戰，看他敢不敢登臺講話。

赫胥黎故意不看大主教一眼，他邁步登臺，環視全場，然後說：「大主教先生特意點了我的名，我也就不得不奉陪了。使我高興的是，他所學的許多事實，正好讓我說明自然選擇和物種進化。牛津動物館裡的所有標本只能說明大自然中的千差萬別，而不能說明上帝的全能。美麗的花正是因爲有昆蟲傳粉，如果地球上沒有昆蟲就不會有這些美麗的花，不能有松樹、橡樹那類禾本科植物，它們靠風傳粉，開著不引人注目的可憐的花。果實的美麗，那是吸引鳥獸來吃，來傳播它的種子。可惜我們知識淵博的大主教只知其一不知其二，讓神聖的上帝去充當昆蟲和鳥獸！」

這時臺下聽眾中的許多青年學生激動地鼓起掌來，而剛才爲大主教捧場的那些紳士、太太一時手足無措。他們沒有料到赫胥黎會這樣能言善辯，擊中要害。

赫胥黎接著說：「科學工作者是在理性的高等法院中宣過誓的，他唯一的使命就是老老實實地解釋自然。但是如果審判官是無知的，陪審員是有偏見的，那麼科學家的誠實又有何用？據我所知，在每一個偉大的自然眞理被人普遍接受以前，總有人說它們是褻瀆神靈。可喜的是，這些人雖然還像在伽利略時代一樣跋扈，但是他們已經不可能像從前那樣惡作劇了。」

臺下又是一片掌聲，有人把帽子拋向空中。

赫胥黎示意大家靜一靜，繼續說：「至於說到人類起源，當然不能這樣粗淺地理解，它是指人類在幾千年以前，是和無尾猿有共同的祖先。可是韋柏福斯主教根本沒有讀懂《物種起源》這本書，而且他已經離開了科學而濫用感情。所以我也只好這樣來回答：一個人毫無理由因爲他的祖先是一隻無尾猿而感到害羞，我倒是替這樣一種人害羞，他不學無術，信口開河又不守本分，硬要到他一無所知的科學問題裡插一手，煽動宗教偏見，東拉西扯嘩眾取寵，而把人們從眞正的問題焦點上引開去。我想上帝現在如果知道他的代言人正在做著如此拙劣的詭辯，也會羞得滿臉通紅！」

這時人群中突然響起一聲女人尖厲的慘叫。原來一位太太，虔誠的教徒，被赫胥黎這匕首、長槍般的言詞刺得突然心疼難忍，大叫一聲暈了過去。臺下一陣混亂，而接著就是掌聲，就是歡呼，這聲浪似海面上的波濤，掠過人們的頭頂，衝上大廳高高的穹窿。擠在門口、窗臺上、還有外面草地上的青年學生，潮水般地擁進大廳，衝上臺去，他們將赫胥黎圍起來，同他祝賀，同他致敬。這塊科學陣地今天突然來了一場達爾文進化論的大閱兵。那些紳士太太們慌忙溜出會場鑽進自己的馬車，而大主教也不知道在什麼時候就悄悄地溜走了。好個厲害的赫胥黎隻身闖進科學堡壘，一席話如閘門拉開，人潮急湧；如炸彈爆炸，這個頑固的堡壘立時裂開一條大縫。他在整個進化論的宣傳中眞不愧爲達爾文的一條「鬥犬」，所以後來魯迅先生論及此事還說，便是狗也有好有壞，赫胥黎便是一條有功於人世的好狗。

自從這次牛津大辯論以後，達爾文進化論就以不可阻擋之勢傳遍全國，傳遍世界。

《物種起源》一版再版，許多報刊紛紛發表文章評價。後來達爾文在自傳裡記述說：「書評的篇數極多，曾經有一個時期，我收集到一切評述《物種起源》和我的其他與它有關的著作的文章，統計共有兩百六十五篇（不包括報紙上的評論）；不久以後，我就感到失望，只好放棄這項收集的企圖。對我這個題目，有許多單篇的論文和論集發展出來；而且在德國，已經在每年或兩年出版一次專門以『達爾文主義』爲題的圖書目錄和參考手冊。」

而教會也改變策略，改用妥協的說法：先是上帝創造了最簡單的生物，後來自然界就按達爾文發現的規律發展。說達爾文學說並不與宗教抵觸，他是上帝忠誠的兒子云云。至此，十九世紀在自然科學方面的三大發現已全部完成：能量不滅和轉換定律、細胞學說、達爾文進化論。

一八八二年四月十九日達爾文的多病之軀再也不能承擔繁重的寫作和研究。他不無遺憾地離開了這個長期被顛倒著也終於讓他又顛倒過來的人世。家人想讓達爾文長眠在他整整生活了四十年的幽靜的唐恩村。可是達爾文已不屬於他的家族，不屬於那個村莊，他屬於全英國、全世界。國會下議院決議將他葬在西敏寺，這個專門供名人安息的地方。他的墓碑上只有這樣簡單的一行字：「《物種起源》及其他幾部自然科學著作的作者查理·達爾文生於一八〇九年二月十二日，卒於一八八二年四月十九日。」

他的墓離牛頓墓只有幾步遠。這兩個十八世紀和十九世紀的偉人在完成自己時代的科學使命後靜靜地休息了。他們期待著二十世紀科學巨人的到來。

第五十二回 螢光一閃揭開物理新紀元 照片一張掀起報界千層浪

——X射線的發現

各位讀者，我們這套書從西元前說起，現在已陪著大家一步一步走到十九世紀的盡頭，這其間科學發現高峰迭起，科學家也歷經磨難，與天鬥、與地鬥、與人鬥，其樂無窮。在這兩個世紀相交之時，科學的標誌是甚麼呢？說來有趣，竟是一絲亮光，如螢火蟲那樣在黑夜中一閃，便迎來了一個新紀元。

關於電的知識，在西元前三世紀，人們便已開始掌握。後來又經過富蘭克林、賈法尼，伏打、安培、歐姆◎1、法拉第等許多科學家的研究，更加達到系統完善。到一六四三年義大利的托里切利發現了氣壓和眞空，人們便又把眞空和電聯繫在一起研究。將放電管抽空，再充入各種不同的氣體，就會顯示出各種美麗的顏色。科學家還發現，這時放電管的陰極會發出射線，這種「陰極射線」能使幾種螢光鹽發光，還能使照相底片變黑。這種實驗是極有趣的，許多著名的科學家如英國的克魯克斯，德國的赫茲、萊納德◎2等都在一次又一次地重複觀察這種暗室裡的神秘閃光。可是發現的幸運往往只能落在一個人頭上，這個人就是德國維爾茨堡大學的教授倫琴◎3。

一八九五年十一月八日，星期五，這天下午，倫琴像平時一樣，正在實驗室裡專心做實驗。他先將一支克魯克斯放電管（陰極射線管）用黑紙嚴嚴實實地裹起來，把房間弄黑，接通感應線

註解

◎1. 歐姆（西元 1789 年～ 1854 年）：Georg Simon Ohm。

◎2. 萊納德（西元 1862 年～ 1947 年）：Philipp von Lenard。

◎3. 倫琴（西元 1845 年～ 1923 年）：Wilhelm Röntgen。

圈，使高壓放電通過放電管，黑紙並沒有漏光，一切正常。他截斷電流，準備做每天做的實驗，可是一轉頭時，眼前似乎閃過一絲微綠色螢光，再一眨眼，卻又是一團漆黑了。

剛才放電管是用黑紙包著的，螢光屏也沒有豎起，怎麼會出現螢光呢？他想一定是自己整天在暗室裡觀察這種神秘的螢火，形成習慣，生成了錯覺，於是又重複做放電實驗。但神秘的螢光又出現了，隨著感應線圈的起伏放電，忽如夜空深處飄來一小團淡綠色的雲朵，在躲躲閃閃地運動。

倫琴大為震驚，他一把抓過桌上的火柴，嚓的一聲劃亮。原來離工作臺近一公尺遠的地方立著一個氰亞鉑酸鋇小屏，螢光是從這裡發出的。但是陰極射線絕不能穿過數公分以上的空氣，怎麼能使這面在將近一公尺外的光屏閃光呢？莫非是一種未發現的新射線嗎？這樣一想，他渾身傳過一陣激動，今年自己整整五十歲了，在這間黑屋子裡無冬無夏、無明無夜地工作，苦苦探尋自然的奧秘，可是總窺不見一絲亮光，難道這一點螢光正是命運之神降臨的標誌嗎？

他興奮地托起螢光屏，一前一後地挪動位置，可是那一絲綠光總不會逝去。看來這種新射線的穿透能力極強，與距離沒有多大關係。那麼除了空氣外它能不能穿透其他物質呢？倫琴抽出一張撲克牌，擋住射線，螢光屏上照樣出現亮光。他又換了一本書，螢光屏雖不像剛才那樣亮，但照樣發光。他又換了一張薄鋁片，效果和一本厚書一樣。他再換一張薄鉛片，卻沒有了亮光，——鉛竟能截斷射線。倫琴興奮極了，這樣不停地更換著遮擋物，他幾乎試完了手邊能摸到的所有東西。這時工友進來催他吃飯，他隨口答應著，卻並未動身，手中的實驗雖然停了，可是他還在癡癡呆呆地望著那個光屏。現在可以肯定這是一種新射線了，可是它到底有什麼用呢？我們暫時又該叫它什麼名字呢？眞是個未知數，好吧，暫時就先叫他「X射線」◎4。

一連幾個星期，倫琴突然失蹤，課堂上、校園裡都找不到他。他一起床就鑽進實驗室，每次吃飯都是夫人貝莎派工友去催了又催，才能將他請到飯桌上來。他的好朋友幾天不見他，便來關心地問道：「倫琴先生，你最近在忙什麼呢？」他總是諱莫如深地說：「在做一件事，還沒有結果。」原來倫琴做實驗有兩個習慣，一是喜歡單槍匹馬，經常連助手也不要；二是沒有到最後得出結論，決不輕易透露一點消息。他最討厭無根據的假設，也從不作什麼預言。

再說倫琴這樣終日將自己關在實驗室裡，別人可以不管，夫人貝莎可不能不問。她見倫琴每次吃飯都心不在焉，甚至有一次叉了一塊麵包竟向鼻尖上送去。問他在想什麼，他只是神秘地一笑。貝莎一是擔心他的身體，二是出於好奇。這天估計倫琴已開始工作，她便偷偷地溜進實驗室裡。只見一片黑暗中一個螢光屏發出一片亮光，倫琴舉起一本厚書，屏上就有一個模糊的書影，舉起一枚硬幣，就有一個圓圓的印記，貝莎看得入迷，便失聲說道：「沒有光，那來的影子呢。」正好這時倫琴高興，他並沒有責備貝莎私闖實驗室，只是摸黑拉住貝莎的手說：「親愛的，來得正好，請幫個忙。你雙手捧著這個小螢光屏向後慢慢退去，我來觀察，看隨著距離的遠近螢光的亮度有甚麼變化。」

貝莎能進實驗室本就機會不多，難得丈夫高興，今天還破例邀她協助實驗，而且這又是一個多麼有趣的遊戲。她小心翼翼地捧起螢光屏，倫琴說：「退」，她就向後退一步；說「停」，她

註解

◎4.X射線：醫院稱為X光。

就停下來等待他觀察。這樣越退越遠，貝莎已完全被黑暗所吞沒，倫琴眼裡只留下一方螢屏的閃亮。

卻說倫琴正看得入神，忽聽暗處貝莎「呀」地一聲尖叫，接著便是匡噹一聲，螢屏跌落在地。倫琴忙喊：「貝莎！」卻無應聲。他忙將電燈打開，只見貝莎，雙手前伸，兩目癡睜睜的，卻不說話。倫琴一時也六神無主，不知出了什麼禍事，三步兩步衝上前去摟住她的肩膀喊道：

「親愛的，你怎麼啦，剛才出了什麼事？」

「妖魔，妖魔，你這實驗室裡出了妖魔。」貝莎說著，肩膀還在索索發抖。

「親愛的，你冷靜點，我在你身旁，不要怕，你剛才到底看見了甚麼？」

「手，剛才我看見了我的手。」

「你這手不是好好的嗎？」

「不，它又變回來了，剛才太可怕了，我這兩隻手只剩下幾根光骨頭。」

倫琴一聽，突然一拍額頭，說道：「親愛的，我們是發現了一種『妖魔』，這傢伙能穿過人的血肉，也許這正是它的用途呢。你不要慌，我扶你坐下，我們再來看一遍，但願這『妖魔』能夠再現。」

倫琴熄滅燈，又重新立起一塊螢光屏，這次他將自己的手伸在屏上，果然顯出五根手骨的影子。然後他又取出一個裝有照相底板的暗盒，請貝莎將一隻手平放在上面，再用放電管對準，這樣照射了十五分鐘。底片在顯影液裡撈出來了，手部的骨骼清晰可見，連無名指上那顆結婚戒指都清清楚楚，這是因爲戒指完全擋住了射線。貝莎一見這張照片不由全身一陣戰慄，她連忙用雙手捂住自己的眼睛，淚水順著指縫滲了出來，她想到了死亡，想到了自己的骷髏，抽抽泣泣地說：「親愛的，這是多麼可怕的事！我這雙紅潤潤的手掌一下就變成白森森的骨頭，教我們親眼來看自己死後的情景，這實在太殘酷了，太可怕了！」

倫琴現在卻非常高興，他像一個下圍棋的勝者落下了最後一子，輕鬆、興奮、自豪。他將房間裡的燈打開，一邊收拾著儀器，一邊說道：「親愛的，不必傷心，你看眼前不是又大放光明了嗎？你的手掌不是還這樣紅潤柔軟嗎？我們還幸福地生活在世界上，雖說我們已年近半百，可是死亡還很遙遠。人能透過表面看到內在，立於現在預知將來，這正是科學追求的目標啊。科學就是要實在，就是要徹底。維薩留斯第一次畫出人體解剖圖，哈維第一次揭示出人體的血液循環路線，人，在科學面前，一點一點地露出了他的實實在在的血肉，現在這種新射線又要清清楚楚地顯示人們一根根的骨頭了。科學說明我們認識世界，也認識自己。親愛的，我們應該高興啊，這不是悲劇，這是人類的福音，可以預料，醫學將因此會有一場革命，會大大地前進一步。」

在一八九五年的最後幾天，倫琴將這項研究成果整理成一篇論文《一種新的射線，初步報告》，寄給了維爾茨堡物理學醫學學會。同時又把報告的副本和幾張X射線照片郵寄給他的幾位物理學家朋友。可是他還沒有想到，當他把信件投入校園裡那個大郵筒後，等待他的是一場多大的麻煩。

本來，倫琴是一個十分小心謹愼的人，治學態度極嚴，遇有新成果不經自己再三驗證和專家評定決不發表。可是他投送的那些郵件有一份是給維也納的物理學家艾克斯奈爾的。這艾克斯奈爾與侖琴相交篤深，他一眼就看出這是一項偉大的發現，其歡悅之情不能自禁。一天他正舉行家庭宴會，便將侖琴夫人那隻左手的X射線照片拿出來給朋友們誇耀，這自然使滿座讚嘆，家宴生輝。而席間又有一位好事者叫雷謝爾，立即提出要將照片借回去好讓家人也一飽眼福。礙著面子艾克斯奈爾便借給了他。不想雷謝爾的父親是維也納《新聞報》的出版人，這老雷謝爾真不愧爲新聞老手，一眼就看出這是一條將震動世界的消息，接到照片的第二天——一八九六年一月五日，就在頭版以《聳人聽聞的發現》爲題，在全世界第一次發表了這條獨家新聞。這個德國科學家的偉大成果竟首先在奧地利發表，然後倫敦《每日記事》駐維也納記者又立即將《新聞報》的消息發回總社，一八九六年一月六日倫敦便向全世界發出這樣一條新聞：

戰爭警報的喧嚷不應當把人們的注意力分散而沒有看到維也納傳來的令人驚異的科學勝利。據宣佈，維爾茨堡大學教授侖琴發現了一種射線。用在攝影方面，它可以穿透木頭、肌肉、布以及大部分有機物質。這位教授拍成一張裝在密閉木匣中的砝碼的照片，還拍了一張只有骨骼，不見肌肉的人手的照片。

眞是沒有想到，這位教授雖然十二分地小心，他愼重從事，嚴加保密，X射線的消息卻從外國報紙上鑽出來，並立即漫及全球。他只好公開出面做一次報告了。

一八九六年一月二十三日，侖琴在自己的研究所裡舉行關於新射線的報告會。會議還沒有開始，小禮堂裡已經座無虛席，窗臺上、走廊裡，凡能下腳的地方都擠滿了聽眾。這是些什麼樣的聽眾呀，有貴族、大學教授、高檔官員、軍官還有學生和一些設法擠進來的市民。一個高等院校的研究所，一個高深的物理課題，還從來沒有這樣眾多的聽眾來光顧呢。倫琴還沒有出場，人們急得就如等待皇帝的召見，又像盼著一個大明星的出現，個個都引頸踮腳，直視臺口，一面竊竊議論著這個能穿透人的血肉的可怕怪物。這種緊張的準備氣氛大約持續了半個小時，倫琴才出現在臺前。他高高的個子，留著一把漂亮的鬈曲的大鬍子，還是穿著平常的實驗服，目光平靜和藹，彷彿不是來宣佈一項震驚世界的發現，倒像是踏著鈴聲走進課堂。禮堂裡立即響起如潮的掌聲。年輕人把帽子拋向空中，人們高喊著「倫琴」，「X射線」，屋子裡立即如一鍋開水沸沸揚揚。倫琴示意大家靜下來，向大家表示眞誠的謝意。但是他每致謝一次；這歡呼就掀起一個新的浪頭，這樣一連三次，人們激動的情緒才稍稍平息。這時倫琴才開始演講：

「尊敬的先生們，謝謝大家今天的光臨。關於新射線的實驗，現在還只在一個初級階段，但是社會各界對此事都抱極大的興趣，而且外面又有各種各樣的傳聞，所以我今天有責任向大家說明一下我的工作情況。

「關於放電研究，赫茲、萊納德、克魯克斯等科學家都做了許多有益的工作。一八七九年克魯克斯先生在做眞空放電實驗時就發現放電管附近的照相底片變黑，一八八〇年美國兩名同行也遇到這種情況，一八九二年我國的物理學家也注意到了放電管附近的螢光，但是大家的注意力都在陰極射線上面，覺得這些怪異是偶然的失誤所致。我自己不過是重複了前人的工作，我的成功只不過是比他們稍微細心一點罷了。我抓住了X這個未知數去努力求解，當然，現在我們對它也遠知道甚少。不過已經確切地知道它能穿過大部分物體，可以用來照特殊的相片。至少這一點對外科醫生會幫大忙。他可以使我們在未開刀前就能觀察到人體的內部結構，特別是骨骼結構。爲了能使各位更明瞭這種射線的性質，現在請允許我爲今天到會的，著名的解剖學家克利克爾先生當場拍一張他的右手X光照片。」

按照預先的佈置，小禮堂立即一片漆黑。二十分鐘之後，拍好的底片已展示在眾人面前。年近八十高齡，德高望重的克利克爾舉起這張片子激動地說：「我一生不知解剖了多少隻手。今天倫琴先生的射線卻在我的手不痛不癢，未受一點損傷的情況下，這樣清楚地解剖出我的手骨，而且還用照片固定下來，這眞是偉大的創造。在我作爲維爾茨堡物理學醫學學會會員的四十八年中，這是我參加的最有紀念意義的一次學術活動。爲了慶祝這個造福人類的偉大發現，我提議將這個未知的射線定名爲倫琴射線。」

這時會場上又是一陣雷鳴般的歡呼。接著是一群記者蜂擁而上。他們提出各種各樣的問題。

「倫琴先生，十一月八日晚，當你觀察到螢屏閃光時想到了什麼？」

「我是在研究，不是在想。」

「倫琴先生，請問你打算怎樣出賣你的這項偉大的技術專利？」

「根據德國大學教授的優良傳統，我認爲他們的發明和發現都屬於整個人類，這些發明和發現絕不應受專利、特許權、合同等等的阻礙，也不應受到任何集團的控制。我實驗室向著專利局的那一面窗戶，永遠是緊閉著的。」

「侖琴先生，關於神秘射線的研究你將還有什麼重大突破？」

「我不是預言家，也不喜歡預言。我只知道我將繼續我的研究，而且對暫時還沒有把握的結果我現在決不發表。我討厭那種投機性的和廣告式的狂熱，也憎恨一切倉促的出版物，我想永遠只應提供成熟的東西。」

「那麼請問你準備在什麼時候發表你的第二篇研究報告呢？」

「對不起，我有一個不好的毛病，總不願單獨解決某一個問題，所以一碰到問題就想作得更徹底些，就會前後左右引伸得過遠，所以我的論文也經常要更改和重編，很難說出準確的發表時間。」

這時記者越來越多，已是裡三層外三層，有的問他發現的細節，有的問他的家庭，有的向他索要照片，有的邀他爲刊物作廣告，問題越提越怪，要求越來越多，侖琴早已被困得大汗淋漓，連擠進來保駕的會議主持人也一起被困在核心，許多青年學生又擁上來要求簽名。這時《英國攝影雜誌》的一名記者擠上來說：「尊敬的侖琴先生，我們雜誌很榮幸地注意到你是一名攝影愛好者，平時你只要一出門，照相機總是掛在肩上。可是近來我們發現你卻總把它忘在家裡。關於這件事你能向我們的讀者解釋一下嗎？」

侖琴擦一把汗，抬頭環視一下人頭頂上許多高高舉著的照相機，用手一指說：「是，我過去出門總愛背一個照相機，可是近來我一看見這個東西就害怕！」

他這句半是抱怨，半是玩笑的機智的回答引起人們一陣歡樂的笑聲，記者們也突然覺得將他逼得太苦了，忙收起相機。主持人乘機拉著侖琴擠出圈外，奔向客廳，那裡還有一個小型酒會在等他呢。

深夜，侖琴回到家裡，貝莎還在燈下整理近來收到的郵件。他脫下大衣，捧起咖啡喝了一口，好像這時才感到自我的存在。下午報告臺上的喧鬧，酒會上人們爭相握手、祝賀，使他應接不暇，疲憊不堪。貝莎扶他坐下，一件件地抽出郵件，大都是各地有關X射線的報導，有一月八日出版的《紐約電氣工程師》、一月十日出版的《倫敦電工雜誌》、一月十四日出版的《慕尼克醫學週報》、一月十六日出版的《維也納臨床週報》……。這些報紙、雜誌，有對X射線的嚴肅報導，也有不少詼諧的評述，還有許多可笑的猜測，有消息，有故事，還有漫畫。貝莎撿起一份一八九六年三月十二日出版的《生活》雜誌說：「親愛的，聽我給你讀一段。你看，你的射線都成了詩人創作的題材了：

你是這樣美麗，這樣苗條，
但你豐滿的肌肉哪裡去了？
原來你已被無名射線精心改造，
卻只用骨骼來向我擁抱。
你用二十四根肋骨來顯示自己的線條，
你可愛的鼻子、眼睛哪裡去了？
我低聲向你耳語：「親愛的，我愛你。」

你用潔白的牙齒向我微笑。
啊，可愛，殘忍，溫柔的射線，
倫琴教授這個偉大的創造！

倫琴聽完這首小詩笑得差點將口裡的咖啡噴了出來，他說：「報紙上還有什麼熱鬧呢？」貝莎說：「熱鬧事多著呢，你看這是倫敦一家公司的廣告，說他們出售防X射線的外衣，小姐太太們要是不趕快購買，就再也不能遮羞。還有，美國新澤西州有一個州議員提出一個提案，要求州議會立法禁止在戲院裡使用X射線望遠鏡看戲。還有，一家電氣公司表示要向你收買有關X射線發明的專利……。」

倫琴聽著這些新聞，先是覺得好笑，接著越聽越生氣，他擺擺手說：「親愛的，別念了，還是不要讓他們來褻瀆神聖的科學吧。多麼純潔的東西一到商人手裡就立即裹上了一層銅臭氣。我眞不知道，當年是否也有人上門去向牛頓收買萬有引力。——噢，我的那些朋友們，慕尼黑的、維也納的、布拉格的，我給他們寄去了資料、照片，有回信沒有？」

貝莎這才想起一件大事，忙從身後書架上取來一捆信件說：「朋友們正抱怨你辦事不細心呢，你寄的照片大都沒有收到，你簽名的明信片全都沒有收到。你還不知道呢，現在射線照片是無價之寶，你的簽字是最時髦的紀念品。還有，我們家門口這幾天已經車水馬龍了，你今晚要是早回來一會兒準被記者堵住，不回答一百個問題，今晚別想睡覺。我們家已徹底沒有安寧了。」

倫琴將杯子放在桌上，頹然躺進圈椅裡，他沉思了一會兒說：「親愛的，看來這個發現倒給我們帶來了災難。你知道我是最怕見人的，現在只有一條路——逃跑，出國去旅行一趟。走前只給老朋友岑德回一封信，其他信件一律不回，好，我來口述，你來代筆吧：我沒有向任何人談過我的工作，我只向我的妻子提過我正在進行一件事，這件事人們要是知道了會說：倫琴似乎發瘋了。一月一日，我把加印的照片寄出去，於是出了岔子！維也納《新聞報》首先敲起宣傳的鑼鼓，然後別的報紙也跟著叫嚷起來。有好幾天我都對這件事感到厭惡；在這些報導裡再也認不出我的工作了。對於我來說，攝影術是達到目的的手段，可是他們卻把它看成最重要的東西。我也漸漸習慣於這種喧嚷了，但是這種風暴糟蹋了許多時間，差不多有四個星期的工夫我沒有做一次實驗。別人能工作，唯獨我不能工作。你想不到這裡把工作攪亂到什麼程度。現在附上你所要的照片；如果你想在講演中使用，我沒意見。但是我建議你把它們放在鏡框裡面，否則是會被偷走的……。」

卻說倫琴連夜收拾東西，第二天，天剛朦朦亮便帶著貝莎出門去旅行了。誰知他剛登上馬車，就聽車後一陣議論：「那個穿棕色禮服的就是倫琴！」原來一群搶新聞的記者和搶著來簽專利協定的公司、廠方代表早就守候在他的門口。倫琴忙將禮服脫下塞進衣箱，一邊喝令車夫：「快走！」叭的一聲鞭響，馬車衝出門外，車後那些人也跟著潮水般地追了上去。

正是：

治學最是要冷靜，世人偏愛亂紛紛。安得一棵遮天樹，清涼護我一片蔭。

究竟這次倫琴出門能否成行，且聽下回分解。

第五十三回　錯中錯卻見真成果　新發現又有新犧牲

——天然「放射性」的發現

上回說到侖琴為逃避人們潮水般地來訪，正要登車出門，忽聽後面人聲喧鬧，他連忙換了一件衣服，快馬加鞭終於出走，到瑞士、義大利旅行訪問數月才算躲過這場「災難」。他發現的X射線成為十九世紀九〇年代的物理學上的三大發現之一，為此他於一九〇一年榮獲全世界首次頒發的諾貝爾物理學獎。

這侖琴的發現可是非同小可。你想過去的物理現象都是看得見摸得著的，而侖琴突然在未知世界找來一種東西，你看不見它，它卻能直看到你的骨頭縫裡，實在可怕。本來聰明的物理學家們已經大至星球，小至水珠火花無所不通。彷彿世界已全在他們掌握之中，而現在他們面前又突然出現了一個新世界，這個世界一片漆黑，只偶而閃出一絲螢光。於是整個物理學界不安了，立即秣馬厲兵要發起一場新的總攻。

一八六九年一月的一天，巴黎科學院人聲鼎沸，那些本來文質彬彬的科學家也在擁擠著，大聲爭論著，一失往昔的風度。人們還沉浸在侖琴射線引起的激動中。今天是著名數學家和物理學家昂利．龐加萊◎1組織的報告會，會議室牆上佈置了許多X光拍的照片，有人體各部位的骨骼，有裝在木盒子裡的砝碼、錢幣，有可以看出內部出現裂縫的金屬，萬物在這射線面前都難遁其形。報告會開始了，龐加萊這位理論家畢竟與眾不同，他從現象入手概括出一個猜想；「既然陰極射線管在放出X射線時有螢光出現，那麼說明X射線與螢光物質有關，而許多螢光物質是在

註解

◎1. 昂利．龐加萊（西元1854年～1912年）：Jules Henri Poincaré。

陽光照射下才會發光的，所以可以這樣推論，是否所有螢光物質在太陽光下都能放出類似侖琴射線那樣的射線呢？」

眞是說者無心，聽者有意。科學史原來也是這樣驚人的相似，當年法拉第聽說奧斯特能將電變磁，便決心要將磁變電，終成電磁學的一代宗師；摩斯◎2在輪船上聽人談論電傳信號，決心致力於此，終於發明了電報。這龐加萊在臺上正大聲講解，卻沒想到人群中早有一人側耳將他這話接了過去。這人叫亨利·貝克勒爾◎3，他一八五二年十二月十五日生於巴黎，祖父是巴黎歷史博物館的教授，父親是螢光和科學攝影方面的專家，後來他的兒子也成了有名的物理學家。爲了物理王國的興旺，他們眞是一門忠烈，看來這次向未知世界的進軍也眞該從他家選一員先鋒的。

話說貝克勒爾一聽龐加萊的話便覺言之有理。他自己本就是經常研究螢光物的，於是第二天立即找了一塊叫硫酸鉀鈾的螢光物，放在窗臺上曝曬。在這塊晶體下面他又墊上一塊用厚黑紙裹嚴的膠片。他想太陽光不能透過黑紙，膠片不會感光，如果陽光果眞能使晶體發出與X射線類似的射線，那麼這張膠片就應感光。他將這一切都安排好後便拉過一把椅子坐在烈日下眼睜睜地盯著那塊耀眼的晶體。一個小時過去了，他頭頂冒汗；兩個小時過去了，他的襯衣已濕透。妻子叫他吃飯，他好像沒有聽見。他父親走過來了，奇怪一向很勤奮的兒子今天怎麼不進實驗室卻在這裡曬太陽。老貝克勒爾上前大喊一聲：「喂，你在這裡傻坐著幹什麼？」

「爸爸，輕點，」貝克勒爾以手一指窗臺上的晶體，好像聲音會使它震動似的說：「我用太陽光來照射這塊硫酸鉀鈾，也許它能發出類似侖琴射線的射線。」

「那你怎麼會知道它有沒有發出呢？」

「你看晶體下面壓了一張包黑紙的底片。」

這時貝克勒爾十幾歲的兒子聽到爺爺與父親有趣的對話，跑過來伸手就要抽底片看。

「傻兒子，」貝克勒爾在他後腦上輕輕拍了一掌說：「這樣露天打開你會甚麼也看不到的。」

「你也夠傻的了，」老貝克勒爾拉過孫子對兒子說：「晶體放到這裡還用你也陪著曬太陽嗎？難道會有一隻老鷹來把它叼去？走，都給我回屋裡吃飯。」

貝克勒爾三口兩口將飯呑進肚裡便鑽進暗室去沖膠片，天啊，膠片上竟有一團黑影，眞叫龐加萊說準了，難道這就是侖琴射線？難道我就這樣輕易地勝利了？老貝克勒爾和他小孫子也圍了過來，祖孫三代六隻眼睛瞪得溜圓。他們立即又拿出十幾塊晶體分放在太陽光下，結果底片無一不感光，第二天再實驗，第三天再重複，都一一應驗。

一八九六年二月二十四日貝克勒爾在法國科學院正式宣佈他的發現：只要陽光照射螢光物就會發出類似X射線的射線。人們歡呼繼侖琴之後的這一新發現，稱之爲貝克勒爾射線。

貝克勒爾陶醉在自己成功的喜悅之中，他準備再多重複幾次實驗，多拍幾張片子。但是天公不作美，二月二十六日早晨巴黎上空烏雲密佈，貝克勒爾一推開門立即皺起眉頭。他只好返身拉開抽屜，將一片準備好的底片無可奈何地扔進去，砰地一聲推上就去幹其他的事了。第二天仍然

註解

◎ 2. 摩斯（西元 1791 年～ 1872 年）：Samuel Finley Breese Morse。

◎ 3. 貝克勒爾（西元 1852 年～ 1908 年）：Henri Becquerel。

陰雨不絕，第三天仍然浮雲不開，直至三月一日浮雲才不太情願地慢慢裂開一絲縫隙。貝克勒爾的心早就被發現的慾望燒得忍耐不住，就算陽光弱一點吧，也許可以勉強做成實驗。他拉開抽屜取出膠片，拿起鈾鹽，就要往院裡走。可是科學家細心的習慣又將他的腿絆住了；這些膠片包好已經三天，放在這抽屜裡會不會漏光呢？他拿起底片又走進暗室。天啊，這回叫他更爲吃驚，底片已經感光，更奇怪的是上面還有一個亮亮的鑰匙的圖影。他急忙拉開放底片的抽屜，果然裡面有一把鑰匙，這才想起，那天放進底片後順便往紙包上壓了一把鑰匙，鈾鹽是放在桌面上的。這說明它不用陽光直射也能發出類似X射線的射線，而且還能穿透桌面。

貝克勒爾坐在椅子裡半天手足無措，無言無語。這時外面烏雲早已散得一乾二淨，晴空萬里，可他的心裡反倒烏雲密佈，愁腸百結。他被自己的新發現搞糊塗了，不知道究竟這是對是錯，是憂是喜：如果螢光物根本就不用甚麼陽光曬也能發出射線，自己在幾天前對巴黎科學界的報告豈不是一場絕大的笑話？想到這裡他不覺有點臉紅：何必那樣急急忙忙地公佈實驗結果呢？這回要加倍細心了。他立即把鈾鹽放在桌面上，又包好幾張底片，裡面分別放了錢幣、金屬片等各種形狀的物件，果然就在屋子裡，底片也都被感光而且都照出了這些物體亮亮的影子。他又拿來其他一些分別含硫、磷的螢光晶體卻都沒有放射性，這說明放射性其實只與鈾有關。這鈾是一八四二年才發現的元素，幾十年來它只有一個小用途，就是給玻璃、瓷和琺瑯著色。只要給玻璃裡面添上萬分之一的鈾，玻璃就會發黃色，再加一點就成暗綠，再加一點就成黑色。想不到這個小配角竟有如此獨特的本領，貝克勒爾當時更想不到這鈾竟能製成原子彈，這是後話。

一八九六年五月十八日，貝克勒爾重新提出一份報告，他說：「我研究過的鈾鹽，不論是發螢光的還是不發螢光的，結晶的、熔融的或是在溶液中的，都具有相同的性質，所以我得到以下結論：在這些鹽中鈾的存在是比其他成分更重要的因素……用純鈾粉進行的實驗證明了這一假設。」龐加萊關於陽光照射螢光物就可發出射線的假設錯了，貝克勒爾關於在陽光下螢光物可使底片感光的報告也錯了，而他在抽屜裡的偶然發現倒對了。

正是：

錯試錯想犯錯誤，強似守株死待兔，

不怕難題四面堵，東衝西突總有路。

各位讀者，科學發現常常離不開機遇。這機遇有兩種，一是本來要尋找的東西沒有得到，卻找到一件同樣重要或更重要的，謂之「種瓜得豆」，如我們前面請到的氦氣等惰性氣體的發現；二是一次不小心的失誤卻倒撞著了某個機關，導致一項發明發現，謂之「因禍得福」，如珍妮夫婦吵架一腳踢出一個紡紗機。這貝克勒爾偶將底片與鈾鹽放在一起正屬後者。但是無論哪種機遇，總之是要努力去找，這裡應了兩位偉人的話。生物學家巴斯德說：「在觀察的領域中，機遇只偏愛那種有準備的頭腦。」物理學家亨利◎4說：「偉大的發現的種子經常飄浮在我們身邊，但它只會往有心人心中扎根。」

卻說貝克勒爾發現只要將一點鈾靜靜地放在那裡，不用煮，不用烤，不用加酸加鹼，它自己即可放出射線。這就是後來居里夫人◎5命名的天然放射性，它說明原子自己在不斷地發生變化

註解

◎4. 亨利（西元 1797 年～ 1878 年）：Joseph Henry。

◎5. 居里夫人（西元 1867 年～ 1934 年）：Madame Curie，也被稱為瑪麗．居里（Marie Curie）。

而放出某種物質。過去人們認爲原子已是物質最小的不變的微粒，貝克勒爾的發現掀開了原子物理學的序幕，將導致人們對世界哲學體系的重新認識，其意義非同小可。

可是他自己當時並未能認識到這種深刻的意義，只是覺得這實在是一個還未揭開的奧秘，就拚命來解這個難題。他收集各種鈾鹽，將它粉碎，加熱，用酸溶解，做各種對比試驗。他愛這種螢光物質賽過珍珠、鑽石，桌上擺著，家裡供著。甚至床頭、書架上也常有一塊。他用手摸，用鼻子嗅，仔細端詳，仔細捉摸。但是他沒有想到，他這個最喜歡的寶貝卻在暗暗地來謀殺他了。當時人們對放射性給人體造成的危害一無所知。貝克勒爾整天生活在射線中，他五十歲剛過便漸漸感到渾身癱軟，頭髮脫落，手上的皮膚常像燙傷一樣疼痛。

這天他的一位醫生朋友專門上門來爲他治病。可是當時已知的病症都不能解釋這些現象。於是醫生想到萬能的X光，就用X光照了他的手，照了他的胸，仍沒有任何異常。他那裡想到他這是在給病人身上又加了更多的射線啊。兩個好朋友沉默地對坐著，醫生難過地說：「你對社會有這樣偉大的發現，可是上帝怎麼讓你得這樣的怪病呢？」

貝克勒爾倒很不在乎，他幽默地說：「凡是想窺探上帝造物奧秘的人，上帝都會狠狠地報復他的。牛頓發現了宇宙的秘密，晚年受膽石症的折磨；達爾文發現了生物界的秘密，晚年受頭痛症的折磨；我現在又要敲開上帝的一塊禁地，理當受到這懲罰。」

「不，這不是上帝的懲罰，是科學家自己付出的犧牲。你們的光熱都已變作了爲人類探路的燈火，這個有限的身軀又不是一架不要動力的永動機，怎麼能不虛弱，怎麼能支持得了呢？所以找勸你換個環境，離開這裡到海濱去療養一段時間，這樣你的身體會重新恢復的。」

「不，除非將我的實驗室也挪到海邊去。否則我決不離開這裡。醫生離開病房，病人只有等死；我離開實驗室，那些儀器也會詛咒我的。我知道自己得的是一種怪病，好在我這一生總算爲科學發出了一點光，雖然只是一點螢光。我希望抓緊時間，再將這點光亮燃得大一點，好讓人們看清，天然物質竟能自己放出射線。我眞不明白這到底是甚麼東西在做怪呢？」

醫生未能勸動他，搖搖頭無可奈何地走了。但貝克勒爾也從此一病不起。一九〇八年八月二十五日他逝世於法國勒克魯瓦西克，是第一位被放射物質奪去生命的科學家。貝克勒爾留下的問題到底由誰來回答呢？且聽下回慢慢分解。

第五十四回　奇女子異國他鄉求真理　好伴侶濡沫相依攻難關

——鐳的發現（上）

上回說到貝克勒爾發現了天然放射性元素鈾，還未及深究其中的奧秘即被這種放射物奪去了生命。但是他提出的問題卻引起一個波蘭年輕女子的注意，這就是後來名垂青史的居里夫人。

一八九七年居里夫人已完成了大學學業，取得了數學、物理兩個碩士學位，正在選擇寫博士論文的題目。一天她正在實驗室裡翻閱近來的研究報告，忽然發現貝克勒爾關於鈾的放射性的報告。她再一查所有的文件，並沒有這方面的第二個報告。好一個最新的、獨一無二的題目，這是一塊還沒有人涉足的新大陸。居里夫人那雙深藍色的眼睛盯著這份報告的標題足有十幾分鐘，然後微微抬起明亮的很寬的額頭，將報告合上，輕輕地但很堅定地說了一句：「就是它了！」

居里夫人這個剛從大學畢業不久的青年女子，何以敢選這個劃時代的研究課題呢？原來她身上有兩樣作為一個學者必備的性格，一是專心，二是頑強。

居里夫人原名瑪麗．斯可羅多夫斯卡，出生於波蘭一個書香門第之家，從小受到極好的家庭教育，掌握了波蘭文、俄文、德文、法文，喜愛文學、數學、物理，興趣極廣，個性極強，要做甚麼事必定做成，正在做甚麼事情決不分心。她有一個哥哥，兩個姐姐，家裡經常是一片歌聲、讀書聲、說笑聲。

可是瑪麗只要是想讀書了，便一人坐在桌旁，雙肘支著桌面，兩手捂住耳朵，一會兒便進入書內。接著她的雙手自然地離開耳朵，這時無論甚麼樣的吵鬧就再也不能使她這個姿勢和神志改變一下了。有一次幾個孩子好奇，便在她身旁左右疊起兩層椅子，上面再橫搭一把椅子，把她蓋進了一個小木樓裡。瑪麗全然不知，直到她看完這本書，一起身，椅子轟然落地。這時躲在一邊的大哥哥姐姐們等著她罵、叫或者高興地笑，可是她卻像一個大人一樣地拾起書，看了他們一眼，說了聲：「眞無聊！」

她好像天生就是一個要超出一般的女子，要成大事業的人。她本生得極美麗可愛，但是爲了表示對冶豔的輕蔑，卻故意將自己那頭金色的鬈髮剪得很短。她上學的路上有一座可恥的人物塑像，那是沙皇的走狗們爲自己樹立的紀念物。她每過此地必狠狠地唾上一口，如果哪一天和女伴們說著話忘記了，就是已走到校門口，也要再返回來補上。在她那還未退盡稚氣的臉龐上已隱隱露出一種莫名的倔強，她那美麗的倩影常讓人聯想到剛毅、勇敢。她從小就明白地要求自己，決不只做一個普通的人，不只做一個普通的漂亮女子。她知道天降我以大才，就要以大的犧牲，大的勇敢，去爭取大的成就。她對自己的哥哥說：「毫無疑問，我們家裡的人有天賦，必須使這種天賦由我們中的一個表現出來，不應該讓它們消失。」

一八九一年九月，二十四歲的瑪麗在波蘭城裡和鄉村擔任了七年家庭教師，給自己積攢了一點學費後，來到巴黎的索爾本大學讀書。在當時的大學裡，女學生本來就少，這個高額頭、藍眼睛、身材修長的異國女子立即引起大學生們的注意。他們在教室走廊裡停下來想多看她兩眼，在上課的時候目光搜索著她，他們想法子靠近她，找藉口和她說話。瑪麗自己或許還沒有感到自己的魅力已在周圍造成一個甚麼樣的漩渦。她的好友常常要自動出來趕走那些尾隨在她身後的傾慕者，有一次甚至舉起了傘柄才把這些人趕跑。所以那些熱心的男子儘管在走廊裡常常遇到她，議論她白淨的皮膚，議論她輕軟的頭髮，但是幾乎沒人敢對視一下她那雙深藍色的眼睛。她的眼神永遠是美麗中閃爍著沉靜，如山林深處的一泓秋水，倒映著藍天白雲，卻絕沒有塵世間的一點喧鬧，一絲塵埃。她的臉龐是那樣秀麗，身影是那樣動人，但是這秀麗和動人之外又像披了一層冰霜的薄盔甲，凜然使那些傾慕者不敢靠近。他們只能在教室裡遠遠地尋找她；但是看到的又總是一個背影——她每天到得最早，永遠是坐在第一排，專心地記著筆記。

她正是二十四歲的青春年華啊，一般的女子對別人的美麗都要起嫉妒之心，而瑪麗卻不屑將自己的美麗作爲資本，只這一點就足可見她超塵脫俗的性格，可知她對事業執著的追求。

但是瑪麗還要追求更安靜，更專心的學習環境。她剛來巴黎時住在當醫生的姐姐家裡，這裡整天病人不斷，而且總難免要和姐姐、姐夫聊天。於是她毅然搬了出去，租了一間七層樓上的小閣樓，開始過一種更清苦的生活。她的生活費一天只有三法郎，卻要應付衣、食、住、書籍、紙墨的開銷。但她應付過來了。她的生活用品已精簡到最低標準，一張床、一張桌、一盞煤油燈、一個碟子大的煤油爐。爲了省煤，冬天家裡不生火，瑪麗冷得手指麻木，就跑到離家不遠的圖書館去，那是她的「幸福收容所」。直到晚上十點人家要關門了，再回到自己這個冰窖似的閣樓上來。躺下後實在冷得難以成眠，她將自己唯一的一只箱子裡的衣服全部拿出來壓在被子上，還是手腳冰涼，就再把地上那把唯一的椅子提起壓在被子上，在這種重壓造成的虛假的溫暖感裡她十分小心地入睡了，因爲稍一翻身那把椅子就會滾落下去。一次她的一位好友爬上她的這個七層樓上的小閣樓，一推門卻見她昏倒在地，好友轉身去喚她當醫生的姐夫，細心的姐夫立即發現她那乾淨的碟子、空蕩蕩的蒸鍋，就追問她：「今天吃了甚麼東西？」

「我剛剛吃過午飯。」

「午飯是什麼？怎麼鍋、盤都這樣乾淨？」

瑪麗知道瞞不過去了，不得不承認昨天晚上她只慢慢地嚼了一根小蘿蔔和半磅櫻桃，又看書到半夜三點，早晨起來上學校，回來又吃幾個小蘿蔔，就昏過去了。

一八九五年，瑪麗與皮埃爾．居里◎1結婚了。當她讀到貝克勒爾關於鈾的放射性的報告時，她已在理化學校實驗室裡工作，她毅然決定以這個題目來作博士論文。但這是怎樣的一篇論文啊，就好像我們要到河裡挑一擔水，但是必須先翻過一座山。她先要完成一件最複雜、艱苦的研究。

不過，這時瑪麗已經有了一個靠山，他親愛的丈夫皮埃爾．居里是一位很有經驗、有成就的物理學家。她現在已不像過去在小閣樓裡那樣孤單，她憑著自己的聰明、頑強、靠著丈夫在學識上和精神上的支持，開始了這場科學史上有名的攻堅戰。

貝克勒爾已證明鈾有放射性，那麼其他物質有沒有放射性呢？它們的強弱又有甚麼差別呢？實驗一開始就遇到這個問題。瑪麗就自己腹內的知識想各種辦法來證明這個問題，比如可以把一種物質放到黑紙包的底片上，看它能不能使底片感光，對比感光的強弱來確定放射性的大小，但

註解

◎1. 皮埃爾．居里（西元 1859 年～ 1906 年）：Pierre Curie。

是這對差別很小的放射物是根本判斷不出來的，貝克勒爾的辦法在深入研究中已不適用。瑪麗整日陷入沉思，坐臥不安，茶飯不香。皮埃爾看到妻子難受的樣子，一天，在實驗室處理完手邊的事後，便過來問她：「親愛的，遇到了什麼難題？」

「就是缺少一件靈敏的儀器，能準確地探測出物質的放射性，這樣才好下手研究。可是我們現在有測光、測電、測熱、測力的儀器，唯獨沒有測放射性的儀器。」

「是的，連放射性這東西也是去年才問世的，怎麼能有人給它設計測量儀器呢，看來只有我們自己動手了。」

「可是，它不像光、電，看不見，摸不著，怎麼去測呢？」

「讓我想想，我們總會有辦法的。」

好個聰明博學的皮埃爾，第二天他眞的給瑪麗拿來一架測量儀，這是他親手創製的傑作。說來簡單，就是用一個普通平面電容器，也就是一層空氣隔開的兩片金屬片，下面那片與電池組相連，再與上面那片用導線構成一個迴路，迴路上有一個電流計。平常這個電路是不通的，因爲兩片金屬間的空氣並不導電。可是鈾放射線、X射線都有一個特點——能使空氣導電。這就是問題的根本，我們只要往下面那片金屬上撒上一點鈾鹽，電路就通了，電流計指針偏轉，指示出它的放射強度。別看這個儀器簡單，可是卻極精確。當射線最強的時候，電流的強度也不會超過一安培的幾十億分之幾，但是就連這麼小的數值在這個儀器上也能讀出來。瑪麗看著這個自製的儀器禁不住拍手叫絕。

各位讀者，皮埃爾爲甚麼能製成這個儀器，關鍵是他抓住了事物間的關聯，找到了他們之間的轉換點，這實在是科學研究上的一個重要方法。當年本生就是根據不同元素可以轉換成不同顏色的光譜，而研製成光譜分析儀；焦耳就是抓住機械能與熱能之間的轉換，而測出了熱功當量。現在這個神秘的射線雖然看不見、摸不著，而且它剛剛露面，其本性也未充分暴露，但皮埃爾只根據它能使空氣導電這一點，便可從電流強度來測它本身的放射強度了。

正是：

春江水暖鴨先知，何必親用溫度計。
溝裡僧人擔水來，深山必定有吉寺。

話說瑪麗得了丈夫送的這件寶物，便將她能搜集到的各種礦物質研成細末，一樣一樣地撒到金屬片上去試它有無放射性，這辦法與當年本生得了光譜觀測法後將各種物質往燈焰裡撒極爲相似。她這樣一直試了上百種，電流計上的指針終於動了。她喜得大喊一聲，皮埃爾忙趕過去，他們測量出一個繼鈾之後又被人類發現的放射性物質——釷。

初戰告捷。現在瑪麗更加興致勃勃地每天守在儀器旁邊，她正精心測量鈾射線的強度。很清楚，化合物中含鈾越多，放射性就越強。可是有一天當她把瀝青鈾礦和銅鈾礦放到那片金屬上時，電流計的指針偏轉得比純鈾遠大，難道會有一種礦物質含鈾量超過百分之一百嗎？當然不會。瑪麗立即按照這兩種礦物的化學成分用人工複製出來，放在金屬片上再試驗，射線強度卻比天然礦要小百分之十八。

瑪麗興奮地喊道：「皮埃爾，快過來看，這可眞是奇蹟，天然礦比人工礦放射性強。而現有元素中，我都一一試過了，除了鈾、釷再不會有放射性了，現在出現了比鈾還強的放射性，說明一定還有一種人類還未發現的物質。我眞不敢這樣想，難道我們將發現一種新元素嗎？」

皮埃爾過來將瀝青鈾礦粉往金屬片上再撒一次，果然電流計指針大幅度偏轉，他也禁不住一陣興奮，又連續再試幾次，然後冷靜地分析道：「以往物理學給化學幫忙已經有過兩次，一次是用電，一次是用光。戴維發明了電解法立即找到了鉀、鈉、鈣、鎂、鎳等一批新元素；本生和克希荷夫發明了光譜分析法立即找到了鋰、銫、銣、鉈、銦，直到一八九五年三月又終於找到了那個人們已追捕了二十七年的氦。每一個新方法的出現都伴隨著一塊新領域的開拓，現在繼電和光之後我們又拿起放射性這個武器，物理第三次來幫忙化學，按道理是應該發現一些新東西，該有新成果的。」

「皮埃爾，親愛的，這第三次幫忙，說得具體一點，就得你來幫我了。放下你手頭的工作吧，這個題目很有吸引力，我們或許要創立一門新學科——放射化學。」

「是的，我已看見了這塊新大陸的影子，它在招喚著我們，值得我們冒險去闖一下。從明天起，我就停下手頭正在做的結晶體研究，我們一起來攻這個難關吧。」

從第二天開始，居里夫婦就將瀝青鈾礦一點一點地分離。他們先用化學家的辦法，將這些礦物質一會兒溶解在酸裡，一會兒溶解在鹼裡，把沉澱濾出，把溶液蒸發乾，再溶解，再蒸發，就像剝竹筍一樣一層層地向筍心逼近；又像過篩子一樣，將雜質一點一點地篩去。現在當他們往礦物質的酸溶液裡通了硫化氫後，瓶子裡立即分成硫化物深色沉澱和透明液體兩部分。這時就用得著放射性測量了。瑪麗把透明液點到金屬片上，放射性不明顯，把沉澱物挑上一點，指標立即大幅度偏轉，讀數表示它比純鈾的射線要強四百倍。沉澱物裡有鉛、銅、砷、鉍。他們再逐一分離，將鉛、銅、砷分出去，可是這種未知物和鉍關係甚密，再也不肯分開。但既然包圍圈已經縮小到這個程度，看來這是一種新元素必定無疑了。一八九八年七月，居里夫婦向法國科學院提出報告，宣佈他們發現了一種新元素，它和鉍相似，卻能發出強大的不可見射線，如果這一點得到證實的話，就請把它定名爲釙（法文波蘭的意思）以紀念居里夫人的祖國。

接著他們又在瀝青鈾礦裡查出了一種未知元素。一八九八年十二月二十六日，法國科學院裡又是人聲鼎沸，出現了像侖琴射線剛發現時的那種激動。一個波蘭女子，五個月前剛宣佈發現了釙，今天又要宣佈一項新發現。女人能進科學院的門已是很特別了，而在這場擒拿無名放射物的競賽中又是她連連奪魁，許多頑固的教授早就心中憤憤不平了；瑪麗今天仍然穿著那件樸素的黑色長裙，衣服上還能看出許多酸、鹼燒下的斑痕。她今天有點激動，待大家都坐好後，她回頭看看坐在身旁的皮埃爾，她想讓丈夫來報告這項發現，但是皮埃爾只用明淨的目光與她對視了一下。她明白這意思，便正正身子，打開報告卷宗，用沉穩優美的語調開始講話：

「我們今天向科學院提出的報告的題目是《論瀝青鈾礦中含有一種放射性很強的新物質》。這種新物質和金屬鋇很相似，我們經過最大努力的提煉、篩選，已經得到了含有它的物質，它所發出的射線是純金屬鈾的九百倍。所以我們建議將這種新物質命名爲『鐳』（拉丁文有射線之意）。它在元素週期表裡應該是第八十八號元素……。」

居里夫婦的報告剛結束，會場上立即議論紛紛。不少朋友興奮地上前握手祝賀，熱烈地討論這個新發現，可是幾個老教授卻故意大聲說道：「說得倒容易，一會兒發現了釙，一會發現了鐳，科學不是猜想，釙和鐳是什麼樣子，既然發現了就該拿出來讓大家見識一下嘛！它們的原子量是多少？哪有發現一種新元素卻又測不出它的原子量的，眞是笑話！」

這話明明是說給居里夫婦聽的，瑪麗剛才因興奮而紅潤的臉色一下變白了，她知道早就有人在對她嫉妒、打擊，不容她這個異國女子涉足科學領地，可是這樣講也未免太過分了。她回頭看看皮埃爾，他鎮靜地坐在那裡和幾個朋友懇切地討論著問題，他一定聽到了剛才的怪話，但是他顯得多有涵養啊！瑪麗轉念一想，也怪自己的研究不徹底，鐳到底是個什麼樣子？看來必須把純鐳拿到手，才能解決問題。

到底居里夫婦是否得到了純鐳，且聽下回分解。

第五十五回　願將事業作愛子　卻看名利如浮雲

——鐳的發現（下）

上回說到居里夫婦雖然宣佈了鐳的發現，可是還未提煉到純鐳，現在他們決心要將它捉拿歸案了。

鐳的含量很少，要大量的瀝青鈾礦才可取得一點，可是他們哪兒有錢去買這許多昂貴的礦石呢？聰明的瑪麗立即想到瀝青鈾礦是玻璃工業上大量使用的，這種工業廢渣裡一定還會含有鐳，而廢渣總是不值錢的。果然慷慨的奧地利政府答應將一噸廢渣贈給這兩個不可理解的人。接著就是找一個可以煉廢渣的地方。在瑪麗的小實驗室的對面，正好有間大一點的木棚，只是玻璃房頂破碎漏雨，木板裂縫四面透風，地面反潮，屋裡一股霉氣。棚內幾張殘缺的廚桌、一塊黑板，一個舊鐵火爐。這裡原來是倉庫，後來擱醫學院解剖用的屍體，最後就連這也不合適，便閒置起來了。校長很慷慨地把這間棚子撥給他們使用。

工作就這樣開始了。他們作了分工，皮埃爾經驗豐富，分析鐳的性質，瑪麗卻擔起一個雜工應幹的活，將那還帶有波希米亞山區的泥土和松針的棕色礦物，每二十公斤一次地倒進一口大鍋裡冶煉。鍋裡冒出嗆人的氣體，棚屋裡沒有「菸罩」裝置，他們把大鍋放到院心，瑪麗用一根幾乎和自己身長相等的鐵棍不停地攪拌著。這樣煉完一鍋又拿回棚子裡進行化學處理：溶解、沉澱、分離。

這天，瑪麗正隔著濃煙觀察鍋裡的變化，突然天上淅淅瀝瀝地掉下了雨點。皮埃爾趕緊跑出來幫她將鍋抬回棚子裡，棚內又立即充滿嗆人的煙氣。在這冬季的冷天裡他們只好打開門窗。皮埃爾和瑪麗對坐在一張靠近爐子的桌旁做著化學分析。他透過桌上那些密匝匝的瓶子、試管又看到了那雙藍色的眼睛，多迷人啊。當年他因爲碰不到有才氣的女子一直等到三十六歲，正當他準備終身不娶時，上帝從波蘭給他送來一個瑪麗。他們第一次相見是爲了一個研究課題，這卻促成了以後的結合。他們相差八歲，他知識豐富，是老師，是兄長；瑪麗聰明頑強，往往在攻堅中打先鋒。關於鐳的研究就是瑪麗毅然選定，他先是從旁幫助，最後乾脆全力投入的。皮埃爾看著瑪麗正在搖動試管的手，這雙手因爲整日和酸鹼打交道滿是老繭和傷痕。現在因爲棚子裡太冷，瑪麗臉色都有點發紫。他不覺嘆道：「瑪麗，親愛的，現在這個環境又使我想起一個地方。」

「什麼地方。」瑪麗柔和地抬起頭看丈夫一眼。

「就是當年你那個像冰窖一樣的小閣樓。」

「不過比那裡好像增加了點什麼。」

「那就是這個還能供一點熱氣的火爐。」

「不，親愛的，那就是你。我現在心裡不像當初那樣孤獨，目標也不像那時那樣茫然，我們已被浸泡在一種歡樂的事業裡。」

「有了我又能怎樣呢，你過去吃苦，現在還是這樣苦。你這樣美，這樣有才華，卻好像註定要泡在苦水裡。」

「親愛的，不要這樣說。我倒覺得幸福有兩種，那些貴婦人珠寶滿身，美酒盈杯，不能說沒有福氣。但這種物質之樂只能給人暫時的享受，福隨人亡，過眼雲煙。我們追求的是一種創造之樂，這才是永遠的幸福，它會長存在於我們的記憶裡，存在後人的記憶裡。現在鐳這條大魚已經落到我們的網裡，近在咫尺了。只要咬緊牙關，我相信它就會出現在這支試管裡。那時我們再回憶這段棚屋裡的日子，就只覺得甜而不知苦了。」

「話是這麼說，可是我們這樣一小鍋一小鍋地煉，礦石都快用了八噸，代價也太大了。我想等將來條件好一點，總會有甚麼簡便辦法的。」

「這個苦反正總要有人吃的，我們既然開了頭就吃到底吧，親愛的。」

他們正這樣一邊工作，一邊作著又像是抒情式的談話。瑪麗突然覺得有隻小手在拉她的後衣襟。她不用回頭就知道怎麼回事，忙擦擦手，站起來。椅子後面是她們五歲的女兒伊雷娜◎1。因爲工作到最後階段，她經常中午不能回家，小伊雷娜有時就帶到實驗室來。瑪麗雙手一擦把孩子緊緊抱在懷裡，這才想起，她們一家人該開午飯了。伊雷娜一邊隔著桌子喊著「爸爸」，一邊伸手去探那些瓶子管子。皮埃爾探身在孩子臉上親了一下，全家人圍著火爐，打開飯盒。

瑪麗說：「其實我們苦一點倒沒什麼，就是對不起孩子。」

皮埃爾詼諧地向桌上的試管努努嘴說：「那裡還有一個叫鐳的孩子，可惜太難產了。」

瑪麗爽朗地笑了起來，突然又收起笑容天眞地問道：「皮埃爾，你說這個孩子是什麼樣子？」

註解

◎1. 伊雷娜（西元 1897 年～ 1956 年）：Irène Joliot-Curie。

「一個元素一個樣，眞不好猜，不過我希望它有美麗的顏色。」

從一八九九年到一九〇二年經過三年又九個月的艱苦勞動，居里夫婦從八噸瀝青鈾礦渣中提煉出了零點一克氯化鐳，並測得鐳的原子量是226。沒有使他們失望，鐳眞的有美麗的顏色，在暗處會自動發出略帶藍色的螢光。它會自動放熱，一小時內放出的熱量可以溶化與它等重的冰。最麻煩的是它的射線無孔不入，瑪麗後來寫道：「在研究放射性很強的物質的時候，若要作到精細測量，必須有特殊防備。化學實驗室裡用的各種東西和作物理試驗用的儀器，不久就變得有放射性，並且透過黑紙影響照像版。灰塵、屋裡的空氣、衣服，都有了放射性，屋裡的空氣成了導電體。在我們工作的實驗室裡，這種弊病到了極點，我們簡直無法使任何儀器完全隔離。」

更有趣的是鐳的放射性對人體細胞還有殺傷作用，勇敢的皮埃爾用自己的身體作了實驗後向科學院提出了一份詳細的報告：

「有六公分見方的皮膚發紅了，樣子像是燙傷，不過皮膚並無痛楚，即覺痛也輕得很。過些時候，紅色並未擴大，只是顏色轉深，到二十天，結了痂，然後成了瘡傷，須用繃帶纏紮。到四十二天，邊上表皮開始重生，漸漸長到中間去，等到受射線作用後五十二天，瘡痕只剩一平方公分，顏色發灰，這可以表示這裡的腐肉比較深。」

皮埃爾立即與他的兩個醫生朋友合作，證明鐳可以治療狼瘡和幾種癌腫。於是一種新的療法——居里療法又誕生了。

各位讀者，這可是一項驚天動地的發現。一塊金屬自己就會發光、放熱，就會變，會放出射線。能量守恆定律好像不起作用了，物理學的殿堂遇到了強地震的衝擊。後來人們知道得更清楚了，凡原子序大於八十三的天然元素都有放射性。它們可分爲三大家族，即鈾系、釷系、錒系。每系都有一個老祖宗，然後子子孫孫往下排。鈾系的老祖宗就是鈾（貝克勒爾還算幸運，他一下就發現了這個老祖宗），它放出射線變成別的元素，到第六代時就是鐳，鐳再放出射線，悄悄地變，速度很慢，一克鐳大約過一千六百年才會消滅一半，最後變成鉛和氦。事物就是這樣在不斷地變化，不斷毀滅，又不斷誕生。絕對的靜止是沒有的，絕對的生和死也是沒有的。它在剎那間同時是自己又不是自己。居里夫婦的發現早已衝出物理學的領域而有了極大的哲學價值。

正是：

滴水難留自蒸發，金屬靜臥也放能。世上萬物皆在變，瞬間就有死和生。

卻說瑪麗原本是要選一個做博士論文的題目，不想卻碰上一個這樣重大的課題，撞在一個從未有人知道的機關上，一下就打開了一個新的領域。工作曠日持久，沒有結果，她的論文也就一拖再拖。從一八九八年開始實驗，竟到一九〇三年，過了五年，她已三十六歲，實驗告一段落，論文也才寫成。眞是水到渠成，瓜熟蒂落，一九〇三年六月二十五日這天，瑪麗面對一小群最著名的物理學家、化學家宣讀完論文之後，用不著辯論，主席李普曼先生◎2只講了五分鐘的話，她便成爲一位極榮譽的、眞正的物理學博士了。這年十二月他們夫婦和貝克勒爾一起獲得諾貝爾物理學獎，一九一一年瑪麗又單獨獲得一次諾貝爾化學獎。

各位讀者，這時再讓我們回顧瑪麗在她的七層樓上的小閣樓裡和在木棚裡吃的那種苦，便深

註解

◎2. 李普曼（西元 1845 年～ 1921 年）：Gabriel Lippmann。

深感到沒有三九寒，哪有梅花香。天地有奧秘，卻將其藏於深山，封於絕壁，以虎豹斷其路，以荊棘塞其途，風沙漫漫，雨雪淒淒，只有那些大智大勇，能吃大苦，肯做大犧牲，不以眼前之苦為苦，而以拚搏勝利之樂為樂的人，才有權利有機會得到這奧秘。哥白尼終生觀天，風霜不避；伽利略屢受迫害，鍥而不止；法拉第寄人籬下，忍辱求知；達爾文環球五年，出生入死；而居里夫人以一青春女子為求學遠走異國他鄉，冷對大都市的紙醉金迷，苦忍小閣樓裡的淒風苦雨，在破木棚裡奮鬥四十五個月，不怕酸鹼燒手，不怕濃煙嗆鼻，硬將八噸礦渣一小鍋一小鍋地煉完，終於轟然一聲從那個茫茫然的未知世界裡扯出一條鐳的金龍。可知一個學者的吃苦耐勞、堅韌不拔絕不亞於沙場上的勇士和那些政界的偉人。

但是居里夫婦從此卻再也不得安靜。

第一個上門的是那些商人和企業家。鐳可以治病，鐳如此稀有，它的價格高到零點一克就值七十五萬金法郎，當然煉鐳業就成了最熱的行業。可是煉鐳的奧秘和它的一整套操作程式，全世界只有兩個人知道，這就是居里夫婦。就在瑪麗的論文答辯剛過幾天之後，清晨，他們夫婦正在吃早飯，郵差送來一封信。

「甚麼事啊？」瑪麗看著丈夫專心讀信的樣子，柔和地發問。

「美國來的，一個公司問我們可以不可以告訴他們製鐳的技術。」

「可以，全告訴他們。」

「可是，我們要不要考慮一下專利問題。我們太窮，或許我們該改善一下那個破木棚子。」

「不，科學屬於全人類，我們發現了科學，又把它據爲私有，這違反科學精神，再說鐳能治病，我們就更該無條件地獻出它的秘密。」

「好，我現在立即就回信。」

就這樣，十分之一克就值七十五萬金法郎的秘密，讓他們輕鬆地公佈於世了。

這些以發財爲業的人還好打發，那些以宣傳爲業的人最難應付。記者們總是永遠追求最新的消息，而名人那怕是吃了一頓最普通的飯，穿了一件最平常的衣服也會成爲人們議論的話題。諾貝爾獎金剛公佈後各大小報紙的記者立即向這對「鐳的父母」、「偉大的夫婦」發起一場大圍攻。不，簡直是一場掃蕩。他們的那間破木棚、學校、住所都成了川流不息的不速客們採寫、拍照的對象。他們遇到了一場遠比過去的清苦要嚴重的災難。皮埃爾在一九○四年一月二十二日給朋友的一封信裡寫道：

你看見這種突然發作的鐳狂了，這種狂熱把聲望的好處都給我們帶來了。世界各地的新聞記者和攝影記者追隨著我們，甚至於記錄我的女兒和她的保姆的談話，並且描寫我家裡的那一隻黑白花小貓。我們收到許多函件，接見許多古怪的人和還沒有出名的發明家。還有許多人向我們請求款項。說到末了，還有收藏親筆簽名的人，都到你知道的妻蒙路那個壯麗的地方來看我們。這些事使實驗室一刻不得安靜，而且每晚還須寫許多信函；過著這樣的生活我覺得我日漸蠢笨……

一件發明出現，科學家急於向縱深擴大戰果；商人急於用它牟利；企業家急於辦新廠開新礦；記者急於搶獨家新聞；一般人急於打聽趣聞以塡補飯後茶餘。這當然苦了科學家本人。居里夫婦儘量逃避一切邀請、聚會和採訪。一天在法國北部的布列塔尼半島，一個農婦裝束的女人正坐在海邊的石板上倒著她涼鞋裡的沙子，一個男子推著一輛自行車停在她的身旁。但是就如安詳的鹿並不知道身後有追蹤的獵人一樣，一個機警的美國記者突然出現在他們的身旁。

「尊敬的居里先生和夫人，我能在這裡單獨採訪你們感到非常榮幸。」記者很爲甩掉了同行，獨吞「獵物」而高興。

「碰到你這樣精明的記者卻是我們的不幸。」瑪麗苦笑著回答道。

「妳能談談鐳的發現過程嗎？」

「謝謝，我的報告已經發表，那裡面已講得很詳細了。」

「你們現在準備到那裡去？」

「不知道，我們想找一個安靜的地方，最好是到一個禁止演講、集會，不許記者採訪的孤島上去。」

記者也苦笑一下問道：「妳能談談妳個人在發現鐳以前的情況嗎？」

「對不起，在科學上我們應該注意事，不應該注意人。」

居里夫人逃避榮譽，但是榮譽還是不斷地飛來。她一生共得了十項獎、十六種獎章、一百零七個名譽頭銜。她將獎金慷慨地捐助給科研事業和處於戰爭災難中的法國，那些獎章她想不出好辦法保存，就送給六歲的女兒當玩具。她把榮譽遠遠地拋在腦後，更加倍地工作。她在給外甥女的一封信裡寫道：

我們應該不虛度一生，應該能夠說：我已經作了我能作的事。……那些很活潑而且很細心的蠶，那樣自願地、堅持地工作著，真正感動了我。我看著牠們，彷彿我和牠們是同類，雖然在工作上我或許還不如牠們組織得那麼好。我也是永遠耐心地向一個極好的目標努力。我知道生命短促而且脆弱，知道它不能留下什麼，知道別人的看法完全不同，而且對自己的努力是否符合真理沒有多大把握，我還是努力去做。我這麼做，無疑是有什麼使我不得不如此，有如蠶不得不作繭。那可憐的蠶即使不能把繭作成，也須開始，並且那樣小心地去工作；而若是不能完成任務，它死了就不能蛻變，就不能補償。

瑪麗的身體實在是越來越虛弱了。她長期經受放射物質照射，得了不治之症，於一九三四年七月四日幸福地離開人世。直到現在，她用過的實驗筆記還在散發著鐳射線，她撞開了放射性這扇大門，但是這些射線到底是甚麼東西，放射物爲什麼能自動放出它們呢？且聽下回分解。

第五十六回　巧設計是光是電見分曉
細測算質量電量全找到

——電子的發現

花開兩朵，各表一枝。自從放電管問世以來，人們紛紛研究真空放電，無意中生出許多課題。那侖琴從管中陰極發出的射線發現了X射線，貝克勒爾又從對X射線的研究發現了鈾的天然放射性，居里夫婦又進一步從對鈾礦的研究發現了鐳。鐳可以自己發光發熱，這又給物理學提出了一個無法解釋的大難題。從陰極射線引出的一個鏈條，環環相扣，續續而生，未有窮盡。但是陰極射線本身到底是什麼呢？自然有人會考慮這個問題，這個人就是英國物理學家湯姆生◎1。

湯姆生一八五六年十二月十八日生於英國的曼徹斯特。他父親本是一個擺攤賣書報的小販，後來靠著自己的奮鬥成了一名專印大學課本的著名書商。他從自己的切身經歷中深知沒有知識的苦衷，就發誓要教子成材，請了家庭教師指導兒子的學業，並注意培養他的藝術素養。

老湯姆生雖是一名書商，可是因職業關係，平時來往的都是曼徹斯特大學的教授，屋裡算還有點書香氣。湯姆生有嚴父督教，又有這樣一個環境薰陶，學業大進，十四歲便考進了曼徹斯特大學，二十歲被保送到劍橋大學三一學院，二十七歲就被選爲皇家物理學會的會員。一八八四年卡文迪許實驗室主任瑞利年老體衰宣佈辭職，大家都等著看誰來繼任這個全歐洲學術界最引人注目的職位，結果瑞利卻推薦了湯姆生，這年他才剛滿二十八歲。

這時一場曠日持久的大爭論正在等待他的加入。六〇年代英國物理學家克魯克斯發明了一種管子——克魯克斯管，在一個玻璃管裡嵌上相對的兩塊金屬板，兩板各與一條電路相連，一塊是陰極，一塊是陽極，管內空氣抽得越來越稀薄時，就會出現種種不同的顏色，這種光是由陰極發出的。它到底是什麼呢？以德國物理學家赫茲、萊納德爲首的一派認爲陰極射線是類似於光的東西，是電磁波，以英國物理學家克魯克斯爲首的 派認爲這是一束帶負電的粒子流。

赫茲說，既然是粒子流，爲什麼它能順利通過放在管內它們路徑上的各種屏障，而又不在屏上穿出洞呢？因此只有波才有這種特性；克魯克斯說，既然是光一類的波，爲什麼我把一塊磁鐵靠近管子時，它就發生偏轉呢？只有帶電粒子才會受磁場的影響。

這簡直就像當年牛頓和虎克、惠更斯爭論光的波粒性一樣，又是一場難斷的官司。雙方都是當時最知名的權威，這場辯論竟持續了二十多年沒有結果。就在一八九六年，湯姆生正好四十歲時；英國科學促進會最高委員會將湯姆生召來，要他的實驗室解決這樁懸案。

好個湯姆生，由他來擔當此任眞是再合適不過了，他在電磁學方面有極扎實的功底，又有一手高超的實驗技術。接受任務後，他先將以往的研究成果仔細回顧一番，發現其實早在一八三四年法拉第總結電解定律時已經初步涉及到這個問題。

實驗證明，所有化合價爲一價的元素，電解出一克化學當量◎2的物質，都需要96493庫侖◎3的電量。而一克當量物質所含的粒子數正是亞佛加厥常數◎4，即6.0238×10^{23}個。這樣就可算出每個粒子上所帶的電量爲4.802×10^{-10}絕對靜電量◎5，它是電的最小單位。就是說電是由這麼一點點的小東西集結而成的，揭示了電的粒子性。

註解

◎1. 湯姆生（西元 1856 年～ 1940 年）：Joseph John Thomson，又稱 J.J. 湯姆生。

◎2. 即一莫耳，莫耳是物質的量的國際單位。

◎3. 庫侖是電荷的單位。

◎4. 亦即 1 莫耳物質中所含基本微粒的個數等於亞佛加厥常數。

◎5. 絕對靜電量又稱 esu，是一種描述靜電的單位，而庫侖是一種電荷的國際單位，esu 與庫侖兩者之間有固定換算關係。

亞佛加厥常數是一八七〇年才確定的，七十年代、八十年代，對這個問題的研究更加深入。一八九一年英國物理學家斯托尼◎6明確提出用「電子」一詞來表示電的一個最小單位。但是爲什麼還是爭論不休呢？因爲到此爲止也還只是一種理論計算，就像當初居里夫婦發現鐳的放射性，但並沒有測出鐳的原子量，化學家就直搖頭一樣。現在只推算出電子，而不知道他的重量、性質，物理學家們自然不服，於是湯姆生毅然決定要秤秤電子的重量。

這可眞是異想天開，你要捉一個原子來放在天平上都不可能，一個電子又如何秤法？這個主意只有湯姆生想得到，也只有他能做到。他既是一個理論物理學家，又是一個實驗物理學家，設計實驗是他的拿手好戲。他立即把學生們叫到一起，準備好一個陰極射線管，射線從陰極一端發出後，穿過兩個很窄的縫，成一細束，打在管子的底部，而底部已準備好精確的刻度，以便觀察射線的偏轉。在射線經過的路上，上下各準備兩塊金屬電極板，形成一個電場。當金屬板不通電時射線沿直線打在管底一個點上，通電後射線受電場的影響發生偏轉，並且根據偏轉的方向可知它是帶負電的粒子束。這時再加一個磁場，使它沿相反方向偏轉，又校正到原來的位置。

這眞是一個極妙的實驗，一絲陰極射線隨著電場和磁場的強弱變化忽上忽下，就像有兩隻無形的手來回爭著將它拉過來拉過去。湯姆生最後讓它固定在正中的位置上，對他的學生說：「現在我們可以來秤電子的重量了。這時磁場力和電場力的大小正好相等，方向相反。根據這個條件我們先來求出陰極射線微粒的飛行速度。知道了速度就可進一步測其他物理量。比如，我現在撤掉電場，粒子只受磁場力作曲線運動，我們就可求得它的電荷與質量之比。有了這許多資料我們就可以去推算質量。只是那法拉第等人當初是通過電解定律來推算每個粒子上所帶的電量，爲了證明這個資料我們最好另換一種方法。」

這時在座的一位學生應聲答道：「我這裡有一種辦法可以一試。」

湯姆生一看，說話的正是威爾遜◎7。原來，這湯姆生身邊高徒滿座，他們一個個都年輕聰明，基礎扎實又各有所長。現在說話的這個威爾遜對大氣電學有特殊的興趣，一八九死年他到海拔四千多公尺的尼維斯山頂旅遊，被那裡奇麗的霧景所吸引，便深入鑽研，終於弄懂這是氣壓低的緣故。於是他就在實驗室裡人工造霧，先是讓水分凝結在空氣中的塵粒上，後來X射線的發現使他想到空氣中離子的存在可能導致雲霧的形成。

威爾遜想陰極射線若眞是電子粒，雖然這電子粒看不見，但若製造出一個條件使帶電粒子和水一起凝結成霧珠，不就可見而且可以測算了嗎？威爾遜當即向老師裝好一個簡單的儀器。一個大玻璃筒，下面有一個底盤與驗電器相連接，筒內充進潮濕空氣後將筒上的活塞突然向上提，空氣膨脹造成雲霧，水滴開始緩緩地向底盤上落去。就是這麼個簡單的裝置卻演示出一個很了不起的成果。他們可以根據雲霧向圓盤降落的速度來求霧滴的大小，又根據霧滴的大小和蒸氣的總量來求出霧滴的總數，再以驗電器收到的總電量除以霧滴的總數，就得出每個霧滴上的電荷值，與法拉第電解定律的求法殊途同歸。這眞是拐著彎兒作學問。

好了，現在我們來看湯姆生對電子的秤量結果：陰極射線是由帶負電的粒子組成，這種粒子的飛行速度是每秒三萬公里；它的質量是氫原子的一千八百四十分之一；它的電荷是4.8×10^{-10}

註解

◎ 6. 斯托尼（西元 1826 年～ 1911 年）：George Johnstone Stoney。

◎ 7. 威爾遜（西元 1869 年～ 1959 年）：Charles Thomson Rees Wilson。

個靜電單位。湯姆生還不放心，又把陰極材料幾次更換，結果都可以發出同樣的粒子流。他還發現：不只在陰極射線中，在其他情況下，如將金屬加熱到一定高的溫度，金屬或其他物質受光，特別是受紫外線照射時，也都能放出電子。後來威爾遜不斷改進他的雲霧室，居然實實在在地觀察到了電子的軌跡。現在的問題就不只是一個簡單的陰極射線是什麼了，它又匯出了一個偉大的發現——任何元素中都含有電子。

這電子的質量極小，只有9×10^{-28}克，就是只有一萬億億億分之一克。這麼小的東西湯姆生也將它秤出來了，妙就妙在他能迂迴曲折，借助電場、磁場、霧滴，正如本生借光譜識元素，居里夫婦借電流強度識別射線強度一樣，善於抓住事物間的聯繫，步步摸索，終於達到目的。不過這回湯姆生繞的圈子也實在夠大了，他的這個實驗在科學史上也就特別的著名。

正是：

曲徑通幽處，科學無近路。
目的難直達，請君繞幾步。

卻說湯姆生終於捕捉到電子後，他的學生們圍著他七嘴八舌地問道：「這個方法也不算太難，爲甚麼過去爭吵了二十多年就沒有人去做個實驗呢？」

「事情並不這樣簡單，我剛開始實驗時，曾在兩塊金屬板之間加上一個電場，射線並不偏轉。這是由於有氣體的存在壓力太高。要解決這個問題就先要解決眞空條件，而當時眞空技術才剛剛使用，很不完善。可知一項研究總是和當時的技術發展水準相聯繫的。所以，電子的發現並不是我個人特別聰明，這是前人經過許多知識和技術方面的積累，到現在才水到渠成了。」

「老師，這個積累是全社會共用的，爲甚麼同一個時間，同一個實驗室，有人能夠利用它去實現新的突破，有的人就做不到呢？」

「所以，我要給你們立兩條規矩：第一，接受一個新題目後，首先要將這方面的知識系統復習，特別要注意前人已有的成果，這樣既避免重複勞動，又可站在巨人的肩膀上攀登。第二，必須學習好實驗技術，全套儀器都要親手製作，盡量不使用現成的。」

學生中不知誰怯生生地說了一句：「這樣不是太費時間了嗎？」

「不，費點時間有利於培養你們的創造力。實驗室是培養會思考、有獨立工作能力的人，不是要造就一些死成品。你們不僅是實驗的觀察者，更重要的是實驗的創造者。老師不能教給你所有的知識，而你們掌握了創造能力後卻可以得到前人都得不到的知識。」

這些本就十分聰明的高材生們畢恭畢敬地圍在湯姆生身邊聆聽師訓，他們以後牢記這一教誨，刻苦讀書，勇敢創造，這一批學生中竟出了五十多位卓有成績的大物理學家，其中便有威爾遜、波耳◎8、拉塞福◎9等九人獲得諾貝爾獎。湯姆生在卡文迪許實驗室任教授和主任辛苦執教三十四年，桃李滿天下，育人成果早超過了那些具體的物理發現。

再說湯姆生發現電子，一時名聲大震，許多國家紛紛請他去講學。但他有個習慣，就是多做少說，不願輕易登臺報告。美國著名的普林斯頓大學幾次懇求，他才去講了六小時，內容極爲精簡。英國皇家物理學會規定每星期五晚上要舉行一次學術報告會。委員會早就爲他安排好了講

註解

◎ 8. 波耳（西元 1885 年～ 1962 年）：Niels Henrik David Bohr。

◎ 9. 拉塞福（西元 1871 年～ 1937 年）：Ernest Rutherford。

演時間，但他因爲埋頭電子的研究，竟拖延了三年。直到一八九七年四月三十日晚上，他終於登臺了。這天大廳裡燈火輝煌，他將關於發現電子的實驗一一講給同行們，在座的物理學家無論是克魯克斯派的還是赫茲派的人無不點頭嘆服，一個比原子還小的基本粒子發現了，湯姆生被譽爲「一位最先打開通向基本粒子物理學大門的偉人」。一九〇六年榮獲諾貝爾物理學獎。

電子的發現，和X射線、放射性一起，成爲十九世紀末物理學的三大發現。湯姆生在那個晚上的演講中說，電子是世界上最羽量級的運動員，它如此輕微卻聯合成一支龐大的隊伍，形成了近代工業中最重要的動力泉源。

電子是發現了，但是它在原子中的位置呢？有帶負電荷的電子必定還有一種帶正電荷的粒子與之相平衡，它們兩者是誰繞著誰運動呢？這又是一個新問題。湯姆生構想了一個原子模型，就像一塊西瓜瓤或者是一塊鑲有葡萄乾的麵包。電子就像西瓜籽或葡萄乾一樣均勻地分佈在帶正電的粒子中，這就是有名的「均勻模型」。

現在無論是居里夫婦發現鐳的自動放熱還是湯姆生發現電子，問題都集中到原子內部來了，一個原子物理的時代就要到來。湯姆生最先設計的「均勻模型」到底對不對呢？且聽下回分解。

第五十七回　悄然無聲張原子變成李原子　喜報忽至化學獎卻送物理人

——原子蛻變的發現

上回說到湯姆生的研究已經深入到原子內部，發現了電子並提出一個原子「均勻模型」。這個模型到底對不對呢？「不對！」湯姆生萬沒有想到說這個話的正是他的從大西洋那邊歸來的一個學生拉塞福。

拉塞福一八七一年出生於紐西蘭一個偏僻的小村莊，家裡有兄弟姐妹共十二人，這樣的家庭自然不能對他嬌生慣養，因此小拉塞福倒盡得自然的優惠。他和夥伴們或山上放牛，或海邊捕魚，風風雨雨練出好一副強健的身體，到後來他處於文弱的科學家堆中，無人不羡慕他的體格；另一方面看著潮漲潮落，那大自然的奧妙又啓發了他的智慧，他從小就不滿足於只學點能糊口的手藝，而嚮往解釋宇宙，嚮往發明，嚮往創造。一八八九年，當他十八歲時，便勇敢地去報考紐西蘭大學的獎學金，無疑這將決定一個農家孩子的命運。這天他正在農地裡挖馬鈴薯，他母親突然氣喘吁吁地跑來，還沒到便興奮地喊道：「孩子，你得到了！得到了！」

「得到甚麼了？」拉塞福還不知是什麼事。

「獎學金，考上了！」

拉塞福聞言將手中的鐵揪用力摔在地上，他讓自己激跳的心稍稍平靜下來，然後說：「這是我挖的最後一顆馬鈴薯了。」

他大學畢業後先當了一段時間的中學教師，這時英國劍橋大學又給了紐西蘭一個享受獎學金留學的名額，而拉塞福在大學時就自己動手製成一種靈敏的檢波器，試驗了在紐西蘭大地上的第一次電報，並且還發表了電磁學方面的論文。商人的資本是錢，學者的資本是論文，拉塞福就靠這幾篇論文來敲劍橋的大門，果然很靈。他的老師克頓教授爲他寫了一封很不平常的推薦信：「拉塞福先生才華橫溢，通曉數學的分析法和圖解法，對於電學及其絕對測定法之最新成就具有極爲廣博的知識。拉塞福先生爲人誠懇，和藹可親，樂於幫助他人克服困難，凡與他有過交往的人莫不竭誠讚許，尊爲良師益友。我們衷心地祝願他在英國的科學研究同他在紐西蘭一樣，取得非凡的成就。」

拉塞福從大洋彼岸的鄉村來到劍橋的卡文迪許實驗室這個物理精英薈萃的地方，他一身土氣還沒有退去。大都市裡來的同學都有點瞧他不起，見他每天只知道埋頭讀書，便悄悄給他起了一個綽號——從安梯普斯山上抓來的一隻光會挖土的野兔子。一天這些同學從外面歸來，拉塞福正在屋裡看書，便請他們進屋，順便請教幾個問題。他們自然答不上拉塞福提的問題，而且發現他桌上有二個從未見的檢波器，那手工之精細令他們嘆爲觀止。這是由一根全長僅六英寸的金屬線纏繞八十匝而成的線圈，中心一根鋼針，長不過一公分，直徑只有一公厘的百分之七。過了幾天拉塞福就用這個檢波器在半英里外檢測電波，並且證明電波可以穿過鬧市區、穿過人體和厚牆。而這時馬可尼還沒有試驗成功他的檢波器呢。這件事使湯姆生對拉塞福刮目相看。他說：「在卡文迪許的所有學生中還沒一人對研究所的熱情能比過拉塞福的。」那些原來瞧不起拉塞福的學生自然也就十分敬重「這隻光會挖土的野兔子」了。

如果拉塞福果眞沿著研究電磁波的路子走下去，也許物理史就要重寫。是他的老師把他領到了另一個路口上。從這裡眺望開去，似乎前景更加美好。因爲這時湯姆生正在研究陰極射線，並且已經找到了電子。居里夫婦在很困難的情況發現了鐳，並且正在全力以赴地提煉它。鐳的放射性已引起科學界的大轟動。電子也好，放射性也好，X光也好，這些發現都將人們的視線引向一點——原子內部到底還有什麼未知的秘密。湯姆生建議拉塞福來研究這個課題。而拉塞福生來是個探險家的性格，他也覺得檢波器方面已無甚麼可再研究的了，便欣然開始了對原子的探試。

探試的第一步就是抓住鐳放射出的射線，看它到底是些什麼東西，然後就可以順藤摸瓜追蹤原子內的秘密。拉塞福天生是個實驗好手，他立即設計了一個實驗，用一個鉛塊，鑽上小孔，孔內放一點鐳。這樣射線只能從這個小孔裡發出，然後將射線放在一個磁場裡。奇怪的現象出現了，一束射線立即分成三股，有一股靠近N極偏轉，有一股靠近S極偏轉，還有一股不偏不倚一直向前。拉塞福一一給它們取了名字，分別叫α、β和γ射線。又經過測定，發現β射線原來和陰極射線一樣，就是湯姆生證明的電子流。不過陰極射線是在眞空放電時從陰極表面發射出來的，電子速度小，只有光速的百分之幾，β射線是原子內部發出的，速度可達光速的百分之三十至百分之九十九，就是說每秒最少九萬公里。它速度快，穿透力就強，在空氣中可走幾十公尺遠，碰到幾公厘厚的鉛片也能穿過，難怪當年貝克勒爾把底片無論藏在何處都要漏光，正是它在作怪。

α射線和β射線相反，粒子帶的是正電荷，質量大，爲四個原子質量單位，速度小，只有光速的十分之一，又慢又笨，穿透能力弱。一張薄薄的鋁箔、一層裹底片的黑紙，甚至人體皮膚的角質層，都能將它擋住。

γ射線不帶電荷，非正非負，處於正中，不受磁場的影響而偏轉，它是電磁波，不過比X射線的波長還要短，還不到一百億分之一公分。

好個拉塞福，眞是出手不凡。十九世紀最後十年的二大發現在他這一個實驗裡全部得到解釋。老師湯姆生發現的電子流就是他左手中的β射線，倫琴的X射線就是他右手中的γ射線，而貝克勒爾、居里夫婦千辛萬苦發現的放射性卻不過是α、β、γ這三個希臘字母。鐳爲甚麼會發光發熱，原來它在自己放出能量做功呢。當然這裡還有許多問題有待探尋，但這些發現足可以教他和他的同事們高興一番了。

卻說拉塞福將這些新發現興沖沖地去向湯姆生彙報，湯姆生自然高興。但是他聽完彙報後卻露出一種悵惘之情，拉塞福似有所覺便恭敬地問道：「老師有什麼重要吩咐嗎？」

「是的，正有一件大事要與你商量。最近加拿大麥克吉耳大學物理系教授應聘到倫敦擔任教職。爲了挑選下個他的繼任者加拿大方面特意派了代表來劍橋商談此事。我考慮再三，恐怕你是一個最適合的人選。」

「老師，我是遠涉重洋來向您學習的，現在還沒有學到多少東西怎能離去？」

「不，你現在已完全能獨立開展研究了。像你這樣的人才總給我作助手反而壓抑了你的才華，你應該有自己的學生，自己的助手，自己的實驗室，放開手腳大展身手了。再者你離開紐西蘭時就已訂婚，也早該成家了，經濟收入也不能不考慮，那邊年薪五百英鎊，是一筆可觀的收入。上任之後你就可以接來家眷，一心研究了。」

「不過，我今年才二十九歲，我怕自己太年輕，做一個高等學府的教授，人家不一定看得起。」

「不，年齡是次要的，主要是你有沒有挑重擔的勇氣。我接替瑞利先生任這個卡文迪許實驗室主任時，比你現在的年齡還小一歲呢。這正是衝事業、闖禁區的最好年齡，你決不可隨俗沉浮而作賤自己的才華。機遇本就不可多得，得到機遇而又失去更會終生遺憾。況且你現在的名聲已足可以和那些四、五十歲的教授相匹敵了，希望你勇敢地去上任吧。我這裡已寫好一封推薦信，他們會尊重你的。」

拉塞福接過信一看，上面寫道：「在獨創性的科學研究中，我從未見過有比拉塞福先生更熱情和幹練有為的學生。我認為，不論那個大學，若能請到拉塞福先生去擔任物理教授，將是十分幸運的。」

拉塞福聽了老師這番話，又看了這封信，十分激動。他感謝湯姆生的知遇之恩，便問臨行前老師還有什麼指點。

湯姆生說：「你這一去要當老師了，但要注意向學生學習，敢向自己的學生學習的人永不會驕傲。你要主持一個實驗室了，要選好助手，紅花要綠葉不只為了陪襯，還要向他們吸取養分。

要能在自己周圍團結起一批人。」

一八九八年九月拉塞福牢記師囑，橫渡大西洋到加拿大走馬上任。

他到加拿大之後講了半年課，利用假期回紐西蘭結了婚。當他帶著妻子返回學校時，高興地發現蒙特婁實驗室來了一個新工作人員，叫索迪◎1。他是這裡唯一年齡比拉塞福小的助手，化學知識卻極爲豐富，這正彌補了作爲物理學家的拉塞福在化學知識方面的不足。教授和學生，一個三十歲，一個二十歲，但是拉塞福謹記湯姆生的教誨，與索迪密切合作，他們在一起只有兩年時間，但成果驚人，這種師生的親密關係和工作效率在科學史上是極少見的。

索迪還是從研究物質的放射性入手，他很快從釷中分離出一種神秘物質，它與釷只有原子量不同，其他方面都相同。聰明的索迪立即把這種除重量不同，其他方面都相同，在元素週期表中占同一位置的元素叫了一個新名字——同位素。比如釷，便有釷—232、釷—228◎2，而碳的同位素就更多，從碳—10一直到碳—14◎3。同位素不同在放射性方面也有差異，如鈾的同位素，有的放出α粒子，有的放出β粒子。這樣對原子內部的秘密探討得就更細一步了。原來這些肉眼看不到的原子就是在悄悄地放出不同的粒子而起變化的啊。

這時拉塞福又想起在劍橋時就遇到的一個老問題，α粒子從所具有的電量和質量來看很像一種已知元素——氦。現在有索迪幫忙，他們立即來驗證這件事。他們將少量的鐳鹽放進一個小玻璃管內，外面再套上一個大玻璃管，兩層管壁間密封並抽成眞空。幾天之後他們將內外管之間的氣體抽出來用光譜分析法一化驗，果然千眞萬確，就是氦。這只能有一種解釋，是鐳放射出的。粒子穿過內管的薄壁進入兩層管子之間，看來α射線就是氦流。那麼鐳放出α射線後剩下的又是什麼物質呢，再一細查，又是一種已知元素——氡。難怪當時居里夫人在尋找鐳時總發現它和氡在一起，其實是鐳在不斷地生成著氡。它們的變化用一個簡單的式子來表示就是：

$$^{226}_{88}\mathrm{Ra}={}^{222}_{86}\mathrm{Rn}+{}^{4}_{2}\mathrm{He}+\gamma$$

原子序爲88、質量爲226的鐳經過自發放射變成了原子序爲86、質量爲222的氡和原子序爲2質量爲4的氦，還伴有電荷數和靜止質量都爲0的γ射線。

以往的化學都是討論酸呀、鹼呀、鹽呀等物質之間的分解、化合，而拉塞福和索迪現在一下就鑽入原子殼內去寫他們的反應式了。拉塞福宣佈：「放射性既是原子現象又是生成新物質的化學變化的伴隨物。」化學與物理殊途同歸了。

一種元素轉變成另一種元素的放射性現象叫做「衰變」或「蛻變」。當物質的放射性減少到一半時所用的時間叫「半衰期」。半衰期有長有短，鈾的半衰期是四十五億年，鐳的半衰期是一千五百六十年。而有的物質半衰期還不到一秒鐘。你看，原子就是這樣以無法控制的力量進行衰變，它不斷地「爆炸」，飛出自己的碎片——α、β粒子，還釋放出以γ射線出現的其他能量。只β粒子的速度就可達光速的一半，一個小小的原子裡含有多大的能量啊。拉塞福立即發現了一個新的世界，其意義就如哥倫布發現新大陸，牛頓發現了宇宙。一時拉塞福成了人們議論的中心，連居里夫人也呼籲物理界的同行仍要注意拉塞福的研究。

一九〇七年十月拉塞福又重返英國到曼徹斯特大學任教，他的學生們又從世界各地追隨而

註解

◎ 1. 索迪（西元 1877 年～ 1956 年）：Frederick Soddy。

◎ 2. 事實上釷共有 6 個已知同位素。

◎ 3. 事實上碳共有 15 個已知同位素。

來，他榮譽越多卻越謙虛謹慎。拉塞福本來就身體魁梧，又從小在農村長大，所以做除了緊張的科學實驗外還自己整理了一個大花園，種草植樹，常親自挖土施肥。他也常在廣場上的小咖啡館裡和進城的農民邊喝咖啡邊聊起今年的收成，講得非常內行。可是有時他碰到合適的對手又會突然談起高深的原子物理。一次一個記者向咖啡館的老闆打聽道：「這個農民是誰？」老闆告訴他：「他就是拉塞福。」那個記者驚得伸出舌頭竟半天收不回去。

再說那個剛來英國時被人稱爲「野兔」，現在又被人當成「農民」的拉塞福，這天正在實驗室裡安心工作，他的學生羅茲突然跑進來喊道：「快看，瑞典寄來的郵件！」

拉塞福接過一看，是頒發諾貝爾獎的通知書。實驗室立即沸騰起來，學生們都圍上來激動地祝賀、歡呼。可是當拉塞福打開信細讀時不由得大笑起來：「你們看，他們給我發的是化學獎，這眞是太妙了。我這一生研究了許多變化，但是最大的變化是這一次，我從一個物理學家變成了一個化學家。」

正是：

海軍也有陸戰隊，空軍不能無傘兵，科學本是總體戰，物理化學不可分。

卻說拉塞福收到頒發諾貝爾獎的通知，大家正鬧哄哄地議論如何去領獎，拉塞福卻說：「這獎放在那裡總是跑不掉的。現在要緊的是要抓緊實驗，我們已經發現了原子內的這許多小東西，它們在原子內到底怎樣擺佈呢？」

畢竟拉塞福說出一個什麼樣的原子結構，且聽下回分解。

第五十八回　茫茫太陽系皆是小原子　小小原子內卻有太陽系

——原子核的發現

上回說到物理學家拉塞福，卻收到了一張要他去領諾貝爾化學獎的通知。但是拉塞福還是關心物理本身的問題，領獎回來之後便將助手們召集在一起說：「過去我們只是捕捉到了放射性元素自己衰變時放出的粒子，除了這些粒子到底原子內還有什麼東西就不得而知。還有那些不會天然放射的元素我們就更難知其家底。不入虎穴焉得虎子。現在唯一的辦法就是要將原子砸碎，看看他裡面到底還有什麼東西？」

拉塞福天生一個帥才，他來曼徹斯特還沒有幾天，身邊早已聚集了蓋革◎1、莫利斯◎2、波耳、查德威克◎3、彼得．卡皮察◎4等一批年輕人，他們來自德、英、法、丹麥等國，拉塞福的實驗室簡直是一個「國際科學實驗室」，而這些人以後也都成爲一個個很有建樹的物理學家。當時他們一聽拉塞福的戰鬥動員令，就磨拳擦掌，立即開始一個新實驗。

新實驗是這樣設計的：要打碎原子就得找一種炮彈，當時看來最理想的就是 α 粒子，它速度快，質量重。原子結構如果眞的是湯姆生所說的西瓜瓢型，α 粒子就會順利地穿過鬆軟的瓜瓢而筆直地前進。而這時蓋革已經幫拉塞福設計好了一個能計算出鐳放射出 α 粒子的儀器。這是以後所有向原子核進攻的科學家都離不開的武器，它就以蓋革的名字命名，叫蓋革計數器。靠蓋革計數器他們已能準確地算出在千分之一克鐳裡，每秒鐘能發射出十三萬六千個 α 粒子。現在他們準

註解

◎ 1. 蓋革（西元 1882 年～ 1945 年）：Johannes (Hans) Wilhelm Geige。

◎ 2. 莫利斯（西元 1887 年～ 1915 年）：Henry Gwyn Jeffreys Moseley。

◎ 3. 查德威克（西元 1891 年～ 1974 年）：James Chadwick。

◎ 4. 彼得．卡皮察（西元 1894 年～ 1984 年）：Pyotr Leonidovich Kapitsa。

備好了放射源，又以金箔爲靶子，靶子一邊放二個螢光屏，通過顯微鏡觀察穿過金箔的α粒子是否都落在屏上。

這是一種很費力又很枯燥的工作，助手們常常坐一天也看不出什麼情況。一天，拉塞福推門走進實驗室，湊到顯微鏡前看了一會兒螢光屏上那一點點的閃光。蓋革說：「也許湯姆生的模型是對的，你看α粒子全都順利通過了。」

「果眞是全部嗎？要多看，細看，實驗要重複幾次、幾十次、上百次，只有重複才能發現偶然的現象，而必然的規律又常常寓於這偶然之中，居里夫人不是重複測試了幾乎能找到的所有元素，才找到有放射性的鐳嗎？」

拉塞福說著將螢光屏和顯微鏡從金箔後面移到側面，他吩咐蓋革多換幾個角度，多看一會兒。

又過了一天，他正在辦公室裡備課，蓋革急慌慌地跑進來，拉著老師就往實驗室裡走。原來他發現了一個偶然的現象，就是雖然絕大部分，粒子都沿直線穿過了金箔，但是也有極少數的α粒子卻出現偏轉，有的大於九十度，還有的甚至出現一百八十度的偏轉，竟直直地反彈回來。拉塞福從此就鑽進實驗室裡，一連幾天沒有出來。他對學生們說：「我們發現了一個多麼奇怪的現象，就好像是一群炮兵對著一張薄紙片開炮，而炮彈反而又被彈回炮筒裡。雖然彈回來的極少，但這裡面必定有一個我們還未發現的秘密。」他們經過大量的資料記錄分析，知道了射出去的每八千個α粒子就有一個被彈回來或者偏到一旁。

正是：

阿翁海邊點沙粒，第谷深夜查星辰。更有盧氏數原子，科學屬於細心人

卻說拉塞福和他的學生們將反彈回來的α粒子仔細一數，立即悟出一個道理。α粒子帶正電，質量比電子大七千倍，電子沒有什麼大的力氣使它偏轉。那麼除帶電子外原子內一定有一個集中了全部正電荷而且質量很大的核。它對α粒子有一個很強的電荷排斥力，α粒子一碰到它就會被一把推了回來。但是這個核很小，他在整個原子中的位置猶如太陽在整個太陽系裡的位置，四周是大大的宇宙空間，難怪發射八千個粒子才有一個可能撞上它。於是拉塞福立即抓過一支鉛筆在紙上隨手畫了一個圖說：「你們看，我認爲原子模型可能不是湯姆生先生描繪的那個西瓜，倒是哥白尼描繪的太陽系。原子的中心有一個帶正電、體積小、質量大的核，核外空蕩蕩的天空裡有一些質量很小，帶負電的電子在繞它運動。」

助手們聞聽此言一齊歡呼起來：「您是說我們在小小的原子內部又發現了一個太陽系？」

「是的，正像伽利略、牛頓發現天上地下一個樣，我們又發現太陽系和原子內部一個樣。不過這微觀世界會另有一套規律，還需要我們仔細去摸索呢。」一九一一年拉塞福提出了原子的「太陽系模型」，是科學史上的一項偉大成就。原子和原子核子物理學從此發展起來。後來他的學生波耳又把量子論引到原子結構中來，更改了這個模型，使之更加完善，人們就把這個模型稱爲拉塞福—波耳原子。這個模型成功地解釋了許多物理、化學現象，促進了以後的原子能研究。我們現在已經知道核的體積還不到原子體積的一萬億分之一，但它卻佔據整個原子質量的百分之

九十九點五以上。就是說它本身的密度實在是大。如果設想一枚蠶豆全部以原子核組成，那麼它的質量就會達到一億噸！你絕不要想用手去拈得動這粒豆子，因爲通常運輸一億噸的物資，就需要用能繞赤道一周的列車來裝呢。

再說一九一九年第一次世界大戰剛結束不久，英國教育界正百廢待興。戰爭期間拉塞福也被徵入海軍，研究了幾年怎樣打潛艇。這時，科學家們又都漸漸回到了自己的實驗室，而湯姆生現在已是六十三歲的老人，還身兼三一學院的院長，再領導卡文迪許這個處於物理世界最前線的實驗室已力不從心。他想起了自己的得意學生，便四次寫信誠懇地請拉塞福來接此重任。

一九一九年四月二日，拉塞福正式到卡文迪許上任。這是他一生中的第三個階段，也是最後一個階段。他自任教授以後三易其地，但是由於他的刻苦、謙虛，每到一地都做出了驚人的成果，而且每到一地在他的周圍就立即團結了一批有爲的年輕人。這次他到卡文迪許一上任就宣佈了一個新課題——研究原子核的構成。在曼徹斯特時，他打碎了原子，現在他又要打碎原子核了。

在一間專用實驗室裡，窗簾拉得很密，屋角點著一盞光線微弱的煤氣燈。助手們已經提前來到，他們必須先適應一會兒屋內暗淡的光線。對面是一架很簡單的儀器，使α粒子穿過氮氣打到靶子上，再通過顯微鏡觀察螢光屏上的閃光點。走廊上響起拉塞福咚咚的腳步聲，他連走路也像個結實的農民。接著助手們聽見了他哼的小調《前進，基督的士兵》。大家相視一笑，這是教授的習慣，每當哼這支歌時實驗就快接近成功，如果哼起《大幹一場》，不用問，是實驗遇到了麻煩。門開了，背後叫起拉塞福宏亮又親切的聲音：「孩子們，準備好了沒有？」

「準備好了。」

「開始。」

大家各就各位，而拉塞福坐在一邊喝茶，有時還講一個幽默的小故事。卡文迪許實驗室有著最優秀的人才，最嚴格的科學精神，卻有一種最和諧的氣氛。人們把這裡稱爲「科學天才的幼稚園」，研究生們都尊稱拉塞福爲「父親」，而拉塞福也常常高興地喊他們「孩子們」。這群「孩子」來自世界上不同的地區，不同制度的國家，他們離開家尋找自己事業上的父親，都有一些曲折的經歷。查德威克在曼徹斯特時期就曾追隨他，戰爭中曾被德軍俘虜，但是戰爭一結束便又回到他的身邊。從蘇聯來的青年彼得·卡皮察，初登卡文迪許的門時拉塞福並不準備收他，因爲這裡幾乎每天都有人想躋身其中，能當拉塞福的一名研究生是青年人的最高榮譽。卡皮察問：「拉塞福先生，我能來卡文迪許做一名研究生嗎？」

「對不起，我這裡的名額已經滿員。」

「實驗室裡的名額允許不允許有一點誤差啊？」

「一般不得超過百分之十。」

「那就好辦，你們一共三十人，加我一個還在允許範圍之內。」

拉塞福笑了，他一看這就是個十分聰明的青年，便高興地說：「好，收下你。」

拉塞福對這些「孩子們」眞是傾注了父親般的愛。戰爭期間，助手莫利斯上了前線，這是一個極有才華的青年，人們都推測他可能是第一代的拉塞福。人才難得，拉塞福通過有關方面採取措施要調他回來。但是調令還未發出，一顆子彈已打中了他的頭顱，他死時才二十七歲。拉塞福大哭一場，痛呼這是英國在戰爭中最大的損失。蘇聯青年卡皮察在他的精心培養下已經成爲一名有成就的物理學家，但是一九三四年當卡皮察回蘇聯開會時卻被扣留下來，再不許返回。拉塞福立即寫信向蘇聯政府交涉，還是沒有結果。

他嘆息道：「卡皮察的研究剛剛起步，他離開這裡的實驗室將一事無成。既然他們不讓人回來，我就將儀器送去吧。」他眞的派了一個代表團將卡皮察工作急需的儀器送到了莫斯科。平時，每星期五下午拉塞福都要讓妻子準備一個茶會，來招待他的學生。大家邊喝茶，邊討論問題，許多新思想，新的實驗設計方案就在這時誕生。

助手們後來回憶說：「他傾聽一個學生發言時，就好像在恭聽一個公認的科學權威的意見。」這樣一個嚴格而又民主的科研集體，怎能不成果累累呢？閒話少敘，我們看現在拉塞福和他的這群「孩子們」又創造出了什麼奇蹟。

拉塞福小心地把螢光屛調離發射源，相距已經長達四十公分，可是螢光屛上仍可看到閃光點。這還是α粒子嗎？不可能，α粒子射程極短，根本達不到玻璃管的這一端。看來這是在α粒子衝撞下氮原子的碎片。他們一測，果然這時的氮已經轉變成另一種元素——氧的同位素，並放出了一個質子（氫核）。接著在他的指導下沃爾頓◎5和考克饒夫◎6又製成了一架巨型的原子搗碎機。這架機器就以拉塞福的一本書的名字《當代煉金士》來命名。這架機器能使原子量爲7

的鋰被氫所滲透，最後形成一個原子量爲8的不穩定原子。它很快又分裂成兩個原子量各爲4的氦原子。

這件事情一傳出來，報界又是一場大轟動。許多報紙都以特大標題報導：「原子分裂了」、「現代煉金術出現了」。正像當年X射線一發現就有投機商推銷防X射線的衣服一樣，社會上一些角落裡不知怎麼一下冒出那麼多騙子，他們到處宣傳自己已經能用普通的鋼鐵製造金子。而一些神經質的老婦人不斷寫信到報社，詢問世界的末日是否眞的就要來到。達爾文的進化論推翻了上帝造的物種，而拉塞福的原子理論將上帝造物用的最小零件都打得粉碎。難怪那些唯心論的遺老們這樣害怕，而那些投機商們則乘機大肆行騙、撈錢。以每一次科學發現爲觸媒，社會總要掀起一場不大不小的騷動。

現在連科學聖地卡文迪許實驗室也不得安靜了，關於煉金方面的報告不斷送來，許多自命不凡的發明家常常上門自薦，一些商人也來打聽有無合作的可能。爲此拉塞福只好出面舉行一次記者招待會。

「請問，您關於原子分裂的研究會不會使賤金屬變成黃金？」

「我們對自己從事的科學工作的商業利益毫無興趣，所以從未考慮過什麼煉金發財，我們的目的只在於探索元素之間相互轉變的可能，只在於擴大知識領域。」

「現在常有人聲明他們已能煉金，您怎麼看這樣的事？」

「把一種金屬變成另一種金屬，並不是不可能的。不過，至少在相當長的一段時間裡，要使

註解

◎ 5. 沃爾頓（西元1903年～1995年）：Ernest Thomas Sinton Walton。

◎ 6. 考克饒夫（西元1897年～1967年）：John Douglas Cockcroft。

之商品化是不可能的。」

「關於原子的研究會給將來帶來什麼影響？」

「這個問題我很難回答。我們卡文迪許的人一向注意挖掘自然界裡眞正牢靠的事實，決不靠一些數字和符號來編織什麼理論。隨著時間的推移，原子內部的秘密一定會更多地被挖掘出來，可以肯定，到那時：一是那些煉金的騙子們決不敢再這樣騙人；二是世界將因新技術的使用而更文明。那些神經質的老婦人也可以放心，世界末日永不會來臨。」

「過去的許多理論已不能解釋現在的現象，物理學是不是正處在一個危機時期？」

「相反，我認爲近三十年來倒是物理學史上無與倫比的，最活躍的時期，它出現的成就足可以和當年達爾文在生物學方面的開拓相比美。」

爲駁斥社會上就原子分裂而出現的各種奇談怪論，拉塞福公開發表了一個聲明。這種亂哄哄的局面終於過去了。一九三二年四月二十日，拉塞福在皇家學會上正式解釋了原子搗碎機和他做的關於原子嬗變◎7的實驗。和社會上的情況成鮮明的對比，大廳裡靜悄悄的，拉塞福很平靜地講述著，分析著，台下的人仔細地聽著。大家都不說話，但心裡誰也明白：一個新的時代原子時代就要到來。

這個時代將是什麼樣子？且聽下回慢慢分解。

註解

◎7. 又稱核嬗變，是指通過核反應將一種化學元素轉化成另外一種元素，或將一種化學元素的某種同位素轉化為另一種同位素。

第五十九回　晴空裡飄來一朵烏雲　死水上吹起一陣清風
——量子論的產生

上回說到拉塞福和他的助手們造出原子搗碎機，一步步地向原子內部進軍。這拉塞福是個偉大的實驗物理學家，在他的面前沒有解決不了的難題。他特別強調實驗，他喜歡引用波以耳的一句話：眞正的科學就是旨在應用的知識。他還嘲笑一些人整天坐在書齋裡，只憑書本上的現成公式來研究科學，說這是一種危險的消遣。有一次甚至說那些理論物理學家們的氣焰未免太高了，現在是我們實驗物理學家該讓他們冷靜的時候了。他這些話也未免有點偏頗。其實一門科學的進步，理論和實驗是不可缺少的左右腿，它們總是一前一後交替前進，哪能再分高低呢？而拉塞福在原子實驗方面積累了許多事實之後，他萬沒有想到現在眞的需要那些曾被他挖苦過的理論物理學家們來幫忙了。

這事還得從頭說起。到十九世紀末葉之時，經典物理學大廈經過了從牛頓到馬克斯威爾這些大師們的精心設計和建造，眞可謂盡善盡美了。大自然中的物理現象也都能用經典理論解釋得清清楚楚。可是好景不長，也眞怪物理學家們無事生非，不知誰先想出了一個題目，要是一塊全黑的物體，它是怎樣吸收外來的熱量又怎樣放出熱量呢？

比如一塊鐵吧，我們可以把它看成近似的黑體，給它加熱，它開始吸收熱能，鐵塊會先呈暗紅，而黃而白，發出耀眼的光線。這就叫「黑體輻射」。按經典理論，熱的輻射和吸收是一個完全連續的過程，就像管子裡流出來的一股水，光和輻射是一種電磁波。這條連續性原理是經典物理學的一塊基石。可是那些無事生非的物理學家們終於給自己找來了麻煩，他們用這種理論來解釋黑體輻射，無論如何也不能使輻射能量和輻射光譜統一起來。

所以，當時代步入二十世紀第一個年頭時，物理學界的老前輩開爾文◎1在新年祝辭中一面慶賀物理學的新勝利，一面又憂心地提到，天空又出現了兩朵烏雲，這便是其中之一。

既然輻射能量隨溫度的升高而增加，於是問題的焦點就是求出能量、溫度與波長之間的關係式。英國物理學家瑞利和金斯◎2得到一個公式，它在解釋波長較長、溫度較高時的黑體輻射現象時還能說得通，但是要把它用於短波長的紫外光區，立即出現一個可怕的現象——全部能量老早就在一次性的紫外輻射中散光了。正像我們計算一個十歲孩童的年齡時，誤把一月當作一年，結果他早該不在人世了。這當然是一個純理論的推斷，但卻得出一個可怕的結果。物理學家們立即給它起了一個不祥的名字，叫「紫外災變」。

而同時，有一個德國人維恩◎3也推出一個公式（維恩位移定律）。威恩公式正好相反，它適用於波長較短、溫度較低的情況，而對長波長的紅外區卻又是一場「紅外災變」。又好像我們計算一個古稀老人的年齡時，卻誤以一世紀爲一歲，結果他還沒有出生呢。但是這兩個公式依據的都是經典物理學的同一原理啊，何以如此水火不容呢？

各位讀者，說到這裡讓我們回想一下本書前面曾敘述過的一個實驗。按照亞里斯多德的說法，物體下落時肯定是重物比輕物的速度快。伽利略不信，一五九〇年他站在斜塔上把一個大球和一個小球同時往下一丟，結果同時落地。他在同守舊分子的辯論中用了一個很好的推理：如果把兩個球綁在一起，下落速度可能有兩個，一是比大球快，因爲兩球比一球重；二是兩球的平均速度，小球慢，當然要扯大球的後腿。顯然這兩個結論是矛盾的，但是它們都是根據同一個亞里斯多德的原理啊！於是伽利略大膽地喊了一聲：亞里斯多德錯了！只有我的實驗才是對的。

現在經典物理學也遇到這個問題，根據同一原理怎麼在一個黑體輻射問題上得出了兩個相矛盾的結論呢？物理學家們驚呼晴朗的天空出現了一朵烏雲（請讀者注意以後還會出現一朵）。現在也該有一個不知名的新人物出來，如伽利略那樣大喊一聲：經典理論錯了！並且拿出自己正確的解釋。

眞是時勢造英雄。這個人來了，他就是普朗克◎4。

普朗克一八五八年四月二十三日生於德國的基爾。就在這一年本生和克希荷夫開始研究光譜分析法，而克希荷夫也沒有想到這個呱呱墜地的嬰兒將來就要做他的學生和繼承他的教授席位。

普朗克少年時代極喜歡音樂，以至於中學畢業後，選擇專業時，在音樂和自然科學間猶豫再三，就是到了大學裡他還在留戀音樂，並且親自領導了一個樂隊，又是學院合唱團的指揮。這時，在他通向榮譽的大路上又遇到一次小小的干擾，老師堅決反對他專攻理論物理。一九二四年普朗克在演講中回憶說：「當我開始研究時，我可敬的老師約利◎5對我描繪物理學是一門高度發展的，幾乎是盡善盡美的科學。現在，在能量守恆定律的發現給物理學戴上桂冠之後，這門科學看來很接近於採取最終穩定的形式。也許，在某個角落還有一枚塵屑或一個小氣泡，對它們可以去

註解

◎1. 開爾文（西元 1824 年～ 1907 年）：William Thomson。

◎2. 金斯（西元 1877 年～ 1946 年）：Sir James Hopwood Jeans。

◎3. 維恩（西元 1864 年～ 1928 年）：Wilhelm Carl Werner Otto Fritz Franz Wien，其推導出的公式為維恩位移定律。

◎4. 普朗克（西元 1858 年～ 1947 年）：Max Karl Ernst Ludwig Planck。

◎5. 約利（西元 1809 年～ 1884 年）：Philipp von Jolly。

進行研究和分類。但是，作爲一個完整的體系，那是建立得足夠牢固的；而理論物理學正在明顯地接近於如幾何學在數百年中所已具有的那樣完善的程度。」

幸虧中學和大學的這兩次干擾都沒有動搖普朗克最終的決心。他二十一歲時通過了博士論文，他關於熱力學方面的研究已開始孕育他將來的新思想。可惜他關於這方面的論文先是被克希荷夫當作錯誤觀點放在一邊，後來他又在物理學會宣讀，但全場除一人發言外，其餘的人毫無反應，而這一人還是表示反對。關於這件事，他在自己的回憶錄裡寫道：「這是對我那熱烈的想像澆了一瓢冷水，我步行回家，抑鬱寡歡，但很快就找到了安慰，因爲我想：一種好的理論即使沒有巧妙的宣傳也將會得到承認的。」

普朗克環顧周圍無一知音，眞是愁悶之極。柏林西郊的格呂內瓦爾德有一片三十多平方公里的松林，裡面湖泊星羅棋佈，煞是安靜。普朗克便帶上十幾歲的兒子到這裡散心。

兒子當然更不懂他這高深的理論，但是他還是滔滔不絕地說著自己的想法，並扯下一根松枝，狠狠地一折兩截，大聲說道：「我現在發現的那個東西，要麼荒誕無稽，要麼也許是牛頓以來物理學上最偉大的發現之一。」但是，除了微風搖動樹葉掠過湖面之外，松林間再無一點聲音。那些粗大的松樹矗立著，俯視著這個奇怪的不速之客。普朗克腿一軟，頹然靠在樹根，呆呆地看看湖面上由近而遠的一層層的波紋。

正是：

不到清明不下雨，不遇春風不吐芽，時機未到且等待，有苞必定會有花。

這機會終於叫他等到啦。一九〇〇年十月十九日，柏林物理學會又在舉行討論會。物理學家庫爾鮑姆◎6在會上報告了他最近的實驗，資料表明雖克服了「紫外災變」，但仍與維恩公式不符，又是那道不可逾越的難題。誰知這時普朗克恰巧在座，他前幾天就知道了這個實驗，這種尷尬局面本是意料之中的事。這眞是天賜良機，普朗克立即上前在黑板上寫出一個自己推出的公式。這個式子無論對長波長、短波長、高溫、低溫都驚人地適用，瑞利—金斯公式和維恩公式被和諧地統一到一起。於是滿座大驚，雖然還沒有一個人能完全弄清楚這個新公式，但是在事實面前卻再無人能提出反對意見。會後普朗克的一篇只有三頁的短文在物理學會通報上發表了，它成了物理學史上的一塊里程碑。

物理學會再也不能輕視普朗克的挑戰了，兩個月後，一九〇〇年十二月十四日他們在國會大廈附近的赫爾霍姆茨研究所召開會議，特請普朗克介紹這項新發現。請讀者記住這個日子，這天便是量子論的誕生日，它奠定了四十五年後原子武器的原理。普朗克早就如骨鯁在喉，今天終於能說它個痛快淋漓：「一言以蔽之，我做的這件事，可以簡單地看作是孤注一擲。我生性平和，不願進行任何吉凶未卜的冒險。但是我經過六年的艱苦摸索，終於明白，經典物理學對這個黑體輻射問題是絲毫沒有辦法的。舊的理論既然無能爲力，那麼就一定要尋找一個新的解釋，不管代價多高也一定要把它找到。除了熱力學的兩條定律必須維持外，至於別的，我準備犧牲我以前對物理所抱的任何一個信念。問題往往是這樣，到實在不能解決時，拋棄舊框子，引入新概念，就立即迎刃而解了。」

註解

◎6. 庫爾鮑姆（西元 1857 年～ 1927 年）：Ferdinand Kurlbaum。

普朗克引入了一個什麼新概念呢？就是說輻射的能量不是連續的，如管子裡流的水那樣，而是成一小份一小份的，像機關槍裡不斷射出的子彈。這一份一份就取名爲「量子」，量子在拉丁文裡是「分立的部分」或「數量」的意思。把一個整體的連續的能量換個角度看作是無數量子的集合，問題就好解決了。這樣還不好懂，我們舉一個相似的例子，這本書中曾寫到祖沖之求圓周率的故事。圓，這個光溜溜的傢伙眞不好下手，但是祖沖之偏不把它看成是連續的、完整的圓，而認爲是一個圓內接的無限多的正多邊形，邊越多，就越趨近於圓，而那個圓周率也越求越精，但總求不完：

$\pi=3.1415926535897932384626\ldots\ldots$

普朗克現在把能量分成許多能量子，這些能量子相加就趨近於它的總能量。能量子又與它的頻率有關，他得出這樣一個公式：

能量子＝h×頻率。

h後來被稱作普朗克常數，是：

0.0000000000000000000000000066……◎7這眞是小到極點，它表示我們把每一塊物質看成一些跳動的粒子時，這個跳動是多麼微弱。但是不要忘了，就是這麼個小數字卻決定著原子彈那威力無比的爆炸。

但是，普朗克這個新理論實在是太革命了。物理學會雖然請他作了報告，可是還沒有一人相信這個新觀念，連普朗克本人也覺得最好能把新舊理論統一起來。他雖然勇敢地提出了新觀念，但就如兒子對一個專橫守舊的父親，忍無可忍而猛擊了反抗的一掌，而這一掌剛打過，他就立即受到一種倫理上的自責。在後來一段時間普朗克總在尋找更好的辦法把新觀念納入舊理論。就像牛頓後來用科學來證明上帝一樣，一個新理論誕生之初經常會表現得惴惴不安，未敢立即脫離它的母體。

但是，正當普朗克孤立無援而且自己也有四年時間裹足不前時，瑞士專利局的一個小職員發表了一個重大的聲明，帶著增援部隊殺上陣來。

這個人就是當時還未出名的愛因斯坦◎8。他提出一個光電效應理論，比普朗克還要大膽。普朗克說物質是一份一份地吸收或放出能量，愛因斯坦說還不止於此，每個能量子在脫出物質之後必定以某種方式表現爲像一個粒子，一個光粒了，即我們現在說的光子。實驗證明在光電效應中，當光的強度，即光的數量增大時，電子的速度卻不能增大。這用馬克斯威爾的經典電磁理論無法解釋。而愛因斯坦的新理論立即來拯救這又一個新的「紫外災變」了。

光子像子彈，射在金屬上的子彈越多，撞出的電子數越多，但並不能增加它的速度。要想增加電子的飛出速度，就得改用重子彈，加強碰撞力——這就是提高頻率。好了，這一下天衣無縫地證明了我們上面提到的普朗克公式，能量子＝h×頻率。這對普朗克眞是在關鍵時刻最關鍵的支持。愛因斯坦因此獲得一九二一年的諾貝爾獎，當然普朗克也獲得了一九一八年的諾貝爾獎。他在一次演說中謙虛地說：「如果一個礦工發現了一座金礦，那是因爲地下本來就有金子。我不去發現量子原理，也總有人會去發現它的。」物理學到一定階段總要推出自己的代表人物的。

註解

◎7. 物理量因次是克．秒．公分制的CGS制單位系統，單位是克．平方公分/秒，在現在的標準單位MKS制裡是6.6×10^{-34}，單位是公斤．平方公尺/秒，也就是焦耳．秒。

◎8. 愛因斯坦（西元1879年～1955年）：Albert Einstein。

再說在風雨中艱難掙扎的量子論有愛因斯坦這個大將振臂一呼，總算舉起了一桿義旗，陸陸續續也有人加入了這個隊伍。於是物理學家能斯特◎9便想召開一個專門會議，檢閱一下量子論的隊伍以振奮士氣。他找到了實業家兼業餘科學家索爾維◎10，請他出錢贊助。這個索爾維是比利時人，他因爲發明了新的製鹼法◎11成了百萬富翁。這年他已七十多歲，不由想到死後這筆財產怎麼處理，何不學諾貝爾，也來資助一下科學發展呢？這樣他就欣然答應贊助。兩人與普朗克商量後，立即向十八位有影響的物理學家發出了會議通知。而這個通知本身就很有學術價值，幸虧它還原封保存了下來。

我們現在的物質分子運動所依據的那些基本原理，似乎正處在革命性的變革之中。一方面，這個理論一以貫之的發展，導致一個其有效性同一切實驗發現相抵觸的輻射公式，而到現在爲止還沒有任何人提出過異議；另一方面，從這理論匯出的某些有關比熱的公式被量測資料所徹底推翻。像普朗克和愛因斯坦所特別提出的那樣，只要對電子和原子在其平衡位置附近的振動作某些限制（能量子理論），這些矛盾便立即消失；但是這個概念離開迄今所應用的那些運動方程式是那麼遠，以致如果接受了它，就勢必要對我們現有的種種基本觀點來一番大的改造……

一九一一年十月三十日，當時世界上在這一領域內最優秀的十八名領袖齊集布魯塞爾的大都會飯店。但是年高望重的瑞利未能到會，他送來一封短信，對量子論表示反對。金斯和龐加萊兩個大人物也表示反對。不過，臨散會時龐加萊已經背叛了經典原理而加入這支義軍。還有拉塞福、居里夫人等五位實驗物理學家，他們對這個很玄的理論問題原來也不怎麼關心，所以持中立立場，其餘十一位科學家表示贊成。十一年過去了，這支新軍從一人發展到十二人，雖還不算壯大，卻也稍成氣候了。

會議的主力當然是普朗克和愛因斯坦了。過去他們只是通信，互表支持，現在爲了共同關心的理論相見於會議桌旁，倍感親切。普朗克說：「我應該首先表示對您的感謝。是您在我最困難的時候對我和這一切幼弱的理論給予了極關鍵的支持，並且闡述得比我自己更深刻，更完善。」

「不，您這一發現才是眞正的偉大驚人之舉，可以預見它將成爲二十世紀整個物理學研究的基礎，分子、原子以及它們變化的能量過程的理論都離不開這一理論的支持。可惜現在人們還不能充分意識到這一點。」

「是的，今天我們一共才邀集了十八個人，而且意見還不盡一致。我想再過一年，最多兩年，我們將會看到，經典理論中現已顯現出來的那個裂縫將不斷擴大，那時當前還置身於這個問題之外的人將通通會捲了進來。」

「我相信，用不了兩年，這次會議之後就會出現一個量子熱的。」

「不過愛因斯坦先生，您的聰明智慧勝過我一倍，爲什麼您不全力以赴在這個理論上再做貢獻呢？」

愛因斯坦幽默地捋了一下他的短鬍子說：「可惜上帝給我的精力有限，而他又給物理學的晴空裡送來兩朵烏雲。我現被那另一朵烏雲罩住正脫不得身呢。」

愛因斯坦說的另一朵烏雲是什麼，且聽下回分解。

註解

◎ 9. 能斯特（西元 1864 年～ 1941 年）：Walther Hermann Nernst。

◎ 10. 索爾維（西元 1838 年～ 1922 年）：Ernest Solvay。

◎ 11. 即蘇打。

第六十回　小實驗捅破舊理論　巧裁縫難補百衲衣

——乙太說的被否定

上回說到普朗克等十多位物理學家在布魯塞爾高高興興地聚會，普朗克問愛因斯坦何不索性入夥，全力來攻量子論。愛因斯坦提醒他不要忘了物理學的天空上除「黑體輻射」外還飄著另一朵烏雲。

各位讀者，你道這朵烏雲是什麼，這便是那個權威的「乙太說」突然遇到了挑戰。

原來自從牛頓創立經典力學之後，這物理學的大廈眞是金碧輝煌，美妙之極，無以復加。難怪當年普朗克的老師都勸他不要想在物理研究上打什麼主意。牛頓力學是一把萬能鑰匙，好像凡自然界的現象都能用它一一解釋。你看偌大個宇宙都在牛頓的手中掌握，伸手一指，那隱匿極深的海王星就趕快前來報到，再掐指一算，外出七十六年的哈雷雪星也要按時回來覆命。另一面它又成功地解釋了我們生活中諸如拉車、走路、流水、刮風等小至雞毛蒜皮一樣的問題。於是力學的分支越來越多，如流體力學、剛體力學、彈性力學等等，人們也越來越願意把一切運動變化都歸結爲簡單的力，如：「化學親和力」、「生命力」、「光反射力」、「電接觸力」等。彷彿世界上的一切都可以套用機械的力學來解釋了。

牛頓的「力」這樣神奇，那麼它通過什麼傳遞呢？推車得用手抓住車把，碧波蕩漾離不開水，聲波傳播離不開空氣。可是，地球離太陽一億五千萬公里，這之間既無水也無空氣，太陽藉什麼媒介來施展自己的引力呢？物理學家們又想出一個假設，說宇宙間充滿一種很稀薄的物質，天體或其他物體間的作用就靠它作媒介，笛卡兒借用古希臘的哲學名詞，叫它爲「乙太」。此說一起，許多難題果然迎刃而解，引力靠乙太傳播自不必說，法拉第的電磁力也離不開它，馬克斯威爾證明光也是一種電磁波，當然光的傳播也就離不開它了。更重要的是，乙太的存在正好說明牛頓的絕對時空觀，有了這麼一個絕對靜止的乙太才會有地球、太陽等一切相對於它的運動，要不那些星球的運動拿什麼來參照？乙太成了十九世紀中期物理學家們最溫柔的保姆，成了他們可以信賴的上帝。

但是總有一些聰明、勇敢的人在一種迷信和一片虔誠中首先提出問題。這乙太既然無處不有，爲什麼我們就感覺不到呢？另外，光波是一種橫波，橫波必得由固態介質傳遞，乙太即該是固態了，但這樣一來就等於我們被澆鑄在一個透明的乙太玻璃球裡，可是又不影響我們隨意的動作——這眞是太不可思議了。

有疑必定有問。事有湊巧，一八八四年，那個治學嚴謹，輕易不外出講學的湯姆生終於被請到美國來作報告了。美國當時比起歐洲來科學很是落後，它就想方設法請名家來講學，之後還重金收買人才。湯姆生的來到自然是一大喜訊，報告那天科學界人士濟濟一堂。報告休息時大家又擠到這個世界名人跟前七嘴八舌地問這問那，自然也提到那個神秘的乙太問題。湯姆生說：「乙太到底是否眞有其物，現在還不能定論。我們只知道地球是以每秒三十公里的速度繞日運行，那麼迎面就應該有一股乙太風不斷吹來。如誰能用實驗證明了這股風的存在也就證明了乙太的存在，但這要靠實驗。」又是說者無心，聽者有意。這時在人群裡有一無名青年，聽到權威湯姆生的這句話心中不由一動，一個新研究課題便喀嚓一聲在腦子裡掛上鉤了。

這個青年就是邁克生◎1。他原是德國人，兩歲時父母帶著他飄洋過海到美國來謀生。十七歲時他考進海軍學校，在海軍服役期間省吃儉用積攢了一點錢，便於一八八一年到柏林、巴黎等地留學了兩年，然後又重返美國。眞是人各有好，邁克生被光的各種現象迷得如醉如癡，在歐洲到處拜師訪書，專解這方面的謎。他在歐洲還親自研製了一台可以測定微小長度、折射率和光波波長的光的干涉儀。就是用這台干涉儀他於一九〇二年測算出了獵戶星座一等變光星的直徑爲兩億四千萬英里，大約是太陽直徑的三倍，這是天文學史上第一次準確地測量星球。運用光來搞測量實在是邁克生的拿手好戲。

再說那天邁克生在人群裡聽了湯姆生的話，心中一動，回來後就開始研究找乙太的辦法。他想地球這隻小船在乙太海洋裡以每秒三十公里的速度航行，我如果向逆著以太風的方向和垂直於乙太風的方向同時射出一種東西，根據經典力學原理它們的合成速度肯定不同。如果能測出這種差別不就證明乙太確實存在了嗎？用什麼東西來做這種實驗呢？這當然是它得心應手的武器——光。他這樣不斷地研究改進，到一八八七年終於在莫雷◎2的合作下完成了物理學史上那個很著名的實驗。這年愛因斯坦才八歲，他萬沒想到一個物理學前輩現時正在爲他向相對論進軍掃清道路呢。

邁克生的實驗裝置是這樣的，在一個大水銀池中飄著一塊堅固的大理石板，這是爲了既能靈活轉動又不致搖晃，從石板一側發出的一束光打到石板中心的玻璃上。玻璃成斜角，上面有一半鍍一層銀，這樣射來的光線就被分成兩束，一束照直穿過，一束反射到與光線來路垂直的方向。這兩束光走過相同的距離後分別在石板邊的兩面鏡子上再反射回來，匯合在望遠鏡頭裡。因爲光線分成九十度角，一束是逆乙太而行，另一束必是垂直於乙太而行，兩束光的速度便應該有差別。這可以根據它們在望遠鏡頭裡匯合時的干涉現象來確定。讀者也許要問，光速這樣快，你這塊石板能有多大，就是有差別也難測出。但是你要知道地球也在以每秒三十公里的速度前進，那麼逆著乙太的光和橫向的光每秒也應相差三十公里。而邁克生這個製造儀器的高手，他的干涉儀就是一億分之一秒的光程差也能測得出來。◎3

再說邁克生和莫雷架起這台儀器，他們先測了一次，從望遠鏡裡看正是最大亮度，這說明兩束光是同時返回的，它們的速度相同。邁克生又把儀器轉一個角度，這塊大石板在水銀上極平穩靈活地滑動一下，鏡頭裡的光仍是和剛才一樣的亮。他眞有點納悶，乾脆把石板輕輕推著繞著圈觀察。可是無論他將儀器轉成什麼角度，看到的結果仍然不變。他眼睛都看疼了，便喊莫雷繼續來看，莫雷又把那個石板像推磨似地推了幾圈，喊道：「邁克生先生，仍然看不出什麼差別，怕是我們的儀器靈敏度不夠吧？」

「不可能。這台儀器我已經把它調到連植物在一秒鐘內的生長量都可以觀察到。如果有乙太存在，每秒三十公里的光程差是一定能反映出來的。」

「那就說明乙太在隨著地球作百分之百的移動，我們應該儘量離開地面，到高空試一試是否

註解

◎ 1. 邁克生（西元 1852 年～ 1931 年）：Albert Abraham Michelson。

◎ 2. 莫雷（西元 1838 年～ 1923 年）：Edward Morley。

◎ 3. 光程的定義是光行徑的幾何路徑的長度與光在該介質中的折射率的乘積，而兩條光線光程的差值叫做光程差。

有乙太漂移。」

但是邁克生和莫雷把他們的裝置搬到高山頂上，甚至隨著氫氣球上升到半空，還是測不出這種乙太引起的光程差。結論只可能有兩個：要麼是地球根本就沒有動，要麼乙太這東西根本就不存在。但無論那一條都是一說出口都教人目瞪口呆的新聞。這天體運動經哥白尼發現到牛頓最後證明是絕不能懷疑的。相比之下倒是乙太說還有一點漏洞，看來宇宙間根本就不存在什麼乙太。邁克生本是想以精確的實驗爲乙太的存在提供證據，不想結果適得其反，卻從根本上否定了乙太。一個小小的實驗卻戳破了人們想像中的宇宙。

正是：

本欲門上去貼金，手只一碰戳破門，
原來大門是紙糊，何必為它費苦心！

這邁克生實驗實在精巧，後來愛因斯坦曾有一段話專門評價他道：「邁克生實驗得出了一個任何人都應當理解的眞正偉大的結果。我總認爲邁克生是科學中的藝術家。他的最大的樂趣似乎來自實驗本身的優美和所使用方法的精湛。他受過的數學或理論訓練很少，又沒有理論方面的同事的指導，而能夠設計出邁克生—莫雷實驗，那是非常驚人的。」

再說邁克生的實驗結果一宣佈立即在物理學界引起一場軒然大波，本來萬里無雲的藍天上突然出現了一朵烏雲。因爲乙太一旦被否定，城門失火，殃及池魚，那牛頓力學的絕對時空觀將要從根本上動搖。已經伴隨人們過了兩個世紀，指導物理學家作出無數發現的牛頓力學現在突然失靈了，經典物理學家金碧輝煌的大廈突然出現了裂縫。於是各國的物理學家們紛紛提出各種方案來挽救乙太，總希望邁克生的實驗能有另一種解釋。

一八九二年英國物理學家費茲傑羅◎4提出了一個挽救乙太的好辦法。他假設一切物體在自己的運動方向上都要收縮，而且還給出一個公式，收縮的大小隨運動的速率而增加。每秒運動十一公里的物體，收縮十億分之二左右，每秒運動二十六萬公里的物體，收縮百分之五十。物體運動的速度達到光速，它在運動方向上的長度就變爲零。長度的收縮不會出現負值，所以光速也就是宇宙中所能達到的最高速度。這就是有名的費茲傑羅收縮。按照這個假說，邁克生在實驗時，順著地球運動方向的兩塊鏡面間距離就會變短，這正好彌補了光束逆乙太傳播而減少的速度，所以並不影響它和另一束橫向光同時返回到觀察鏡裡。

還有一位荷蘭物理學家勞侖茲◎5在一九〇四年提出一個更嚴密的假設，他在一篇論文中說：當電子在乙太中運動時，電子將會從圓球變爲橢球（它沿運動方向的半徑變短）。這樣收縮說就更有根據了。好個勞侖茲，爲挽救乙太，竟一口氣提出了十一個方案。他還提出了著名的「勞侖茲變換」，說明相對運動的座標系之間的轉換關係。和費茲傑羅的長度縮短相似，勞侖茲又提出當電子運動的速度達到每秒二十六萬公里時，質量會增大百分之百；而達到光速時，質量無限大，這當然不可能，又正好說明光速是一個極限。

光速既然是一個極限，邁克生的實驗又證明了無論哪個方向上的光束都是一樣的速度，這不就是一個實實在在，乾淨俐落的結論嗎？何必又要把乙太扯進來呢？而且乙太既然是靜止不動

註解

◎4. 費茲傑羅（西元 1851 年 ~ 1901 年）：George FitzGerald。

◎5. 勞侖茲（西元 1853 年 ~ 1928 年）：Hendrik Antoon Lorentz。

的，它絲毫沒有自己的速度、質量，這和不存在又有什麼差別？正像一個舊王朝被推翻之前，總有人千方百計地想出許多改良政策以延長其壽命。一個舊學說被拋棄前，人們也總是想把新事物和舊理論統一起來，希望它還能維持住它的權威。可是這乙太說已經如同一件老和尚的百衲衣，補釘實在太多，縱然有費茲傑羅、勞侖茲這樣的好裁縫也實在難以補綴了。

各位讀者，說到這裡容我們作一簡單回憶。大凡一個新學說誕生之前人們總要演一齣霸王別姬或長亭相送之類的戲，以表述自己對舊學說不能長存的哀怨和惋惜。想那哥白尼體系誕生前夕，托勒密體系已搖搖欲墜，大量的天文觀察已證明它誤差太多。爲修正這種誤差，人們假設行星按均輪軌道繞地運行時自己又按本輪◎6運行，一個本輪不行，再加一個，一直加到十八個，眞是不厭其煩。在氧氣發現前夕，燃素說開始漏出破綻，參與燃燒的物質會減輕重量，就說這是燃素跑掉了。可是有時反而會增加重量，這時就說燃素有負重量。在能量守恆定律發現之前，人們不知道熱能是運動的形式，而設物體的冷熱是熱素在來回流動。但是一個老婦人無論怎樣梳洗打扮也是不能當作新娘出嫁的。這種改良性的假設總不能維持長久。時間越長，危機越深，結果便是一場必然到來的革命，這就是哥白尼、拉瓦節、焦耳的出現。現在乙太說經邁克生在一八八七年捅破之後，人們修修補補，勉強維持到一九○五年，這時有一個年輕人再也不願接受這種改良了，於是便振臂一呼，提出一個革命性的學說。

此人到底是誰，且聽下回分解。

註解

◎6. 本輪：Epicycle，希臘語意為在圈上。

第六十一回 天馬行空小職員發表高論 價值連城短論文裝備大軍

——狹義相對論的創立

上回說到乙太說雖經多方改良但已很難維持局面，這時有人便乾脆提出一個全新的革命學說，此人就是愛因斯坦。

一九〇五年當物理學界正被天空出現的兩朵烏雲所困擾時，愛因斯坦正在瑞士伯恩專利局當一個三級小職員。他已經想清楚這個問題，提出了一個嶄新的「相對論」。

各位讀者，這相對論實在難懂，據說當時全世界只有三個人能弄懂它。愛因斯坦成名之後許多人慕名去聽他的報告，但又常常聽不懂，後來愛因斯坦也清楚這些聽眾的心理，總是在報告的前半部分講些熱情洋溢的話，然後宣佈：「現在休息，那些對下面問題不感興趣的女士、先生們可以退場了。」

因爲如此，愛因斯坦很羨慕卓別林的電影擁有眾多的知音。一次，他們見面了，愛因斯坦說：「卓別林先生，您眞偉大，您演的電影全世界人人都能看懂。」那位幽默大師立即說：「您也很偉大，您的相對論全世界幾乎沒有幾個人能夠弄懂。」相對論如此難懂，我們就只好深理淺說，長話短敘，先簡單交待幾句再講愛因斯坦的故事。

邁克生實驗證明，無論順著還是逆著地球運動的方向光速都是一樣。愛因斯坦就緊緊抓住這一點把它固定下來，叫光速不變原理。就是說光源無論是向我們跑來、離去或靜止都不能改變光速。這是因爲光源的運動造成光的頻率和波長的改變，它們互相補償，所以光速保持不變。

這是愛因斯坦理論中基本的一條，有它爲前提才能討論以後的問題。這好像很難懂，但我們用實際生活中的例子一比也就十分清楚了。比如你原地不動，對面有人向你扔過一個皮球來。你能看到他的頭、臉、身、手和皮球，這當然是因爲光從他身上反射到你的眼裡。如果按照經典的速度合成原理，球一出手後就有一個向你而來的速度，這時球反射到你眼中的速度是光速加球速，比球未出手前要快（多出一個球速）。但是這一「快」就糟了，你就會先看到正在空中的球，後看到拿在手裡的球。

如果眞是這樣，我們怎麼能看籃球比賽呢，生活中的一切動作豈不都要顚倒過來？所以無論光源如何動，光速總是不變的。經典理論的速度合成原理一碰到光速就不適用了。在天文觀察中也能說明這一點，有一種「雙星」是在軌道上互相繞著運行，就是說某星一會兒向地球飛來，一會兒又繞走了，離地球而去。如果按速度合成原理這麻煩就更多了，這星會以光速加星速、光速減星速（星速對地球來說又在不斷變）等不同速度接連送到我們眼裡。我們看到的就不是一顆星，而是一大堆星的幻影了。可是這種現象從沒有發生，否則本來就夠紛亂的星空就更是一鍋粥了。當然，愛因斯坦還有許多具體的證明，我們這裡不過是儘量從淺處說明罷了。

既然承認光速不變，我們就有了一個標準尺度，用這個尺度來量時間，這下可發現了一個大問題——原來時間卻沒有個固定標準，它是相對的，可變的。這就碰到了牛頓經典物理學最要害的地方。

牛頓認爲時間和空間都是絕對的，自從上帝將它創造好後就在那裡安安靜靜地存在，獨立地存在，與外界任何事物無關。現在愛因斯坦說：不，在兩個作等速直線運動的參考座標系中，一切自然規律都是相對的。

在這個參考座標系裡觀察是靜止的，在那個參考座標系觀察就可能是運動的，不單力學實驗，連光學實驗，任何實驗也測不出絕對運動和絕對時間。因爲我們用眼睛看錶，看到的是錶發來的光信號，而光的傳播需要時間，我們所處的位置不同，看到的時間表面上相同，實際已經不同了。

從月球到地球，光約走一點二五秒，地球上紅光一閃，一顆炸彈爆炸，在月球上的太空人和地球上的人都「同時」看到了這一閃，可是實際上月球上的太空人比地球上的人要晚看到一點二五秒。我們平時總覺得同時、同時，那是因爲光速太快，這種誤差根本覺不出來。所以愛因斯坦在給人講相對論時常先在黑板上劃一條白線，幽默地說：「請你們想像這是宇宙中的一條線，在這條線的每一個點上都掛著一塊錶」。他講到高興時常常過了時間，便問前排的人現在幾點，然後抱歉地說：「對不起，我給宇宙裡的每一處都掛上一塊錶，可是沒有能給自己口袋裡掛一塊錶。」

在確定了光速不變，拋棄了牛頓的絕對時空觀後，愛因斯坦得出這樣幾個重要結論。

第一，便是看來很不可信的「鐘慢尺縮」。就是說在運動中的鐘會比靜止時走得慢，尺子也會縮短。我們平時處在低速運動中當然不可能覺察，但是如果以每秒二十六萬公里的速度運動時，一公尺的尺子就會縮成半公尺，地上過了一小時，運動中的時鐘卻才走了半小時。一個人要是坐上光子火箭到宇宙裡去旅行，當他歸來時會奇怪地發現，兒子已白髮蒼蒼，而自己卻還那樣年輕。這樣的試驗我們當然還不能做，但是同樣道理的實驗卻完全可以證明運動中的鐘確實會變慢。前幾回我們講到原子的放射性時，已經知道了什麼叫「半衰期」。某一種基本粒子的半衰期是固定不變的，因此我們可以把它看成是一個「鐘」。根據相對論，運動粒子比靜止粒子的半衰期就應該長一些，實驗結果，從粒子加速器裡出來的以接近光速的速度運動的粒子比其他靜止的粒子確是衰變得慢。

相對論的第二個結論是揭示了質量和速度的關係，運動中的物體比靜止時質量增加。第三個結論是講質量和能量的關係，這就是那個極其著名的愛因斯坦方程式：

$$E = mc^2$$

過去我們講過質量守恆定律和能量守恆定律，而愛因斯坦現在卻把兩個定律統一在一個公式裡了。E是能量，m是質量，c是光速。從公式中可以看出，每一點物質，只要它有質量（這是當然的），那怕是石塊、木棍、塵埃都含有極大的能量，因爲光速是一個很大的數字。比如一公斤煤，完全燃燒後只能放出3.35×10^7焦耳的熱，這只是它所蘊藏的極小的一部分能量，如果能把它的全部能量都釋放出來就有9×10^{16}焦耳。這相當於一個大城市幾年消耗的電力。而每克物質所含的能量就有9×10^{13}焦耳。可惜我們現在還沒辦法將它們全部釋放出來。

好，辦不到的事我們先不去說它，但是自然界切實存在的事卻可以來驗證這個公式。很久以來人們一直不理解太陽爲什麼能如此長期地燃燒而不滅。開始人們解釋說太陽就像一塊大煤在持續燃燒，可是一算這塊煤頂多夠燒一千五百年，而太陽系已存在了幾十億年了。放射性發現後人們又猜測太陽是一塊大鈾在不斷地衰變而放出能量，這樣倒眞可以持續幾十億年。

但是，很可惜太陽不是鈾構成的，正好相反它是氫、氦這類的輕元素構成的。到本世紀的二、三十年代，人們用愛因斯坦的公式來解釋太陽聚變釋放能量的過程才圓滿地回答了這個問題。這樣，愛因斯坦的這個質能等價定律使經典物理學中不能稱重的能量也變成可以稱一稱了。現在我們已經可以算出一個十瓦的燈泡每分鐘發射的光輕於7×10^{-12}克，但是每天太陽放出輻射能，其損失的質量將達4×10^{11}噸。電磁場也可以稱量，一個一公尺直徑的銅球充電到一千伏的電勢時，它周圍的場重2×10^{-22}克，一個普通實驗室裡的磁場重10^{-15}克。熱能也可以稱量，一公升水在攝氏一百度時比同樣數量的冷水重10^{-20}克，一個兩萬噸級的原子彈所釋放的總能量約重一克。

各位讀者，這個愛因斯坦眞正是不簡單，我們平時誰會想到光、熱、電、磁是可以稱出重量的呢？而他想到了，並且還找到了切切實實的換算辦法。人們過去對能量守恆和質量守恆的研究，就如在一座大山的兩頭挖著隧洞，兩條洞就要銜接了，可是彼此誰也不知道。

這時愛因斯坦是來舉起鎬頭輕輕這麼一敲，兩洞之間的隔壁就轟然倒塌，質能之間有了一條可以隨意暢行的坦途。這就是科學研究的突破，這就是飛躍。凡科學偉人都是擅於找到這個問題與那個問題，這個領域與那個領域之間的結合部、聯繫點，從而打出一個新的天地，或者將過去人們在向科學進軍中建立的分散根據地溝通聯成一片。科學成果的取得像我們政權的取得一樣，也是這樣由小到大，由分散到統一。我們回想一下前面講過的幾個科學偉人，牛頓對比了月亮、蘋果之間的重力聯繫，創立了萬有引力；法拉第找見了電磁間的聯繫，使磁變成了電；馬克斯威爾弄清了電場磁場間的聯繫，創立了電磁場理論。

現在愛因斯坦又找見了質能之間的聯繫，創立了相對論。人類在征服自然中就是這樣步步登高，視野愈來愈寬闊。治學之大敵是甘做井底之蛙，只見頭上的一眼藍天而不知世界之大。這個道理說來容易，但爲什麼總是只有少數偉人才能做到這點呢？自然那牛頓、法拉第、馬克斯威爾各有其長，而愛因斯坦更有他的特殊之處。

愛因斯坦一八七九年三月十四日生於德國南部的烏爾姆小鎮。這個小鎮就是當年笛卡兒在夢中發現座標系的地方，而一八七九年又正是馬克斯威爾完成了他在人世間的偉業後開始長眠之時。真是天將降大任於斯人而精心選擇了此時此地。他並不像其他科學家那樣小時候就聰慧早熟，四、五歲時還不大會說話，以至於父母眞怕這孩子會癡傻，中學畢業時又沒拿到畢業證書。

但是他卻很喜歡抽象的思維，剛上中學時領到一本新幾何課本，他立即被那裡面嚴密地邏輯證明迷住了，以至於老師還沒有正式開課，他早把這本書自學完了。他喜歡自己學習、思考，他討厭學校那種強制性的教學法，他說：「依我看，學校若主要靠恫嚇、威脅和人爲的權威教學，那是最壞的。這種教學方法摧殘了學生們的健康感情、誠懇正直和信心，培養出來的是唯唯諾諾的庸碌之輩。」

愛因斯坦是一個天生不願受任何約束的人，他大學畢業後在伯尼爾專利局當一名審查專利的小職員，這給他提供了一個自由的環境。他與其他三個青年人組織起來成立了自己的「奧林匹亞科學院」，經常東南西北地亂扯閒談，從物理到哲學無所不包，而新思想就在這種碰撞中閃出了火花。大凡一種新科學思想的生成，一是要有充分的外部自由，沒有什麼旁加的干涉和硬派定的題目，純出於研究者自覺的興趣，自由地幹他所想幹的事，如牛頓在家鄉躲瘟疫而發現萬有引力，如卡文迪許把自己關在房裡發現氧氣。二是要敢想，如哥白尼敢把舊天文學倒轉過來，如赫胥黎敢想像人是猴子變的，如普朗克敢把連續的輻射想像成不連續的能量子。

愛因斯坦就具備了這兩條。他還是一個十六歲的中學生時，就想：要是人和光速一樣快地運動，會是什麼樣子。他二十六歲時在專利局作著小職員，聽到了邁克生的一系列實驗和勞侖茲修修補補的解釋，便大筆一揮連續寫了三篇論文，提出了上面我們談到的那些別人無論如何也不敢想的問題。就是那個爲相對論掃清了道路的邁克生，至死也不敢相信相對論的原理。一九三一年，當他七十九歲第一次見到愛因斯坦時，這位老前輩遺憾地說：「我眞沒想到，我的實驗反倒促成了相對論這樣一個怪物的誕生。」

這個「怪物」是在一九〇五年誕生的。愛因斯坦天馬行空般的思維，捕捉到了這種絕妙的構思，於是一揮而就，給當時的權威雜誌《物理學紀年》寫去一篇只有三頁的論文。論文中他沒有引用任何一個權威人物的結論，全是自己的語言，自己的思想。這篇東西在當時並未引起多大反響，因爲它實在太怪了，愛因斯坦自己也說：「推斷非常誘人，然而上帝是否在笑我，在騙我，當前還不得而知。」但是以後隨著實驗的不斷驗證，這篇論文卻變得價值連城。後來，一九三六年，美國一支志願軍要出發去支持西班牙的反法西斯戰爭，但是苦於沒有軍費。他們就派代表去會見愛因斯坦。愛因斯坦說：「我能給你們幫什麼忙呢？」

「我們只要您一九〇五年的那篇論文手稿。」

「這對戰鬥有什麼用呢？」

「先生，您的這篇手稿現在可以拍賣四百萬美元，這正是當前我們最缺少的東西。」

「噢，原來是這樣。可惜手稿早已散失，不過我可以找來雜誌重抄一份。」

愛因斯坦找來那本《紀年》，花了一個晚上將論文重抄了一份，眞的靠它武裝了一支軍隊。不但是論文手稿，後來只要愛因斯坦到一個地方講學，他寫過公式的那塊黑板，也常常是聽課人的必爭之物，他們視爲最珍貴的紀念。這是後話。

再說，當一九〇五年載有愛因斯坦的《論運動物體的電動力學》一文的黃色封面的《紀年》送到普朗克教授手裡時，他正躺在柏林醫院裡治病。這篇文章就像一支強心針一樣使他猛然起身下床，大喊一聲：「一個新的哥白尼出現了！」然後立即喊家人拿紙筆來給愛因斯坦寫信：「先生，您的這篇文章將會在世界上引起一場什麼樣的戰鬥啊！您知道嗎？這只有爲哥白尼世界觀的傳播而進行的鬥爭才能與之相比。可惜我們未曾晤面，我也是第一次拜讀大作。請告訴我，您現在在哪裡工作，我能爲您做點什麼？」

愛因斯坦回信說：「我現在是專利局的一個三級職員，不過最近他們準備提升我爲二級，這樣生活問題也可能會好一些。」

普朗克火了，想不到對方竟連個大學的教職也沒有得到，他的這些研究是在什麼條件下完成的啊。他又立即提筆給伯恩的格魯涅爾◎1教授寫信：「我向您推薦一位青年，他是我們當代最偉大的物理學家之一，他就是阿爾伯特．愛因斯坦，請您能幫助他在大學裡得到一個教授職務。」

格魯涅爾拿到信立即找到愛因斯坦，請他送一篇論文來，愛因斯坦送上自己關於相對論的那篇論文，格魯涅爾自己拿不準，又請搞實驗物理的福爾斯特◎2教授來審讀。幾天後論文退了回來，上面批著「讀過了。然而不知道在說些什麼。」

因爲愛因斯坦發明了一個超出一般人思維水準的怪理論；所以他儘管得到普朗克等少數物理學家的賞識，但還是在本地找不到一個好工作。直到一九○九年他的母校蘇黎世大學才聘他爲副教授，後來又到布拉格工作幾年，再回蘇黎世。而普朗克總不死心，他認爲柏林這個歐洲物理學的中心不能沒有愛因斯坦，決心要把他挖來。

一九一三年夏天，一輛火車駛進蘇黎世車站。車上下來兩個年過半百的學者，瘦一點的是普朗克，那個矮胖子是能斯特。他們今天是專來遊說愛因斯坦去柏林的。愛因斯坦手捧一束鮮花早就在車站恭候。自從上次索爾維會議之後他們已結爲忘年之交。

普朗克一下車就和這位三十四歲的青年物理學家熱情擁抱，像對自己的孩子那樣親熱。接著他們邊走邊談。能言善辯的能斯特立即擺出愛因斯坦到柏林後的優惠條件：「知道您是一個喜

註解

◎ 1. 格魯涅爾（西元 1863 年～ 1906 年）：Paul Karl Ludwig Drude。

◎ 2. 福爾斯特（西元 1832 年～ 1921 年）：Wilhelm Julius Foerste。

歡自由的人，但是我們也不能不給您一點榮譽和職務。第一，任威廉皇帝物理研究所所長；第二，任柏林大學的教授；第三，任普魯士科學院的院士。不過當所長可以不管事，當教授可以不教書，時間全由您支配。另外，其他院士只是名譽，您這個院士卻是實任，每月薪水一萬兩千馬克。」

愛因斯坦哈哈笑道：「您可眞會做買賣，把我作爲一隻良種母雞，捨得花大價錢買去好爲你們下蛋。可是我自己還不知道能不能再下蛋呢。去不去柏林，容我再作幾天的考慮。」

這次普朗克和能斯特到底能不能把愛因斯坦請去，且聽下回分解。

第六十二回　太陽作證相對論顛撲不破　納粹逞兇科學家流落異國

——廣義相對論的創立

上回說到普朗克和能斯特專程到蘇黎世勸說愛因斯坦到柏林來工作。盛情難卻，愛因斯坦便於一九一四年四月走馬上任，從此在柏林渡過了十九個年頭。

愛因斯坦剛到柏林不久就遇到兩件大事，一是爆發了第一次世界大戰；二是他的妻子米列娃與他分居，帶著兩個孩子回蘇黎世去了。米列娃是他大學時的同學，俄國血統，性格倔強，她認為自己也是很有科學天才的，而愛因斯坦這樣把孩子和家務都壓在她身上，耽誤了她的成就，便決定分手。好不聰明的女人！其實，這樣一個世界偉人整個都是屬於妳的，妳與他已溶為一體，復又何求呢？縱然不能如瑪麗與居里那樣比翼齊飛，就如愛瑪與達爾文那樣紅花綠葉，也同樣會家庭幸福，有功於世，何必要單槍匹馬自闖江湖呢？青年讀者中或許從這三個科學家的家庭組合中能悟出一點道理。不過這是說書人的閒話，暫且不表。

再說一九一四年米列娃帶著孩子走後，第二年九月，愛因斯坦想子心切，又回蘇黎世探親一次，順便拜訪了正住在日內瓦附近的法國大作家羅曼．羅蘭◎1。幸好這個大作家在他的日記裡為我們留下一幅愛因斯坦的素描像，而我們只顧講他的理論，卻倒忘了介紹他的外貌，現正好錄存於下：

愛因斯坦依舊是個年輕人（他當時三十六歲），個子不高，長方臉，深黑的、略微夾雜著幾

註解

◎1. 羅曼．羅蘭（西元1866年～1944年）：Romain Rolland。

根灰白的頭髮，長而且密，鬈曲著聳在高高的眉毛之上，他的鼻多肉且凸，他的嘴小而唇厚。雙頰豐滿，下巴圓潤，留下一小撮剪得短短的鬍子。一口生硬的法語，不時穿插一兩句德語。他活潑、富有朝氣，喜歡笑。不時在最嚴肅的思想（交換）中，夾雜著幾句俏皮話。

……沒有任何德國人的言行能像他這樣自由自在。換一個人也許會在去年這一可怕的時期裡深受孤立的折磨，但他卻毫不如此。他大笑。他發現在戰時仍有可能撰寫自己最重要的科學著作。

羅曼．羅蘭這裡說到愛因斯坦一到德國就受「孤立的折磨」，又說他在寫重要著作，是怎麼一回事呢？

原來大戰一爆發，在「保衛祖國」的幌子下德國軍隊瘋狂地向外侵略，國內實行總動員，許多科學家也穿上軍裝。而當時最著名的學者文人聯合發表了一個爲德國擴張政策辯護的聲明，說：「要不是由於德國的赫赫武功，德國文化早就蕩然無存了。」這個聲明共有九十三人簽名，學術界的顯要人物幾乎全包括在內，連普朗克、倫琴的名字也赫然其上，這就是歷史上有名的「九十三人宣言」◎2，它使一些科學家留下了終生遺憾的污點。

聲明起草者也找到愛因斯坦，他雖然新來乍到，卻義正辭嚴地宣佈：「我是和平主義者，我反對一切戰爭！」接著他也出面起草了一份與「九十三人宣言」對抗的「告歐洲人民書」，但是除他一人簽名外，其餘只有三人，都沒有什麼名氣。一時他很孤立。

愛因斯坦就在這樣孤立的情況下寫他的科學著作，這回是一枚重量級的炸彈——廣義相對論。

問題還是從一般人認爲最平常、最不注意的地方提出的。

牛頓第一定律即慣性定律告訴我們，在作等速直線運動的慣性座標系中，物體在不受外力的情況下或者靜止或者作等速直線運動，這早已是一條檢驗過無數次的眞理。假如現在我們坐在一個等速直線運動的火車上，拉緊窗簾，你感覺不出車在動，你自己坐得很穩，地板上放一個小球，也穩穩地停在那裡，就是說都保持一個靜止狀態。這時突然來一個急　車，你向前跌了一下，球也向前滾去。你和球都沒有受到什麼外力呀，爲什麼會改變這種靜止狀態呢？難道牛頓的慣性定律不適用了嗎？對，就是不適用了，牛頓這條定律只適用於等速直線運動的慣性座標系，剛才火車一加速，參考座標系已經變成非慣性系了。這就像我們在前面講過的「黑體輻射」問題一樣，瑞利公式只適用於較長的波長、較高的溫度，反之就立即失靈，現在慣性定律一到非慣性系也就立即失靈了。那麼能不能像普朗克匯出一個兩全其美的公式那樣，也有一個既適應慣性系又適應非慣性系的辦法呢？愛因斯坦正是想到了這一點，於是他要把適用於等速直線運動的相對論推廣到在非慣性系也能適用，這就是廣義相對原理。

狹義相對論是從人們習以爲常的「同時」，即絕對時間觀上找見突破口的，廣義相對論也在一個人們司空見慣的問題上找見了突破口。比如手裡拿著一粒石子，一鬆手，石子直線下落。這可以有兩個解釋，一是地球的吸引，就是說石子有重量；二是石子自由落體，有慣性質量。這在牛頓定律裡分成兩條來表達，但是這兩個質量和重量怎麼這樣一致呢？看來它們的效果是一樣

註解

◎ 2.Manifesto of the Ninety-Three。

的，這就是「等效原理」。

說起這個原理還有一段故事。一九一三年夏天愛因斯坦邀請居里夫人到瑞士來過暑假。他們帶著兩家人的孩子高高興興地登上了阿爾卑斯山。腳下白雲繚繞，深谷千仞，孩子們高興地喊著、叫著。突然，愛因斯坦一把抓住居里夫人的手臂說道：「要是我們坐著升降機從山谷底上來，突然吊索斷了，會有什麼感覺呢？」

居里夫人先是吃了一驚，然後笑道：「我想您不會讓我們現在就來親身試驗一下吧。」

愛因斯坦笑了，孩子們也都哈哈大笑起來。這就是那個有名的「愛因斯坦升降機」實驗，雖沒有誰親身去試，但是其中的道理卻完全能想得出來。假如有一個升降機處在宇宙空間，你站在裡面就會失重，身體飄在空中。這時升降機開始以剛好等於地面重力加速度9.8公尺/平方秒等速直線上升，你就會恢復重量，重新站在了地板上。換一個方法，升降機下降，降到地球表面時你也會恢復重量，站在地板上。前一種情況人受到慣性力，後一種情況人受到引力，只要加速座標系的加速度等於引力場強度（都是九點八公尺/平方秒）慣性力場就等於引力場，也就是說是等效的。因為人被關在升降機裡是根本區分不出是哪種力生成作用的。根據同樣道理，這個升降機裡不是坐著人，而是一枚向斜上方拋出的等速直線運動的石子，那麼這石子也會改變方向而成物線彎曲下落。如果是一條平行射入的光線，這光線也會彎曲向下。

好了，愛因斯坦那天馬行空般的思維立即又推出下一步極重要的結論。既然慣性力場和引力場是等效的，那麼我這個實驗就不必非在加速的升降機裡做不可了，在任何引力場中都會發生這種光線彎曲的現象。既然星球有引力能使周圍的光線、空間、時間彎曲，那就可以直接表述為星球的質量使周圍的時空彎曲，連「引力」這個概念也不必要了。——好個愛因斯坦，他在狹義相對論裡開除了「乙太」，在廣義相對論裡又要開除「引力」，將牛頓時空觀、經典力學徹底改造了。他解釋道，地球繞太陽轉動不是什麼引力，是因為太陽巨大的質量使周圍時空彎曲，地球只能按曲線運動。同樣，克卜勒給眾星制定的那些軌道也都能這樣解釋，牛頓萬有引力公式作的那些計算也都可以用這個理論去解釋。

難怪波恩◎3稱廣義相對論是：「認識自然的人類思維最偉大的成就，哲學的深奧、物理學的洞察力和數學的技巧最驚人的結合。」

這個偉大的理論是愛因斯坦在研究完狹義相對論後，又經過十年的思考於一九一六年最後完成並公佈的。與實驗物理學家在實驗室裡具體操作不同，愛因斯坦是做著「思維實驗」。對他來說宇宙是一個實驗室，那些星球簡直如伽利略手中的一粒石子，如法拉第手中的一塊磁鐵，他將以往別人都認為是正確的最不懷疑的結論一起拿到這個最廣大的實驗室裡一一驗證。他不用像瑪麗．居里那樣住在煙熏火燎中煉鐳，也不用像拉塞福那樣去費力地打碎原子，他將自己關在書房裡，展開思想的翅膀，盡情地想著「愛因斯坦升降機」的運動。這正中了郭沫若先生在科學大會上的那句祝詞：「科學家也需要幻想，不要以為幻想只是文學家的事。」不過文學家所幻想的是比眞實生活更離奇的情節，更完整的形象；而科學家所幻想的是比常見的現象更本質的規律，更抽象的公式。

註解

◎3.波恩（西元1882年～1970年）：Max Born。

經過這樣冥想了十年之後，有一天愛因斯坦穿著睡衣走下樓來吃早飯，但是他對著盤碗卻不動刀叉。夫人愛麗莎以爲他病了，忙用手試試他的額頭，問他什麼地方不舒服。愛因斯坦拉著她的手說：「不，親愛的，我有一個奇妙的想法。」說罷，他便走到鋼琴邊彈起琴來，彈幾下，又停下來自語一句：「一個好想法，眞是一個美妙的想法！」

愛因斯坦彈了半個小時的琴便翻身上樓去了，臨走時告訴愛麗莎：「請不要打擾我」。從這一天起，愛麗莎每天上樓給他送三頓飯，其餘的話不敢多說一句。愛因斯坦竟兩個星期沒有下樓。這天他終於出現在樓梯口，臉色蒼白，身子疲憊，體重足減少了十幾公斤。他將兩頁紙放在餐桌上說：「親愛的，就是它。廣義相對論就要問世，現在我死不死都無關緊要了。」

天才的思考抵得過一百個實驗，一個理論物理學家的思想往往夠實驗物理學家去忙幾十年。愛因斯坦創立廣義相對論後，立即提出三個預言讓人們去證明。一是水星近日點的進動會是由於太陽本身引起了空間結構的改變而造成的；二是引力場會使時鐘變慢，即會使原子的振動變慢，光的頻率變低，光譜紅移◎4；三是，引力場會使光線偏折。這三個預言很快被一一驗證（不過請讀者注意，愛因斯坦這裡說的引力場其實並沒有引力，就是指的空間彎曲）。

一九一一年愛因斯坦就曾在一篇論文中提出恆星發出的光由於受太陽的影響會發生彎曲，所以我們看到的恆星位置與實際位置會有一點誤差，但由於平時日光太強，只有在日全蝕時才好觀察，天文學家們如若不信，請去驗證。這可眞比當年勒維耶測算海王星還要神奇。於是，一九一四年有一批好奇的德國天文學家便組成考察隊前往俄國（因爲預計在那裡將可以看到一次日全蝕），以便乘機驗證愛因斯坦的神話。但他們剛到俄國，第一次世界大戰就爆發了，德、俄兩國成了敵國，他們也就被當作戰俘拘留，儀器全部沒收。

一九一九年五月二十九日，又一次日全蝕的大好時機降臨。英國劍橋大學天文臺長愛丁頓◎5立即率領一支觀測隊攜帶了大批器材趕到西非幾內亞普林西比島。那天這裡本來是朗朗晴空，忽然太陽就如一塊冰被慢慢溶化一般失去了自己的形象和光彩，最後全部被陰影遮住，只在四周留下一團蔚爲壯觀的日珥火焰，全蝕時間共三百零二秒鐘。片刻白日裡看不見的星斗卻又神奇般地重現天空。愛丁頓和他的隊員們顧不得欣賞這一生難遇的奇景，他們屏息靜氣，只聽見計時節拍器的滴答之聲，和迅速拍照、換底片的喀嚓聲。

十六張照片送到英國皇家學會，結果證明愛因斯坦的理論沒有錯，而牛頓錯了。一個英國天文學家、皇家學會會員用自己的觀察資料證明了一個德國人的正確，卻推翻了自己的同胞——偉大的牛頓，皇家學會的老會長——的經典理論，科學是多麼無私，多麼公正。但這件事實在關係重大，英國皇家學會與英國皇家天文學會專門舉行聯席會議，討論愛丁頓的考察報告。會議氣氛緊張而微妙，它將決定在這場理論物理的角逐中，英國人手中的金杯是否要乖乖地交出來。幸虧我們現在還可以看到當時與會的懷特裡德留下的一段記錄：

整個充滿濃烈興趣的氣氛猶如一出希臘的戲劇。我們則是給在超級事件發展中所揭示出的天意下注釋的合唱隊。在現場中充滿著戲劇性色彩：傳統的儀式，背景中有一幅牛頓的畫像，它彷彿在提醒我們，二百多年前所作出的最偉大的科學總結現在要接受第一次修正。

註解

◎4. 即電磁波的波長變長。

◎5. 愛丁頓（西元 1882 年～ 1944 年）：Sir Arthur Stanley Eddington。

而在這次會議召開前勞侖茲就得到了愛丁頓的分析資料，他第一個給愛因斯坦打電報，報告這個天大的喜訊：「愛丁頓在太陽邊緣發現恆星位移。」愛因斯坦看完後將電報隨手丟在窗檻上。這時，他的一個學生無意中見到這張電報紙，驚喜地喊道：「先生，多麼重要的消息，考察結果與您的計算完全一致。」

「我知道是會這樣的。」愛因斯坦卻無動於衷。

學生對老師的平靜感到吃驚，又問：「假使這次觀察並不能證實您的預言，那怎麼辦呢？」

「那麼，我將爲上帝感到遺憾——我的理論肯定是正確的。」

但是，在這扭轉乾坤的大發現面前都保持了平靜的愛因斯坦，在人爲刮起的旋風中卻再不能平靜了。這次科學驗證，還有其他兩個預言的證實給他帶來了巨大的榮譽，就像當年侖琴、居里夫人所遇到過的那樣，歐美各國立即掀起一股愛因斯坦熱，這對他眞是一場災難。一九二〇年二月他在一封信中寫道：「隨著報刊文章的浪潮而來的諮詢、請帖和要求，恐怖地淹沒著我，以致我夜夜夢見自己好像在地獄中受熬煎，而郵遞員——這個魔鬼——還在不斷地咆哮著，向我頭上扔來一疊新的信件。」

但是眞正的災難還不止於此。就在愛丁頓驗證了相對論的第二年，柏林立即出現了一個反對相對論聯盟。這個卑鄙的組織有反猶太勢力做後臺，誰要在報上寫一篇反相對論的文章，就給誰發一筆獎金。愛因斯坦幽默地稱它爲「反相對論公司」，公司的兩員幹將是曾獲一九〇五年諾貝爾物理獎和一九一九年諾貝爾物理獎的萊納德和斯塔克◎6。這個斯塔克獲獎後公然違背基金會的規定，把科學獎金拿去開設瓷器廠，做買賣賺起錢來。愛因斯坦曾當面斥責他的這種行爲，因此他更懷恨在心。後來愛因斯坦又獲一九二一年諾貝爾物理獎，在這幫人眼裡，低劣的猶太人哪兒配這份重獎？因此排猶和反相對論的叫囂更加猖狂。

這天在柏林大音樂廳裡又在舉行聲討相對論的報告，這是最近在全國各大城市舉行的二十場這樣的報告會中的一場，因爲是在首都就更顯得熱鬧。斯塔克挺胸上臺開始了聲嘶力竭的報告：

「正如政治上我們遇到一個危險的敵人馬克思主義一樣，現在我們在科學上也遇到了一個危險的敵人，這就是愛因斯坦東拼西湊的相對論。凡是相信這樣一個理論的人就不配作一個好的德國人，更不配作一名德國科學家。這個理論不過是愛因斯坦大肆剽竊，故弄玄虛，披上科學外衣的政治陰謀，這是猶太復國主義國際陰謀的一個組成部分……。」

於是坐在台下的啦啦隊跟著大喊起來：「對，什麼科學理論，根本不符合德意志精神。」「早該絞死這個臭猶太！」

這時愛因斯坦也坐在樓上的包廂裡，面對這群無知而又狂妄的人能說什麼呢，他憐憫地笑了笑，還想聽聽他們的奇談。陪同前來的物理學家勞厄◎7見勢不妙忙拉他起身說：「我們走吧，這班傢伙什麼壞事也敢幹的。」

希特勒的勢力在一天天地抬頭，他公開喊叫，一旦他上臺，就要讓馬克思主義者和猶太人人頭落地。愛因斯坦的處境越來越不好。一九三二年秋天，他按合同準備出門到美國講學。正是秋風落葉，冬寒將到之際，愛麗莎收拾著行袋，她拿起一本書《反相對論百人集》，這是萊納德

註解

◎6. 斯塔克（西元 1874 年～ 1957 年）：Johannes Stark。

◎7. 勞厄（西元 1879 年～ 1960 年）：Max von Laue。

那個公司的傑作。愛因斯坦叼著菸斗走進來，他接過書掂了掂說：「才湊了一百個，質量還不夠啊！」啪地一下扔到了紙簍裡。

他剛到美國不久，一九三三年一月三十日這天，希特勒就正式宣佈上臺。這個瘋子就要給地球上製造一場災難。愛因斯坦立即在報紙上發表自己的聲明，嚴厲指責德國納粹主義的危害：

「只要我還能選擇，我就將只生活在這樣的國家——在那裡普遍遵循的準則是公民自由、寬容和法律面前人人平等。公民自由就是人們有用語言和文字來表達個人政治信念均自由；寬容就是尊重他的任何信仰。這些條件當前在德國是不存在的。那些對於國際諒解有傑出貢獻的人——其中有一些是第一流的藝術家——正在德國受迫害。」

這一下壞了，愛因斯坦在柏林的家立即被查封，他的著作被衝鋒隊堆在廣場上燒成灰燼，他永遠不能回到祖國了，從此就在美國定居下來。而美國能收留這個科學偉人眞是求之不得。他來到普林斯頓高等研究院，表示每年只要三千美元薪金就足夠了，但是院方決不答應，堅持要付年薪一萬六千美元，他們認爲再少一元就與愛因斯坦的名聲不符了。德國柏林，這個世界物理研究中心漸漸就要轉移到美國來了。

愛因斯坦這根物理世界的大柱子既然已經移到美國，那麼歐洲物理界這時正在做什麼事呢？且聽下回分解。

第六十三回　王子追電子探得微觀新奧秘　數學加物理闖出力學新體系
——量子力學的創立

上回說到愛因斯坦被德國法西斯勢力迫害流亡美國。從此，世界物理學研究中心便開始逐漸從歐洲向美國轉移。在這個大轉移還未全部完成以前，讓我們看看歐洲大陸的物理學家們，正在趕緊做一點什麼工作。

前幾回講的那個索爾維量子討論會，與會科學家中有一個叫莫里斯◎1的，此人出身公爵世家，卻酷愛科學，他在自己巴黎的住宅內還裝備了一個完善的實驗室。莫里斯有一個弟弟，叫路易士·德布羅意◎2，本是學文科的，但他很尊敬哥哥，也常來他的實驗室裡好奇地問這問那。這兄弟二人，毫無貴族子弟常有的那種浮浪之氣，整日潛心讀書，研討問題。

再說莫里斯那天開完會從布魯塞爾剛回到巴黎，德布羅意便到家中看望哥哥，並且打聽會議上可有什麼科學新聞。莫里斯將會上關於量子理論的爭論如此這般地講了一回，德布羅意早聽得如醉如癡。半天，他突然張口說道：「哥哥，我要跟您一起研究物理。」

「什麼？」莫里斯大吃一驚，「你再有兩年就要拿到歷史學方面的學位，現在改行豈不前功盡棄？」

「您放心，文科學位我照樣要爭到手，但是我覺得應給自己再開闢一塊知識領地。歷史，是在人們對已經知道的甚至親身經歷過的事實進行梳理、編織；而物理則是去探尋那些早已存在卻

註解

◎1. 莫里斯（西元 1875 年～ 1960 年）：Maurice de Broglie。

◎2. 路易士．德布羅意（西元 1892 年～ 1987 年）：Louis Victor de Broglie。

還不爲人知的事實，它對我有更大的吸引力。」

「可是現在早已不是伽利略、牛頓時代，物理學已伸入到微觀世界，每走一步就更加艱苦。而且過去的宏觀經典理論已不適用，新的理論體系還遠未建立。這時你來入夥實在冒險，也許我們這些人費盡九牛二虎之力，撈的卻是一個水中的月亮。」

「我直覺地感到量子理論是很有希望的，我決心獻出全部精力弄清這神秘量子的眞正本質。」

正是：

金衣玉食何足貴？過眼雲煙不多時。聰明貴冑有奇志，不愛虛榮愛真知。

再說德布羅意剛下定決心開始對理論物理的研究，不久，第一次世界大戰就爆發了，他便服兵役上了前線，直到一九二二年他才重回哥哥的實驗室繼續中斷許久的研究。漸漸地他生成了一個大膽的思想：光波是粒子，那麼粒子是不是波呢？就是說光的波粒二象性是不是可以推廣到電子這類的粒子呢？就像當年法拉第由電變磁推想磁變電一樣，德布羅意思路一開立即拓出一片新的天地。一九二三年他接連發表三篇論文，提出「物質波」的新概念，他堅信大至一個行星，一塊石頭，小至一粒灰塵，一個電子，都能生成物質波。物質波有其獨特之處，它能在眞空中傳播不要介質，因此不是機械波。但它又可以由不帶電的物體運動生成，因此它又不是電磁波。他還運用愛因斯坦的相對論，推出了物質波的波長公式 $\lambda = h/mv$。即波長（λ）與粒子的質量（m）和速度（v）的乘積成反比。他還算出中等速度的電子的波長應相當於X射線的波長。

第二年，一九二四年，德布羅意將自己的這個新思想寫成一篇論文《關於量子理論的研究》去考博士學位。可以說是當時物理學界一個獨一無二的新觀點，許多人看了文章都搖頭，眼看德布羅意的博士學位是毫無希望了。這時他的老師朗之萬◎3出來說了一句話：「我雖然很難相信德布羅意的這種觀點，但是他的論文實在是才華橫溢，因此我還是同意授予他博士學位。」

他總算勉強通過答辯。再說朗之萬對這件事總是不放心，也不知他的這個學生到底該算是個才子還是個瘋子，便將論文稿寄給愛因斯坦審閱。愛因斯坦眞不愧爲一個理論物理大師，他剛讀完文章就拍案叫絕，並立即向物理學界的幾個大人物寫信，籲請對這個新思想給予關注：「請讀一讀這篇論文吧，這可能是一個瘋子寫的，但只有瘋子才有這種膽量。它的內容很充實。看來粒子的每一個運動都伴隨著一個波場，這個波場的物理性質雖然我們現在還不清楚，但是原則上應該能夠觀察到。德布羅意幹了一件大事，另一個物理世界的那幅巨大的帷幕，已經被輕輕地掀開了一角。」

花開兩朵，各表一枝。在物理學中同一個題目常常是理論和實驗雙管齊下，稿紙上的推算和實驗室裡的測試刀槍並舉，經過一場激戰，堡壘才宣告攻克。

事有湊巧，就在愛因斯坦這話剛說過不久，和法國隔洋相望的美國出了一件事。在紐約的貝爾電話實驗室裡有一個研究人員叫戴維森◎4，長期以來他和助手革末◎5在做電子轟擊金屬的實驗。這天二人正聚精會神地觀察，忽然一聲巨響，一只盛放液態空氣的瓶子倒地炸裂。這下可糟了，實驗用的金屬靶子是置於眞空條件下的，現在液態空氣立即氣化，彌漫全室，鑽進了眞空

註解

◎3. 朗之萬（西元 1872 年～ 1946 年）：Paul Langevin。

◎4. 戴維森（西元 1881 年～ 1958 年）：Clinton Davisson。

◎5. 革末（西元 1896 年～ 1971 年）：Lester Germer。

系統，那塊當靶子的鈍鎳板立即就被氧化。他們只好自認倒楣，連夜加班，將這塊鎳板換下來又是加熱，又是洗刷，費力地將鎳板表面的氧化膜去乾淨，再裝回眞空容器裡。

第二天，戴維森和革末又來到實驗室，他們將儀器安置好後又開始了那個不知重複了多少次的實驗。戴維森扳動開關將電子束直向鎳板射去，一邊喊革末調整一下鎳靶的角度。革末將鎳靶輕輕轉了一個角度，戴維森卻吃驚地喊道：「見鬼，今天怎麼連電子也學會與我繞彎子！——革末，再將鎳靶轉個角度。」

「先生，您發現了什麼？」革末一邊轉動鎳靶，一邊問道。

「您自己來看，莫非是我的眼睛出了毛病？」戴維森說著和革末換了個位置。

「哎呀，電子束怎麼不穩定了呢？」

各位讀者，你道他們發現了什麼？原來隨著鎳板的取向變化，電子束的強度也在變化，這種現象很像一束波繞過障礙物時發生的繞射那樣，但是電子明明是粒子啊，它怎麼能有波的性質呢？戴維森師徒兩人又將這個實驗重複了多遍，仍然如此，他們一下跌入悶葫蘆裡。要說電子也是波，這簡直就好像說人頭上長角一樣不可思議。他們就這樣百思不得其解，在悶葫蘆裡一直悶了兩年。

兩年後的夏天，戴維森訪問英國，遇到著名的物理學家波恩。兩人剛坐好，戴維森就迫不及待，將那個在肚子裡憋了兩年的問題提了出來。波恩不聽猶可，一聽戴維森如此這般地描述，便喜不自禁，也不顧是與客人初次見面，突然在對方肩上拍了一把，大聲說道：「朋友，您已經撞開了上帝的大門。」

「難道電子眞的也是一種波嗎？」

「是的，光有波粒二象性，一切物質微粒也有波粒二象性，電子也不例外。這正是歐洲大陸上近年來最新的理論。可惜這個假設還從沒有人來驗證，想不到證據卻操在你的手裡。」

「看來我們美國與這裡遠隔重洋，眞是消息閉塞。我要是早一點來訪問，何至於苦悶兩年呢？快請您告訴我是誰提出了這個偉大的假設？」

「就是那個法國人德布羅意，這個人本是學文科的，半路出家投身物理。但也正因此他沒有我們同行中慣有的舊框子，所以倒捷足先登。他不但提出假設，還推出公式，能具體地求出粒子的波長呢。他的論文發表在法國科學院會議週報上和英國的《哲學雜誌》上，您可以仔細研究一下。」

這兩個科學家越談越有勁，而戴維森心裡已在悄悄地說：只今天這一席談話我就不虛此行了。拜會過波恩之後戴維森已無心再到哪裡轉了，便草草結束了這次訪問。他回到美國後，重做了兩年前的實驗，果然與德布羅意的預言和計算完全一致。原來兩年前的那次液態氣瓶爆裂幫了他的大忙。他和革末對鎳板加熱、洗刷後，鎳板就變成了單晶體，而任何一種波經過晶體，都會生成強度週期性的變化現象。他們眞是因禍得福。同時還有另一名英國物理學家小湯姆生◎6，則從另一條途徑獲得一張電子繞射的照片。德布羅意理論從此得到了有力的證實。德氏因此獲得一九二九年的諾貝爾物理學獎金，而戴維森和小湯姆生則共同分享了一九三七年的諾貝爾物理學

註解

◎6. 小湯姆生（西元 1892 年～ 1975 年）：Sir George Thomson。

獎金。讀者或許要問：這個小湯姆生與我們前面提到的老湯姆生◎7是何關係？原來他們正是一父一子，老子發現了電子，兒子又證實了電子是波，父子二人在物理學方面做著接力研究，一時在科學史上傳爲美談。

各位讀者，容作者在這裡插幾句閒話。德布羅意和戴維森等人證明電子是波，好像實在抽象，我們這裡只舉一個例子就可知這個理論的威力。我們平常所以能看到東西是靠光，那是平常的光作用於物體，再反射到我們眼裡。光學顯微鏡所能顯示的物體微小細部的能力，因所使用的光的波長小到什麼程度而定。因此，放大能力最強的顯微鏡便使用紫外光。這好比我們撬一塊大石頭，要用一根粗木棍，而剔牙時卻只能用一根細牙籤了。好了，現在證明電子和光一樣也是波，而且它的波長比紫外光要小幾千倍，何不用來代替光顯示物體呢？果然，人們把電子束集中在一個焦點上，射過物體，便在螢光屏上得到一個放大的圖像。一九三一年世界上發明第一架電子顯微鏡。一九三八年美國人製成了一架能放大三萬倍的電子顯微鏡，而當時最大的光學顯微鏡也只能放大兩千五百倍，現在人們使用的電子顯微鏡已經能放大到二十萬倍以上。

好了，閒話暫且不提，我們還回到德布羅意的故事上來。這德布羅意假設一提出，當時大部分物理學家都抱著試試看的態度。其中有一個奧地利物理學家薛丁格◎8一九二六年正在蘇黎世大學（就是愛因斯坦曾工作過的那所大學）任教授。有人建議他把這個假設拿到學生中去討論，他很不以爲然，只是出於禮貌，才勉強答應下來。可是當他爲討論準備介紹報告時，立即被德布羅意的思想抓住了。

現在我們又要看到科學史上一次驚人的相似。這薛丁格的特長是數學很好，於是他就像牛頓總結伽利略、克卜勒的成果，馬克斯威爾總結法拉第的成果一樣，立即用數學公式將德布羅意的思想又提高了一層，得出一個著名的「薛丁格方程式」。這個方程式一公佈立即震驚物理界，它就像牛頓方程式解釋宏觀世界一樣，能準確地解釋微觀世界。它清楚地證明原子的能量是量子化的；電子運動在多條軌道上，躍遷軌道時就以光的形式放出或吸收能量；電子在核外運動有著確定的角度分佈。這樣，他用數學形式辟出一個量子力學新體系。同時還有一個德國物理學家海森堡◎9從另一角度研究量子力學，提出一個矩陣力學體系。薛丁格用的是微積分形式，海森堡用的是代數形式，物理學早已不是人們可以眼看手摸的形狀、溫度，它現在要用更抽象的概念才能作出更準確的表述了。正像我們繪畫時爲了更準確地傳神，白描反而不夠，而要用寫意。

再說這個海森堡越研究越深。最後，他發現我們雖然可以在宏觀世界裡準確地觀察任何現象，而在微觀世界裡簡直作不到這一點。這好比我們用一支粗大的測海水溫度的溫度計去測一杯咖啡的熱量，溫度計一放進去，同時就要吸收掉不少熱量，所以我們根本無法測準杯子裡原來的溫度。而作爲原子內的能量如此之小，任我們製成怎樣精確的儀器，也會對它有所干擾。觀察者及其儀器永是被觀察現象的一個不可分割的部分，一個孤立自在的物理現象是永不存在的。這便是「測不準原理」。我們生活在這個物理世界，身在此山中，難識廬山眞面目。

量子理論現在越發展越深，當初的一個幼芽，現在已經漸漸長成一棵枝葉扶疏的大樹。於是，一九三〇年一批物理學家們又齊集布魯塞爾召開第六屆索爾維會議。檢閱一九一一年第一次

註解

◎ 7. 老湯姆生即五十六回中提及的 J.J. 湯姆生。

◎ 8. 薛丁格（西元 1887 年～ 1961 年）：Erwin Rudolf Josef Alexander Schrödinger。

◎ 9. 海森堡（西元 1901 年～ 1976 年）：Werner Heisenberg。

會議以來量子理論的發展成果。這次會議的主角已不是普朗克，而是波耳。

這波耳是丹麥人，一九一一年畢業於哥本哈根大學，後追隨拉塞福求學，一九一六年起就返回母校任教，並創辦了物理研究所。他將當時世界上一批有才華的青年如海森堡、包立◎10等都團結到自己的身邊。波耳治學嚴謹，卻又繼承了老師拉塞福的民主學風。他有一句名言，就是：「我從不怕在年輕人面前暴露自己的愚蠢。」在他的研究所裡一爭論起學術問題，便沒有長幼、師生之分。這種充分的學術民主，依靠集體的智慧，後來被稱爲哥本哈根精神。

波耳身體強壯，年輕時他們兄弟二人都是丹麥國家足球隊隊員，所以他後來獲諾貝爾獎金時，一家丹麥報紙曾有這樣一條幽默的大標題：足球名將波耳獲諾貝爾物理學獎金。後來，波耳雖已成了名人，但還時常幹一點孩子們愛幹的事情。一天晚上他和幾個學生外出歸來，街上靜悄悄的，一個學生看到銀行大樓的牆面是水泥格子拼成，就好奇地向上爬上兩層。波耳也要逞能，說他也敢爬。當他爬到一層高時，跑來兩個員警，以爲是盜賊在作案，可是走近一看，說了聲：「這不是波耳教授嗎？」便走開了。還有一次他和幾個學生看電影，看到電影裡的惡棍和英雄比武，總是惡棍被打死。他解釋說這是因爲英雄有一種自我反射，所以比惡棍動作快，學生們不服。於是他們就吵吵嚷嚷地到玩具店裡買了幾支手槍，在院裡比武。結果波耳眞的將他們一個一個「打死」了。波耳就像拉塞福當年領導卡文迪許實驗室一樣，在哥本哈根當著孩子王，其純樸、天眞可見一般。

再說第六屆索爾維會議開幕，波耳打出第一張牌就是「測不準原理」。他闡述道：「根據這個原理，我們要想精確地測定粒子的位置，就無法測定它的速度，反過來，要想測定其速度就無法測定它的位置。」正當與會的大部分科學家都點頭表示理解時，想不到愛因斯坦一人站起來反對：「事物是客觀具體地存在的：我不相信上帝會隨便丟骰子，碰運氣。」

「這和你的相對論並不矛盾啊？」

「可是你在這裡否定了因果關係，我不相信世界是捉摸不定的。現在我來設計一個實驗，請您解釋。假如有一個理想的盒子，裡面有光源，在固定的時間打開一下盒上的閘門，放出一些光來。我們再秤一下盒子的重量，根據質量的變化就能算出光放出的能量。這樣，我們不就可以任意精確地測量光放出的能量、放光的時間了嗎？」

愛因斯坦眞不愧爲理論物理學家，他隨意就設計出一個思想實驗，一時把個波耳問得無言以對，好端端的一個會議竟無法再開下去。

這波耳哪能服氣，整整一晚上沒有睡覺，召集他的學生們緊急商討對策。第二天，天一亮，波耳就去敲愛因斯坦的門，並且手裡眞的捧著一個「愛因斯坦盒子」，盒子吊在彈簧秤上。他笑咪咪地說：「愛因斯坦先生，請看您的盒子，它一放出光，質量就要變化，彈簧抽動，盒子做上下運動，盒子中的鐘也在動，就是說它在引力場中的位置已經變化。而根據您的相對論，這時時鐘的速率必定也要變化。這樣您首先就得不到準確的時間。時間測不準，當然您的盒子還是逃不出我的測不準原理啊。」

愛因斯坦正因昨天的勝利甜甜的睡了一個好覺，波耳三言兩語反教他張口結舌，無言以對

註解

◎ 10. 包立（西元 1900 年～ 1958 年）：Wolfgang Pauli。

了。但是愛因斯坦還是不服氣，不到一天，他又想出了一個實驗，可是以後每次設計的實驗都讓波耳駁倒，就這樣，這場爭論一直持續了幾十年，直到愛因斯坦離開人世，他也不承認測不準原理。人們很爲他第一個支持普朗克的量子論，但最後又反對量子力學感到遺憾。但是波耳和愛因斯坦無論怎樣爭論，雙方都襟懷坦蕩，謙虛地吸取對方的意見，發展自己的理論。這與牛頓同萊布尼茲的爭論已經截然不同了。愛因斯坦稱贊波耳說：「他無疑是當代科學領域中最偉大的發現者之一。」波耳則深情地說：「在征服浩瀚的量子現象的鬥爭中，愛因斯坦是一位偉大的先驅者，但後來他卻遠而疑之。這是一個多麼令我們傷心的悲劇啊，從此他在孤獨中摸索前進，而我們則失去了一位領袖和旗手。」

這波耳雖和愛因斯坦經常爭論，但是兩人友誼極深，他每次到美國的普林斯頓講學，並不住什麼旅館、飯店，而是乾脆住在愛因斯坦家裡。一來是老友多時不見，感情上很願意能多待在一起，二來便於繼續探討問題。一九三九年，波耳又來到美國，他爬上愛因斯坦的那個二層小樓，還不等氣喘平息便說：「親愛的，您知道我今天帶來什麼重大消息？」

「不過是又設想出什麼思維實驗的好例證，來證實您的測不準理論罷了。」

「不，今天已顧不上辯論理論問題，這可是實驗物理學家們幹出的大事，它可能直接關係著我們的生活，關係著政治。」

到底波耳說出一件什麼大事，且聽下回分解。

第六十四回　戰亂將起實驗室已難平靜　為淵驅魚科學家雲集美日

——原子核裂變的發現

上回說到波耳來訪，給愛因斯坦帶來一個重要消息。要知這條消息是什麼，還得從這條消息的來源說起。

自從拉塞福第一個用α粒子做「炮彈」轟擊原子得到質子以來，許多科學家都感到這是一條通往原子核內的大道，於是紛紛向原子核開炮，希望能看到過去沒有發現的東西。一九三二年，英國物理學家詹姆斯．查德威克用α粒子轟擊鈹，得到一種不帶電的粒子：中子。有趣的是，拉塞福用α粒子轟擊氮，氮原子變成了氧原子，查德威克轟擊鈹時，鈹原子變成碳原子。要是這樣一直轟擊下去，還能發現多少秘密呢？元素之間一定還有我們未知的重要規律。

在人們向原子大進攻的炮擊戰鬥中有一位女炮手，她就是居里夫人的女兒伊雷娜。一九三三年（就是愛因斯坦流亡美國的那一年），她和自己的丈夫約里奧◎1一起用α粒子轟擊鋁，卻得到了一種自然界並不存在的同位素——元素磷的放射性同位素。從而發現了人工放射性。伊雷娜和她的丈夫因此而獲得諾貝爾獎。居里夫人很爲自己的孩子已經成長爲有出息的物理學家而高興，她深知這個發現所啓示的重大意義。可惜由於她長年接觸放射性因而得了不治之症，幾個月後便不幸去世。拉塞福親自爲她寫了訃告。

在英國、法國所進行的這些工作現在由一位義大利人來接班了，他叫費米◎2。費米小時即

註解

◎1. 約里奧（西元1900年～西元1958年）：Jean Frédéric Joliot-Curie。

◎2. 費米（西元1901年～西元1954年）：Enrico Fermi。

表現出非凡的才能，他父親的一位同事便有意識地培養他，給他讀數學、物理方面的書。當他還是一位十七歲的中學生時就有大學研究生的水準了。後來他在比薩大學讀書，這個伽利略當年生活過的地方處處給他以科學的召喚。他每次走過那個世界聞名的斜塔，都要肅然起敬，佇立片刻。大凡一個人成才之前總要有一個巨人將他托上自己的肩膀，費米也是這樣。這時羅馬大學物理實驗室主任柯比諾◎3認定費米就是復興義大利物理的希望，專門在羅馬大學設了一個理論物理學講座，聘請二十六歲的費米來任首席教授。費米在自己周圍很快團結了一批青年物理學家，他們自信伽利略的故鄉在物理研究方面不該落在英、法、德等國的後面。

不久，伊雷娜用 α 粒子轟擊原子核獲得人造同位素的消息傳到了羅馬。好個聰明的費米，他想我不能總跟在人家後面，你用 α 粒子，我就用中子。粒子帶正電荷，原子核也帶正電荷，它們間的斥力必然要抵消一部分衝擊力，而中性的中子正可避免這個缺點。於是他又找到了一種轟擊原子核的新炮彈。

大凡科學家們每找到一種新武器就如同孩子得到一個新玩具一樣，玩得不肯放手。費米這一群人雖已是物理學家，但論年齡都還是些小夥子呢，他們現在玩起這新鮮的「中子炮」來哪肯甘休。中子從哪裡來呢？最好是用鐳放射的 α 粒子轟擊鈹製得。但當時一克鐳要三萬四千美元。他們這個新組建的小組絕對買不起。費米就用氡來代替鐳，不過氡的半衰期只有四天，需要經常更換。他們就用這門簡陋的「大炮」對著所有能找到的元素狂轟一頓，看看有什麼變化。這個勁頭就像當年戴維剛發明了電解法，本生剛發明了光譜分析法一樣，每種原子身上都要過一刀。果然這新法就是厲害，他得到了許多自然界中不存在的同位素。例如從普通的鈉得到放射性鈉，從普通的碘得到放射性碘，從氯得到放射性磷。

但是，當他們把這門「大炮」對準鈾時卻得到一種想不到的結果。好像經轟擊後鈾中生成的放射性元素不止一種，但每一種的數量又極其微小。這群年輕人都是物理學家，他們在化學知識方面不足，無法鑑別新元素。他們猜想，一定製成了一種過去不曾發現過的新元素。鈾的原子序是92號，這種新元素就叫它「93號元素」吧。到底這是不是一種新元素，我們暫且按下不表。

再說費米小組還是不斷地用中子去打擊各種元素。一天他的好朋友拉塞蒂◎4用中子撞擊銀板，發現如果在木桌上做實驗和在金屬桌面上做實驗，銀板的放射性不一樣。他立即來向費米彙報。費米沉思了片刻說：「我想這說明放射源周圍的物體會影響它的轟擊效果。我們不妨試在銀板前擋一塊鉛板。」

拉塞蒂立即取來一塊鉛板，並且又在銀板前放了一個「蓋革計數器」。這是一種專門測量物質放射性的儀器。物質放出的粒子進入計數器就會有響聲，進得越多響得越快。一切準備好了，費米將中子源對準銀板，只聽計數器卡卡地響起來，比剛才的速度快了許多。費米說：「鉛是一種重物質，讓我們來試一試輕物質怎樣。請取一塊石蠟板來。」

拉塞蒂幾個人立即取來一塊大石蠟板，七手八腳在上面挖了一個空穴，把中子源放進去，又開始照射。這時將蓋革計數器移近銀板，計數器突然發瘋似地響個不停。他們幾個人都驚得目瞪口呆，整個物理大樓裡的人都來看這個怪現象，大家喊說：「眞不可想像，活見鬼了！」只這麼

註解

◎4. 拉塞蒂（西元 1901 年～西元 2001 年）：Franco Dino Rasetti。

稍稍放一塊石蠟，銀的人工放射性就增加了一百倍。中午吃飯時，這夥年輕人大聲爭論著，提出各種假設，各人的嘴都動個不停，但是只聽見說話不見吃東西，這頓飯足足吃了三個小時，桌上的東西還是剩下不少，但合理的解釋卻還是沒有想出一個。這是一九三四年十月二十二日中午的事。

這天晚上，費米夫人帶著孩子到鄉下度假還未歸來，費米一人在屋裡安安靜靜地思考著白天的事。他在地上踱著步子，想這石蠟究竟有一種什麼魔力呢？石蠟含有大量的氫，氫核是質子。想到這裡費米突然停下腳步，用手一拍腦門自語說：「問題可能正出在這裡。」

原來他想到氫核是質子，質子是與中子同樣質量的粒子。中子源被封在石蠟塊裡時，中子射到銀板之前就先要與石蠟中的質子相撞，這一撞就要損失一部分能量，減慢衝擊速度。正像游得慢的魚比游得快的魚容易讓人抓住一樣。這種慢中子比快中子有更多的機會被銀原子俘獲，因此銀的人工放射性就更強些。但這只能是一種假設，如果別的含氫物質也有這種作用，便說明假設正確。還有什麼更方便的含氫物可用來試驗呢？最方便不過的當然就是水了，對！來一次水中試驗。

但是費米小組實在太窮了，水不值錢，可是要有一個足夠大的容器卻很難找。他們立即想到物理樓後面系主任柯比諾的私人花園，那裡有一個噴水魚池。

這天早晨費米和夥伴們就將那些大大小小的實驗儀器搬到魚池上。花園裡一株大杏樹遮住了半個園子，綠草成茵，紅的、黃的小花點綴在牆腳，魚在池中自在地游。這群年輕人的到來，開始並沒有打破這裡的寧靜，他們輕手輕腳。一來是對這種試驗不抱很大希望，不願讓人知道他們的失敗。二來，不願打擾柯比諾先生一家的安寧。

他們將中子源和銀板慢慢沉入水中，開始轟擊，蓋革計數器又瘋狂地叫起來，這說明費米的假設是正確的。這夥年輕人再也忍不住了，隨著計數器的鳴叫，他們忽地一下狂喊勝利，在地上跳著，互相擁抱著。並且嚷嚷著：「快給《科學研究》寫信，詳細報告我們的發現！」

這時正在樓上看書的柯比諾教授，聽到花園裡的喊聲便走下樓來。他被這個場面弄糊塗了，「孩子們，你們爲什麼這樣高興？」

「我們有了新發現，正商議向《科學研究》寫信呢！」

柯比諾仔細聽了他們的彙報，又看了實驗，突然發起火來：「你們瘋了？難道你們沒有看出這其中的工業用途嗎？這裡是一個了不起的發現，你們應該先申請專利！」

他們更吃驚了，眞沒想到小魚池裡得到一個大發現。

我們先把「魚池發現」放到一邊，回頭再說那個93號元素。費米發現新元素的新聞在歐洲各報上早已熱鬧了一陣兒，這消息自然傳到了法國、德國。伊雷娜將那實驗重做了一遍，這種新元素根本不像在週期表93號位置上應該有的性質，它倒有點像鑭。

這時在德國也有一個科學家小組，以著名化學家、威廉皇家化學研究所教授哈恩◎5爲首，還有物理學家邁特納◎6、斯特拉斯曼◎7等人。奧地利籍的女核子物理學家邁特納本是來這裡作爲訪問學者短期工作的。但由於他們幾個很合得來，這個「短期」竟然有三十年。邁特納才華

註解

◎ 5. 哈恩（西元 1879 年～西元 1968 年）：Otto Hahn。

◎ 6. 邁特納（西元 1878 年～西元 1968 年）：Lise Meitner。

◎ 7. 斯特拉斯曼（西元 1902 年～西元 1980 年）：Fritz Strassmann。

出眾，她一眼就看出那個「93號元素」裡有文章，但又深知光靠物理學不能解開這個謎，便說服哈恩來選這個課題。於是這個小組也加入了這場追逐戰。

一九三六年的一天晚上，斯特拉斯曼正在值班，他一人無事，那個困擾他的題目又泛起在心頭，從種種跡象看，這個「93號」決不是鈾後面的元素，倒有點像56號元素鋇，第二天早晨，邁特納前來接班。斯特拉斯曼興沖沖地對他說：「我昨天想了一夜，終於有了頭緒，那個未知元素可能是鋇，不妨測試一下。」

邁特納性格豪爽，她聞聽此言立即不屑一聽地喊道：「中學生也不會提這個問題，快把你的想法扔到紙簍裡去吧！」

原來過去用中子去轟擊元素，只能將它的核打掉一小塊，放出一、二個質子，所以從來的人工蛻變只能是變成與原來的元素相鄰近的元素，怎麼可能一下從92號的鈾退到56號的鋇呢？斯特拉斯曼也覺理由不足，所以不敢再爭。

一九三八年七月，邁特納因爲是猶太人，被迫離開了德國。十二十七日，哈恩到財政部去爲邁特納辦一些善後事務。斯特拉斯曼在辦公室裡翻閱幾本新到的期刊，其中正有伊雷娜的一篇報告，他立即又想起了自己關於鋇的想法。

中午，哈恩剛進門斯特拉斯曼就攔住他說：「請看看這份雜誌，這裡提出……」哈恩將那篇文章掃了一眼，一見作者是伊雷娜，便沒好氣地說：「我對這位小姐沒有好感，不願看她的東西。」原來他們過去有過一點小矛盾。

「不，她說是鑭，我說是鋇，兩個元素一個57號，一個56號，問題可能正在這裡。你聽，她說……」

不管哈恩愛聽不愛聽，斯特拉斯曼將論文中最主要的段落飛快地念了出來。哈恩聽著聽著怨氣漸消，一把將雜誌搶了過來，從頭至尾很快地讀了一遍。俗話說外行看熱鬧，內行看門道。哈恩和伊雷娜同是放射化學專家，他們的文章對方自然一看就知其中的深淺。哈恩剛把論文讀完，便啪地合上雜誌，一手拉起斯特拉斯曼說：「走，快到實驗室去！」

哈恩和斯特拉斯曼在實驗室裡反覆測試，就化學性質來說，這個所謂的「93號元素」是鋇確定無疑了。但是這話要是讓物理學家聽見一定要惹人笑的，一個小小的中子怎麼能使鈾原子一下釋放出近一半粒子呢？這時他們更懷念那位被希特勒趕走了的夥伴——邁特納，他們這個三人小組中二個化學家一個物理學家，邁特納的被迫離去，名符其實地使這個小組塌了半邊天。哈恩遇到這個新問題便立即提筆給邁特納寫了一信，邁特納眞不愧爲核專家，她一見信立即明白是怎麼一回事——鈾原子核被中子從中間一劈兩半了！

邁特納正好要利用寒假期間訪問瑞典，那裡有幾位物理學界的朋友。她收起信便趕快出發了。這幾位朋友住在鄉下一個安靜的小村裡，冬天的瑞典白雪皓皓，是一年中滑雪度假的最好時光。但是今年大家心情都不好，希特勒這個瘋子正在製造戰爭，在到處迫害猶太人。許多猶太血統的物理學家不用說工作了，現在連衣食都無著落。邁特納的一個外甥叫弗里施◎8，是個青年物理學家，也剛從德國逃亡到這裡。邁特納一住下就拉著弗里施到外面去散步。她拿出哈恩的

註解

◎8. 弗里施（西元1904年～西元1979年）：Otto Frisch。

信，弗里施怎麼也不敢相信鈾原子會分裂，姨、甥二人在雪地裡走了很長時間，最後弗里施建議：「我們何不把這個重要消息通知波耳，他是現在世界上活著的最偉大的核子物理學家啊！」

邁特納和弗里施立即冒著嚴寒前往丹麥的哥本哈根。弗里施曾在波耳的研究所工作過，所以對這裡很熟，他們便直奔波耳的家裡。弗里施敲門進來，發現波耳正在穿大衣，旁邊有一隻手提箱，像要比遠門的樣子。他忙說道：「波耳先生，您這是準備到哪裡去？」

「按照合約到美國講學，順便看望我的老朋友愛因斯坦先生。」

「我們有一件重要的事要立即向您請教，可以嗎？」

波耳抬手看了看錶，又讓僕人先將箱子提走，說：「我們可以有半個小時來談話。」

「從德國來的消息說，哈恩已經用中子將鈾核一分爲二，但是現在還不敢最後肯定，哈恩自己也把握不大。」

波耳一聽，立即脫下大衣，坐到桌旁認眞地詢問起實驗情況。邁特納詳細談了他們過去做的實驗，又拿出哈恩最近寫來的信說：「看來這是可能的，伊雷娜在法國也得出了近似的結論。」

波耳說：「這件事非同小可，果眞是這樣，其意義將不亞於貝克勒爾和居里夫人發現放射性。它將給物理界，不，給整個社會帶來什麼變化就很難預料了。」

「那麼現在應該怎麼辦呢？」邁特納說。

「現在你們要在德國之外立即進行實驗，關鍵是要證實裂變發生時是否放出巨大的能量。」

這時僕人進來走到波耳身邊說：「先生，時間快到了。」波耳才想起自己正要趕火車，忙起身穿大衣，又說：「你們抓緊實驗，我立即將這個情況帶給愛因斯坦先生。」

他匆匆忙忙地跑到火車站，只差幾分鐘就要誤車了。一九三九年一月初，波耳到了美國。

再說義大利的費米，他領導的小組進行了那個「93號元素」實驗，可惜未能窮根究底。發現核裂變這個實驗讓哈恩接了過去，哈恩於一九四四年獲得諾貝爾化學獎。所以人們都替費米感到遺憾。但是費米手中的王牌何止一張。核裂變那件事不必說它了，小魚池裡發現的慢中子反應也是一件足夠轟動物理界的大事，當時朋友們都在暗自猜測這個發現也許能在斯德哥爾摩掛上號呢。但是正像德國出了個魔鬼希特勒一樣，義大利也新上臺一個法西斯墨索里尼。這傢伙對外發動戰爭，對內實行專制，攪得國無寧日，民不聊牛。費米的保護人柯比諾教授又於前不久去世，他的實驗室已無一點經費。更有比這嚴重的，費米夫人是猶太人，而墨索里尼的排猶政策已使她難以在這裡生存。正當緊張的科學實驗一步步走向光明與希望之時，政治卻在一步步地走向專制與黑暗。弄得費米欲進無路，欲罷無門，整日裡長叶短嘆，不知如何是好。

正是：

科學事業多艱辛，征途險阻一重重。才出黑暗中世紀，又入法西魔掌中。

卻說費米夫婦正這樣憂心忡忡地在羅馬度著時日，這天，一九三八年十一月十日清晨，他們正躺在床上，突然電話鈴聲急響。費米夫人拿起電話，只聽電話台問道：「是費米教授家裡嗎？」

「是的，有什麼事嗎？」

「請注意，今天晚上六點鐘，將有人從斯德哥爾摩給費米教授打來長途電話。希望他能在家等候。」

費米已經聽到電話裡的聲音，他立即坐了起來說：「斯德哥爾摩，這一定意味著諾貝爾獎金了。」

度過了一個難熬的白天，下午五時費米夫婦便坐在電話機旁。夕陽投在白牆上的影子在慢慢地滑動，室內光線漸漸暗了下來，可是電話機靜靜地臥在那裡，像啞了一樣。爲了打破這令人心焦的寂靜，費米夫人說：「我們打開收音機，邊聽新聞邊等電話吧。」

收音機裡傳來廣播員強硬、冷酷的語調：「現在宣讀第二批種族法：猶太人的孩子一律不許在公立學校就讀；猶太人教師一律刪除公職；猶太人律師、醫生和其他自由職業者，不許對猶太人以外的人開業，猶太人護照一律吊銷……」新聞播完了，費米夫婦更沒有話說了，他們各人的眉頭都結成一個疙瘩，在心裡嘆息著：「祖國啊，您眞的連您的兒女都不要了嗎？」

這時電話鈴突然響了：「是費米教授嗎？我是瑞典科學院，首先祝賀您獲得本年度諾貝爾物理學獎金。現在向您宣讀獎狀：

「獎金授予羅馬大學恩裡科．費米教授，以表彰他證認了由中子撞擊所生成的新的放射性元素，以及他在這一研究中發現了由慢中子引起的核反應。」

這本來是一個特大喜訊，可是這喜訊在沒有到來之前先被剛才那條殺氣騰騰的廣播新聞給罩上了陰影。費米放下電話心裡憂喜參半，沉思片刻，然後拉著夫人的手說：「好機會，我們就乘出國領獎之時到美國去定居，那裡已經有愛因斯坦等一大批科學家，這樣對我們個人和事業都有好處。」

費米夫人看看這個漂亮的客廳、臥室、還有臥室裡面的衛生間，那裡有新裝好的，她最心愛的綠色大理石浴盆。她眼中流淚了：「難道我眞的要離開祖國嗎？」

「就這一個機會了，一個難得的機會。」

一九三八年十二月六日費米攜夫人和兩個孩子離開羅馬。十二月十日在斯德哥爾摩領獎。一九三九年一月二日，他們安全到達美國。兩周後波耳也來這裡會合。這時，被法西斯勢力從歐洲各地趕來的科學家已經遍佈在美國各主要大學。希特勒決沒有想到他的排猶和專制卻爲淵驅魚，給美國送來這麼多急需的人才。

就在波耳剛踏上美國國土，邁特納和弗里施的電報也同時到達：實驗已經做完，和他設想的完全一致，鈾在分裂時能放出大量的能量。

這對科學是一個好消息，對時局來說是一個再壞不過的消息，這意味著鈾可用來作爲爆炸物，每磅鈾釋放出來的能量可能是普通炸藥的上萬倍。而這項新發現恰恰是在德國完成的，是那個戰爭魔鬼希特勒統治的國家，剛從那個魔鬼手中跑出來的科學家憂心忡忡，他們既知道希特勒的能量，又知道鈾裂變的能量，這兩者加起來簡直可以毀滅地球。波耳教授一個月間好像老了許多，他在學術交流中卻越來越多地談起政治問題，談論局勢。費米一想起那天在收音機前聽的排猶法，就渾身發涼，這幾個瘋子要是手中有了武器，什麼壞事都能幹出來的，他坐不住了，便去拜會美國海軍上將胡珀。胡珀說：「費米教授，您覺得原子彈會成爲現實嗎？」

「這只是一種直覺，鈾能不能變成戰場實用的爆炸物，我確實沒有把握。」

「謝謝。所以現在我們實在不好採取什麼具體對策。」

費米懷著惆悵之情回到他工作的哥倫比亞大學。在這所大學工作的匈牙利物理學家西拉德◎9也是剛剛流亡來美的，他的祖國已被德國吞併。他對費米說：「不要灰心，讓我再來試試。看來要找一個更有影響的人物出來說話。」

西拉德立即找到了在普林斯頓任教的另一位匈牙利物理學家維格納◎10。通過維格納又找到了在那裡工作的愛因斯坦。一九三九年七月的一天他們在愛因斯坦的二層小樓上整整談了一個上午。愛因斯坦對裂變很感興趣，他立即看出了其中的深遠意義。談話快結束時，愛因斯坦說：「你們的意思是不是要美國各大學也加緊這項研究，比如普林斯頓研究所也應立即開展這一項實驗？」

西拉德說：「不，這恐怕已經解決不了問題。因爲我們現在對柏林方面的研究進展一無所知。我們的意思，是請您出面給羅斯福總統寫一封信，希望這件事能引起美國政府足夠的重視，並積極組織力量實施。」

愛因斯坦是個很不願意和政界名人來往的人，又加上這事確還沒有把握，聞聽此言，將手插進他那團亂草似的頭髮裡，半天沉吟不語。

到底愛因斯坦是否答應了這個請求，且聽下回分解。

註解

◎9. 西拉德（西元 1898 年～ 1964 年）：Leó Szilárd。

◎10. 維格納（西元 1902 年～ 1995 年）：Eugene Paul Wigner。

第六十五回 憂蒼生科學家上書大總統 傳佳音航海者登上新大陸

——第一個原子反應堆的誕生

上回說到西拉德等人請求愛因斯坦出面向羅斯福總統寫信，籲請美國政府加緊核武器研究，愛因斯坦一時拿不定主意。他說：「你們向美國官方提過這個建議沒有？」

「費米教授拜會過海軍上將，但是毫無結果。」

「爲什麼？」

「因爲我們現在也說不出具體的想法和有多大的把握，這一切只有幹起來才會知道。」

「那麼總統會不會以同樣的理由拒絕這個建議呢？」

「現在形勢與上次拜會時又有不同，幾個月過去了，德國方面的研究我們不得而知。也許他們已造出了這種新武器。」

「好吧，你們先代我起草一封信再說。」

八月二日一封仔細推敲過的信送來了：

總統閣下：

我讀到了費米和西拉德近來的研究手稿。這使我預計到，元素鈾在最近的將來，將成為一種新的、重要的能源。考慮到這一情勢，人們應該提高警惕。必要時，遂要求政府方面迅速採取行動，因此，我的義務是請您注意下列事實和建議。

近四個月來，由於法國的約里奧及美國的費米和西拉德的工作，用大量的鈾達到原子核連鎖反應似乎已成為可能。由此便可生成極其巨大的能量和大量新的類鐳元素。看來，這項成就的取得，已是指日可待了。

這種新的物理現象的發現也將會導致炸彈的製造。縱然把握不足，但可以想像，一種新型的極有威力的炸彈是可以這樣製造出來的。這種炸彈僅需一枚，用船運載到我國的港口爆炸，就可以完全摧毀港口連同它周圍的部分地區。但這類炸彈也許過於笨重，不便空運。美國的鈾礦含鈾貧乏，且數量不多。加拿大及前捷克斯洛伐克有好鈾礦，而最重要的鈾資源則在比屬剛果。

有鑑於此，您也許將認為有必要讓政府與那批在美國從事連鎖反應研究的物理學家保持某種經常的接觸。對您來說，做到這一點的一個可取的辦法是，把這項工作委託給一位您完全信任的人，他不妨以非官方的身份出面。他的職責是：

一、溝通政府各部門，及時將進展情況告訴他們，並向政府提出行動建議，特別要注意確保美國的鈾礦供給。

二、為加速當前一直在大學預算範圍內進行的實驗工作，可由他組織願意為這項事業做出貢獻的私人提供資金，如果需要這樣的資金的話，並且，或許也可靠他取得具有必要設備的工業實驗室的合作。

我得知，德國如今對它佔領的捷克斯洛伐克的鈾礦所出產的鈾實際上已經禁售。竟然採取這一先發制人的行動，其原因大概無庸解釋。因為德國外交部國務秘書的兒子魏紮克被任命參與柏林威廉皇家物理研究所的工作，在該研究所裡，眼下正進行著若干美國對鈾進行過的研究。

您忠誠的愛因斯坦

這封信於一九三九年十月十一日交到羅斯福總統手裡。美國政府立即任命了一個「鈾顧問委員會」，陸軍、海軍也首批撥出六千美元的贈款，供科學家們購買實驗用材料。

實驗選擇在芝加哥大學進行。一是因爲芝加哥位於美國腹地，敵機不易轟炸；二是學校已經放假，而且人們也不會想到在這裡進行這種實驗。實驗的代號是「冶金實驗室」，但是這裡面沒有一個冶金專家。實驗場地很費了一番周折，需要一間很大的房間，而大一點的房子都讓軍隊徵用了。最後他們選中了芝加哥大學足球場看臺下面的一個室內網球場。它有三十英尺寬，六十英尺長，二十六英尺高，估計能擺開戰場。校長宣佈從今以後再不許任何人來足球場踢球，網球場自然更不能靠近了。人們只見一群科學家在看臺後面搬運東西，進進出出，絕想不到他們在幹一件將要裝入史冊的大事。這項工作由芝加哥大學的康普頓教授◎1負責，費米具體指揮。

各位讀者，我們知道哈恩和邁特納已經證實中子能使鈾核裂變，並能放出能量。但只用少量的中子實行一次轟擊，生成的能量當然有限。費米現在需要大量的中子，大量的裂變，他推想，當鈾核受到一個中子轟擊而分裂開來時，它自己同時也會放出一個或幾個中子，這些中子再去轟擊其他的鈾核，又放出中子，於是裂變就可以不斷進行下去，不斷放出能量。——這叫連鎖反

註解

◎1. 康普頓（西元 1892 年～西元 1962 年）：Arthur Holly Compton。

應。就是說哈恩是發明了一根火柴，能擦著火苗，但是立即就熄滅了，而費米則要想法點燃一堆乾柴，讓它能持久地燃燒。

怎樣點燃呢？這就用得看費米發明的慢中子的辦法了。那個在魚池中的發現，雖然當年柯比諾教授曾要求申請專利，可是戰亂驟起，他們哪有心思去管這個。想不到這時派上了用場。當初的小小實驗是用石蠟和水來減慢中子，現在費米準備用石墨代替。將鈾塊和石墨塊間距堆放——這就名符其實地成了一個「堆」：原子能反應堆。只要用一個中子源（它相當於一根點火的火柴）一點燃，堆中就可以不斷地裂變、不斷地放出中子，實現連鎖反應了。

點燃之後又怎樣控制呢？一旦中子釋放過多，鈾核迅速裂變，這就是科學家所說的「臨界狀態」，將有爆炸的危險。這時的辦法就是趕快吸收中子，所謂控制就是控制中子的多少。世上的事物總是有矛就有盾，一物降一物。中子能將鈾核打開，有如此威力，可是專有一種物質能吃中子，這就是鎘。在石墨和鈾堆中插進一些鎘棒，只要調整鎘棒就可控制反應的強弱了。

簡單道理交待過後，我們再看費米他們是如何建造和控制這個堆◎2的。

一九四一年十二月七日，日本突襲珍珠港，太平洋戰爭爆發，美國對日宣戰，德、義和日是法西斯同盟，當然不能坐視不理，立即也向美宣戰；美國隨即又同德、義宣戰。一場世界大戰的連鎖反應馬上升到「臨界狀態」。這時美國總統就更關心那個鈾的連鎖反應有何進展。「鈾顧問委員會」彙報了工作：總統命令集中一切必要的人力物力加速進行。

芝加哥大學的室內網球場現在完全成了一個軍用場所，老遠就崗哨層層，閒人不得靠近。汽車不斷將一些黑色的磚塊運到足球場的看臺後面。這些黑磚就是石墨塊。它柔軟光滑，就是我們平常用的鉛筆蕊。為了建造這個反應堆他們幾乎徵調了全國可以找到的石墨，那些石墨商不知道為什麼這個地方突然像水庫出現了一個大漏斗一樣，石墨流水般地被吸進這個無底洞裡。事後他們才知道這個堆用的石墨足夠為地球上的每一個人做一支鉛筆！

再說網球場內現時已完全成了一個煤黑世界。二十個物理學家還有幾個必要的幫工助手，現在早已統統變成了黑人。他們的臉上、脖子上、手上、鼻孔裡全都是石墨細粉。石墨磚要用機器切削成一定規格，自然就粉末四揚。這時的地板上比任何打蠟的舞池都要光滑。這些物理學家們常常不小心摔一個跟斗，汗水在他們的臉上衝出一條條小溝。「冶金實驗室」的學者們，要論外表，和一個井下的挖煤工人已完全沒有兩樣。

鈾塊和石墨塊一層層地往上疊放，共疊了五十七層，現在這個堆已經快頂住屋頂了。費米想到空氣會吸收中子因而影響繼續裂變，應設法使堆與空氣隔絕。能幹的助手安德森立即找來橡膠商，要定做一個六邊形的橡膠「盒」，以便把整個反應堆全部罩進去。橡膠商從未承攬過這種加工品，瞪著大眼睛問：「幹什麼用的？」

「一個大氫氣球。」

「氣球怎麼是六邊形呢？」

「您不必多問，反正給您錢就是。不然，我去找別人訂貨。」

六邊形「氣球」拿來了，反應堆的最後安裝就在這個大「氣球」裡進行，不過後來發現抽不

註解

◎ 2. 正式名稱為：芝加哥 1 號堆。

掉空氣也可正常反應，所以「氣球」有一面始終沒有封口。

一九四二年十二月六日這個歷史上有紀念意義的日子來到了。

這天一早那些渾身汙黑的物理學家突然變得乾乾淨淨。反應堆的建造工作已經完成，現場也已打掃乾淨，地板重又露出木紋。核反應爐馬上就要開始點火，人類是否可以從原子內部得到可供使用的能量，就決定在今天上午。

科學家們大部分都撤離到反應堆對面的平臺上。堆旁邊只留一個人——韋爾，他手扶著從堆裡伸出來的一根長棒，這是鎘棒。反應的快慢將由他通過這個棒來控制。但是這還不保險，堆上又爬上去三個年輕人，他們自己稱爲「自殺小組」，準備在反應堆一旦失去控制就從上往下灌鎘液，以「撲滅」這場原子火災。

在現場觀看實驗的除這群親手建造起反應堆的科學家外，還有冶金室的領導人康普頓教授，還有軍方領導人格羅夫斯將軍◎3（軍方去年八月就接管了鈾計畫，並把它改名爲曼哈頓工程）。還有一個特殊人物，他是這裡唯一與研究工作無關的人——杜邦財團的代表格林沃爾特先生。戰時，杜邦公司承擔軍方的許多生產任務，而前不久格羅夫斯將軍又提出要他們以生產規模來建造一座反應堆。將軍說反應堆裡的鈾裂變後會生成一種新元素，可用來生產原子彈。可是格林沃爾特這時還根本沒有聽說過反應堆這個詞呢。他不敢冒險，與軍方的談判陷入僵局，這天他也被通知來到現場，好看看反應堆到底是怎麼一回事。

費米擔任現場指揮。他說：「現在我們將抽出鎘棒，連鎖反應就會自動進行，蓋革計數器會用聲音報告反應的強弱，而這支描筆在紙上自動拙出一條指示輻射強度的曲線。好，韋爾，開始吧！」

韋爾將鎘棒抽出一尺，計數器開始喀嚓喀嚓地響動，描筆打出一條向上的曲線。

「再抽一尺！」

計數器的聲音響得更急，大家都屏息靜氣，有的人額頭上已經滲出汗珠。大廳裡靜得就是有根針落地也會鏘然有聲，這時計數器一聲聲地響著，像錘子敲在人的心上。誰知道這個堆會不會突然像一顆大炸彈那樣爆炸呢？

費米宣佈：「現在反應堆已進入正常的連鎖反應。」

堆頂上的「自殺小組」更加警惕，準備好的鎘液已經提在手中，現在正是最緊要的關頭。全體人員都注視著各種記錄儀，這樣共二十八分鐘之久。費米將手舉在空中又向下一劈說：「停止！」

試驗成功了。大家互相握手、擁抱、祝賀。而維格納（就是勸愛因斯坦上書總統的那個匈牙利物理學家）突然拿出一瓶基安提酒。原來今天上班時他就悄悄在大衣口袋裡塞了一瓶酒，他想一定能夠成功。維格納將酒分倒在許多紙杯裡，在場的人每人一杯。喝完後大家又在酒瓶的硬紙護殼上簽了名，然後就去忙著收拾現場，整理資料。格林沃爾特也立即握著格羅夫斯將軍的手說：「太精確了，簡直像一只瑞士手錶，我們公司同意生產了，馬上就簽字！」

正當各人都在忙自己的事情的時候，誰也沒有注意，有一叫沃特姆伯格的青年物理學家將那

註解

◎ 3. 格羅斯夫（西元 1896 年～ 1970 年）：Leslie Richard Groves。

個有大家簽名的空酒瓶收了起來，這是一件最好的紀念品。十年後的又一個十二月二日，芝加哥大學舉行反應堆實驗十周年慶祝會。沃特姆伯格當時正在外地，他特意將這只空酒瓶寄給慶祝大會。但是他又怕酒瓶會打碎，於是就加了保護費一千美元。一隻空酒瓶竟值千元，這件事立即成了轟動報紙的新聞。而專營基安提酒的商人因此卻大賺其錢。芝加哥大學的這個足球場的看臺後面，若干年後掛了一塊金屬匾，上面刻著這樣幾行大字：「人類在這裡實現了第一次連鎖反應，從而開闢了在受控制條件下釋放原子能的道路。」這裡因此聞名，成了一個旅遊者的參觀點。這是後話。

一九四二年十二月二日試驗成功的核反應爐生成的動力是很小的，它剛能點亮一只小電燈，幾天之後也才可以點亮四盞家用電燈。但是這不要緊，只要追出第一步就不愁走不完萬里路，只要摸清原理就會暢行無阻。瓦特初發明的蒸汽機只能為煤礦排水，但是以後它幾乎用於所有的工業、交通，關鍵是它開闢了一條新路——將熱能轉變為機械能；法拉第最初用磁鐵和線圈做實驗時只能使電流計的指針微微偏動，但他也開闢了一條新路——使磁變電，於是帶來了一個電氣時代；現在費米的原子反應堆雖然功率還很小，但是他也開出了一條新路——使原子核能轉變成熱能或其他能。這驗證了愛因斯坦的偉大理論，$E=mc^2$，質能是可以互變的。

自從費米那個只能點亮一個燈泡的反應堆問世以來，各種反應堆立即發展起來，有專門提供動力的動力堆，有用於科學實驗的研究堆，有生產核燃料的增殖堆，新能源展示出廣闊的前景。以核能發電來說，一座功率為一百萬千瓦的大型火力發電站，每年要燒二百萬噸煤。為此電廠得有運煤專線，一輛火車得運上千個來回。而同樣功率的核電站，只要六部卡車一次就能把全年的燃料運來。而且這樣可以省出大量的煤去作化工原料。用蓄電池發動的潛水艇，只能在水下潛行幾天，然後再浮出水面充電。可是，換成核動力可以十年不換燃料。

反應堆除提供大量能源外，還可以用來製造同位素。我們把各種元素放在反應堆的管子裡，經過中子照射就變成了新的放射性同位素。這些同位素由於它們的放射性表現出來的穿透作用、能量、螢光效應、特殊生理效應等等，它們在工業、農業、醫學、生物學、考古學、宇宙探索等許多領域都有重要作用。比如害蟲常會鑽到種子、土壤、樹皮裡面，一般化學殺蟲劑無能爲力，這時用穿透力很強的射線一照射，便使它斷子絕孫。還有金店內部在鑄造、焊接時會出現極小的砂眼、裂縫，肉眼是絕對不能發現的。這時只要用γ射線拍一張片子就會清清楚楚地顯示出來。如同人們對力學、光學、電學的探索一樣，對原子內部的探索已經給人類帶來了受益無窮的好處。

讓我們現在再回到費米的這個反應堆邊來。正當大家在一片興奮、激動中忙著收拾現場時，康普頓教授突然想起應該給美國政府方面打個電話，報告這一喜訊。他立即給負責這一工作的科南特◎4教授打了一個長途電話。當他拿起話筒時才想到這個絕密的大事怎麼能在電話裡說呢？對方已經在問話了：「喂，您是康普頓教授嗎？」

康普頓靈機一動回答道：「是的，我是康普頓。科南特教授，我想您一定很願意知道，那位義大利航海家已經登了新大陸了。」

註解

◎4. 科南特（西元 1893 年～ 1978 年）：James Bryant Conant。

「是這樣嗎？」對方聽懂了，高興地大喊起來。「當地的居民對他友好嗎？」

「很友好，每個人都安全登陸，並且感到愉快。」

這是一個很聰明的，在科學史上留下的一次著名的電話。義大利人哥倫布一四九二年發現新大陸，過了四百五十年後，正好是中間兩位數倒換一下，另一個義大利人費米在原子世界裡又發現了一塊新大陸。

康普頓教授還處在興奮之中，這時格羅夫斯將軍走過來，他伸出一隻大手說：「祝賀您，康普頓教授，但是既然試驗已經成功，我們的下一步計畫就該立即實施了吧？」

格羅夫斯說的下一個計畫是什麼？且聽下回分解。

第六十六回　苦幹三年兩顆炸彈製成功　悔恨萬分一紙建議致慘禍

——原子彈的爆炸

上回說到費米領導的原子反應堆順利實現了連鎖反應，在場的格羅夫斯將軍立即要科學家們投入下一個計畫。——這下一個計畫就是製造原子彈。

各位讀者，容我們在這裡先將原子彈原理與結構簡單交待幾筆。

其實，就原理來說它和反應堆沒有多少區別，只不過反應的速度不同。那反應堆專門有鎘棒吸收中子，唯恐這個不聽話的中子亂衝亂撞，使鈾燃料驟燃爆炸，這叫可控連鎖反應；而原子彈正相反，唯恐鈾燃料裂變太慢，不能爆炸，所以並不要鎘棒之類的東西來吸收中子，讓它去衝，去撞，越快越好，這叫不控制的連鎖反應。

爲了實現快速裂變，原子彈裡只能用鈾—235同位素，它很容易捕獲中子。同時，炸藥外面又有一道中子反射層，裂變生成的自由中子無法逃出去，就一個變三，三個變九，成倍增長。每一個核裂變所需的時間還不到一億分之一秒，整個原子彈的爆炸也就只有幾百萬分之一秒。就在這瞬間，原子彈放出極強的光輻射、衝擊波、中子流和γ射線輻射及放射性污染碎片。這些東西都可以殺人或摧毀建築物。那平時被禁錮在原子核裡的能量突然間被釋放出來，如黃河決堤，如獸籠大開，不可抗拒的災難便突然而至。

這些洪水猛獸在它未被放出來以前是怎樣壓縮在一個小天地裡的呢？原子彈的結構說來也

簡單。它裡面裝著兩塊鈾—235或鈽—239原子炸藥，另外還有一些普通炸藥作爲引爆之用。外面裹了一層中子反射屏，再裹一層彈殼，這就是一顆足以毀滅一個中等城市的原子彈了。

我們回頭再說那位格羅夫斯將軍，此人本是美軍工程兵負責人，身材魁梧，辦事幹練。他被授權組織曼哈頓工程，試製原子武器。那天反應堆試驗一成功，他就立即將康普頓教授請去說：「教授先生，您知道國家現在最需要的是什麼？是打贏這場戰爭。所以現在要立即讓那個反應堆變成一個原子彈；時間，最多三年。」

「將軍，您不是開玩笑吧。雖然對原子彈的構造、原理我們都有把握，可是原料奇缺，鈾和鈽到哪裡去找？就算找到一點鈾，其中鈾—238和鈾—235的比例是一百四十比一，而鈾—238是不能生成連鎖反應的。只說將鈾—238提鍊出來就要多大的工程啊。」

格羅夫斯神秘地一笑說：「工程的事，我這個工程兵頭子自會考慮，現在要和您商量的是人，要挑選一批科學家把他們送到那裡去。」

康普頓當然知道這個「那裡」的含意。便再不說什麼了。

難怪格羅夫斯胸有成竹，原來他早做了工程上的準備，在遠離大城市的地方買了三塊人跡罕至的土地，轉眼之間就建起三座城市。不過這城市在美國地圖上卻找不見，它的居民對外只有一個郵政代號。

第一座城市在橡樹嶺，它是專門分離鈾—235的。根據鈾—235和鈾—238之間這麼微小的一點重量差，科學家想了兩個辦法，一是將金屬鈾氣化，它們擴散時輕的快重的慢，自然就會分開；二是讓氣化的金屬鈾通過強磁場，它們會出現不同的偏轉，也可分開。但是只前一種辦法他們就建造了幾千英里長的管道，所耗的電相當於一座紐約市的用電；而後一種辦法所用的電磁鐵就有一個中等艦船那樣大。磁鐵外面要繞線圈，戰爭期間銅太缺了，導線就用銀子做，竟用了一萬五千噸白銀，只此一般就知美國政府爲了這顆原子彈花了多少血本。◎1

第二個秘密城市是專門用來生產鈽的。鈾—238雖不能裂變，但是它吸收一個中子後就變成鈾—239，鈾—239是放射性的，它很快放出一個負電荷的β粒子，本身就多了一個正電荷，於是原子序由92變成了93。各位讀者，前面我們說費米他們認爲自己曾發現了93號元素，原來正是這個道理。因爲在鈾裂變過程中是會有少量93號元素出現的，現在我們叫它爲「錼—238」。錼衰變得很快（即β衰變，放出一個電子），變成94號元素鈽（鈽—238），鈽—238像鈾—235一樣可以裂變，是製原子彈的好材料。這第二個城市就是專來實現這個轉變的。它在華盛頓州的西部◎2，沿哥倫比亞河畔竟占地一千平方英里，有專用鐵路三百五十英里，有人口六萬。但是這樣一座城市悄悄的就像不存在一樣。保密成了這裡居民的一個共同的性格。食堂裡掛著「先想好了再開口」、「勿談工作」等標語，所以幾千人的食堂除了嚼食物的聲音，竟沒有人說一句話。

這第三座秘密城市就是格羅夫斯說的「那裡」。它是原子彈的組裝和實驗地點。

一九四二年十一月，在新墨西哥州西北部一座荒涼的沙丘上站著兩個人，一個高大魁梧的將軍和一個文靜的書生。他們極目察看著這一帶的地形，山丘頂是一個平臺，臺地的西邊伸來一條綠色曲線，那是吉美茲山脈，而東邊突然降落，接著就是一片浩瀚無垠的沙漠。附近只有稀稀

註解

◎1. 事實上當初美國以三種分離方式來提高鈾-235的濃度——電磁（電磁裝置）、氣體（氣體擴散法）與熱（溫度梯度），目前最多採用的則是另一種氣體離心法。。

◎2. 漢福德基地（Hanford Site）。

疏疏的幾個居民點，臺地上有幾間破舊的石頭房子。他們目光對視一下向石房子走去。房子前面有十幾個孩子正在踢球，原來這是一所鄉村學校。校長出來迎接他們，那位將軍說：「對不起，校長先生，您恐怕要搬個地方，這座學校軍隊買下了！」這位將軍就是格羅夫斯，而那位書生便是物理學家歐本海默◎3，原子彈研製的負責人，現在的頭銜是研究室主任。不久以費米為首的那一批科學家便在芝加哥失蹤了。

一九四四年夏季的一天，費米的夫人突然接到一個電話，告訴她將有人送去三張火車票，她帶上孩子到指定的站下車，有人會把她們接到一個叫Y基地的地方。

費米夫人到達的當天就領到一塊白徽牌，就是說現在她也成了保密對象，她發現自己的丈夫身上佩著藍牌，意味著絕密。當天晚上，他們舉行了一個小小的家宴，費米領來的客人使她大吃一驚。有丹麥物理學家波耳，有義大利物理學家、費米的老朋友塞格雷◎4，有邁特納的外甥、奧地利物理學家弗里施，有英國物理學家、中子的發現者查德威克。這麼多不同國家的物理學家在這個神秘的地方相聚，大家都有一種說不出的心情，又喜，又悲，又急，又憂。喜的是闊別多年後老友相見，悲的是戰亂四起，他們背井離鄉客居此地；急的是聽說希特勒也在搞原子彈，在這場看不見對手的競賽中不知他們能否領先；憂的是這件歷史上從未有過的殺人武器製出來後不知會有什麼後果。

作為主人，費米夫人向大家一一敬酒。由於燈火管制，窗簾遮得很嚴，大家小聲談話。塞格雷淡淡一笑說：「我現在為美國政府製造武器，可是從法律上說我是敵人，美、義兩國正在交戰，我是敵僑。」

賀米夫人問：「您爲什麼不加入美國國籍呢？」

「您還不知道，我倒想申請，可是負責審批國籍的法官說美國根本就找不見我們這個地方。」大家都哈哈大笑了。

弗里施說：「戰爭已打了五年，我看快結束了，到時我們各人都可以回到自己的祖國，更用不著申請外國國籍了。」

費米說：「我們的原子彈馬上就要成功了，希望它能加速這個勝利的到來。」

波耳半天沒有說話，他低頭沉思著，已經禿頂的大腦袋在燈下特別醒目。他是在德國人佔領哥本哈根後，由游擊隊救出，用漁船送到瑞典，轉道英國，又乘飛機來到美國的。在這群科學家中他是最受尊敬的一個。這時他抬起頭說了一句考慮很久的話：「要是戰爭結束了，德國人並沒製成原子彈，那我們大家將是幹了一件什麼樣的蠢事啊？」。

到底德國方面是否在造原子彈，這確實是個謎。格羅夫斯一方面在國內組織原子彈實驗，另一方面加緊對德國的情報工作。一九四三年秋美國特別成立了一個以帕什上校爲首的偵察小分隊，代號「阿爾索斯」。這個小分隊不同於一般戰場上的偵察連、排，它除了有軍人外還有一些老練的情報人員和科技人員，任務則是每天翻閱德國的報紙和物理雜誌，分析、捕追德國的原子能研究動向。

一九四五年春天，偵察工作終於有了眉目。這天帕什上校出現在格羅夫斯的辦公室裡。他

註解

◎ 3. 歐本海默（西元 1904 年～ 1967 年）：Julius Robert Oppenheimer。

◎ 4. 塞格雷（西元 1905 年～ 1989 年）：Emilio Segrè。

在桌上攤開一張大軍用地圖和一個卷宗，正詳細報告他們的分析結果：

「將軍，您看，這裡是德國南部的黑森林地區。這裡有一個僻靜的村莊叫黑辛根，村子附近有一個大啤酒廠，它的鍋爐已經改裝成鈾鍋爐，這便是德國人的原子能試驗基地。實驗總負責人是威廉物理研究所所長海森堡，參加工作的科學家有哈恩、勞厄。」

「不得了，好強大的陣容。」格羅夫斯一聽到這幾個名字就不由得站了起來。他知道這些人論能力並不亞於他手中掌握的費米、歐本海默。他想了一會又說：「說下去，還有什麼關於試驗本身的情報沒有？」

「還有，德國人在挪威境內建了一個重水工廠◎5，工廠修在一千英尺高的懸崖峭壁之上。這個廠已被英國人和挪威抵抗力量於一九四二年十二月施行了一次成功的破壞。一九四四年二月，這個廠修復後將生產的重水裝上「海特洛」號輪船運往德國，途中又被抵抗力量將船炸沉。德國人這樣重視重水生產說明他們確實在搞裂變實驗，我們推想除挪威之外，他們一定在別處也還有原料基地，將材料運到黑辛根實驗、組裝，就和我們的曼哈頓工程一樣。」

格羅夫斯在地上來回踱著步子，有時停在牆上的大地圖前沉思片刻。一會兒突然轉過身，抬手示意帕什走近些，指著桌上的地圖說：「帕什上校，您來完成這件驚人的壯舉。我將向最高當局要求，派一個加強集團軍。您看，從這裡斜插過法軍陣地，當然這要請他們配合。您帶領您的『阿爾索斯』部隊在他們的掩護下突然襲入黑辛根地區，將海森堡這幾個人迅速抓獲，立即轉移到英國。」

「爲幾個人動用一個集團軍，當局肯嗎？」

「我想會幹的，對我們來說得到海森堡比俘獲十個軍師都有價值。」

這個計畫很快得到批准。美軍一個傘兵師、兩個裝甲師再加上一個整集團車開始向德國境內閃電般地襲去。一九四五年四月二十二日，帕什上校的小分隊出現在黑辛根基地。他們順利地俘獲了哈恩、勞厄，但是海森堡卻不知去向。

這時海森堡正騎著自行車慢悠悠地向家裡走著，他是淩晨三點離開基地的，連日來的疲勞使他想脫離實驗現場，換個環境，讓自己輕鬆一下。在路上他又遇到一個小麻煩，一個黨衛軍橫著槍問他爲什麼一人半夜出行，一定要逮捕他。他不怕，希特勒也不敢把他怎麼樣，他們現在還用得著他。但爲了不打擾自己的休息，海森堡掏出德軍元帥剛送他的一盒好菸，這個黨衛軍才放他上路。他就這樣不慌不忙地回到家裡，煮了一杯咖啡，點燃一支菸，背靠在籐椅裡，舒舒服服地長吐一口氣，看看窗外天邊的星星。突然背後一隻手搶頂住了他的肩膀。他一回頭看見一個美軍上校，肩帶一個徽章，上面一道紅色閃電穿過一個白色的「a」字母。他立即明白了這是怎麼一回事。

此人正是帕什上校。他說：「海森堡先生，對不起，您被捕了。」

海森堡仍然安詳地吸了一口菸，甚至微笑地示意帕什坐下，他說：「上校，我想你們這樣興師動眾，並不是爲了我，而是爲原子武器吧。我可以明確地告訴您，這實在是一場虛驚。一九四二年初之前，德國方面曾有過這樣的打算，可是到了夏天，最高當局就已放棄了這個嘗

註解

◎5. 重水是一氧化二氘的俗稱，可以使中子減速，是核反應爐中的中子慢化劑。

試。因為我們的工業負荷太重，你們的空襲太多，還有抵抗力量的破壞。元首親自簽署命令，只許進行那些半年之內就能見實效的研究。這樣倒好，我們這些物理學家在道德上獲得了解脫，將來不應讓人指為殺人犯的。」

「先生，我現在還不能相信您的話，況且我的任務只是請您跟我們到英國去。」

「是的，我可以跟你們走一遭。但是我要告訴您，美國政府大可不必那樣害怕，不必花那麼多錢，集中那麼多科學家。一九四一年秋天，我在哥本哈根見到我的老師波耳先生時就曾暗示過這個意思，可惜他未能理解，聽說他現在也在幫你們工作。」

面對這樣一個偉大而又安詳的科學家，帕什上校不好意思總用槍口對著他。他將槍插入槍套中，海森堡站起來，帕什甚至還上去扶了他一把。當他跟著海森堡出門時，心裡在說：看來我們眞的是虛驚一場。德國人確實還沒有進入原子彈的試製階段。

但是，美國人的原子彈已經是箭在弦上，不得不發了。

一九四五年七月十六日晚上，就是抓獲海森堡後將近三個月，費米和他的夥伴們匍匐在新墨西哥州的大沙漠裡。轟然一聲巨響，費米突然躍起向空中撒了一把碎紙片。隨著巨響是一陣氣浪，將紙片急速地捲走。費米緊追紙片跑了幾步，然後大聲喊著：「成功了！它的爆炸威力相當於二萬噸梯恩梯炸藥◎6。」原來他是根據衝擊波吹走紙片的距離來測算炸彈的威力。過了一陣他們驅車來到爆炸現場，只見一個直徑半英里的大坑，坑內表面上的沙子早已熔化後又凝固成一層玻璃。

現在德國人已經潰敗、日本人也已經到了潰敗的邊緣，而新墨西哥州基地裡卻有兩顆裝好的原子彈還沒有使用，科學家們感到自己的任務已經完成，戰爭的勝利就在眼前，這兩顆原子彈已無使用的必要。波耳為此曾專門見了一次羅斯福總統，愛因斯坦也向總統再次擬好一信，但是羅斯福很快病逝。新上臺的是杜魯門。這些努力都太晚了，老虎一經養大便再難限制它的野性。杜魯門簽署了投放原子彈的命令。

一九四五年八月六日清晨七時，一架美國飛機出現在日本廣島上空，警報響了，但是居民們已經司空見慣，並不去躲避，況且這是一架普通氣象觀察機。八點十五分，空中突然出現兩架飛機俯衝而下，其中一架投下一個降落傘吊著的爆炸記錄儀，另一架投下一個原子彈。頓時，這座有三十五萬人口的城市便消失在一道紫光之中。一團熾熱的火球越脹越大，隨即刮起一陣疾風，時速達五百英里。一會兒，一股蘑菇狀煙雲仲向五萬英尺高空，接著煙雲凝成烏黑滑膩的大雨點，從天而降。就在這片刻之間，廣島地面上的一切建築物都被夷為平地，約有八萬人被奪去了生命。

這天上午，愛因斯坦正在紐約州北部的薩朗那克湖上，一人乘著自己設計的帆艇滑行。水上運動是他的特殊愛好，雖然年紀大了，興趣仍未稍減。中午，當他回到岸邊時，一位《紐約時報》的青年記者正在那裡等著他。

「愛因斯坦先生，您還不知道吧，今晨八點十五分，一架水上飛機在廣島投下了那個炸彈。」

註解

◎6. 三硝基甲苯，縮寫為TNT。

愛因斯坦瞪大了眼睛，有幾秒鐘不說話。他那團亂髮被湖上的風吹得更亂，根根銀絲都像是受了驚似的橫豎亂伸。只聽見他左腕上的手錶在嘀咯地響著。半天他才說一句：「這是不能允許的！」

「愛因斯坦先生，人們都說您是原子彈之父，或者原子彈的祖父。現在原子彈誕生了，您有什麼感想？」

「年輕人，你們這些掌握輿論的人要明白，戰爭我們是打贏了，但和平卻失去了。我現在最大的感想就是後悔，後悔當初不該給羅斯福總統寫那封信。我從來不承認我是什麼原子彈的『父親』、『祖父』之類的玩笑。我參與這件事的唯一工作就是簽署了那封信。我當時是想把原子彈這一罪惡的殺人武器從瘋子希特勒手中搶過來。想不到現在又將他送到另一個瘋子手中。戰爭勝利已成定局。我們爲什麼要將八萬無辜的男女老幼，作爲這個新炸彈的活靶子來打呢？」

「先生，您的和平主義思想是人盡皆知的。現在，您認爲應該怎麼辦呢？」

「禁止使用核武器。首先是科學家，無論那一國的，都團結起來抵制對原子武器的研製，而且要迫使政府通過一項對使用核武裝的禁令。假如我們這些製造了這場爆炸的科學家，都無法獲得對它的禁令，我們就是給自己，也是給科學家定了死罪！」

愛因斯坦的想法到底實現了沒有？且聽下回分解。

第六十七回　一念之間救活千萬人　十年接力功到自然成
——抗生素的發現

上回說到愛因斯坦聞聽自己建議研製的原子彈在廣島上空爆炸，千萬無辜百姓瞬間灰飛煙滅，不覺痛心疾首，大呼科學家要帶頭設法禁止核武器的使用。從此以後，禁止使用核武器便成了一場世界性的和平運動。

科學是一把鋒利的寶劍，人們得到它可以披荊斬棘，去爲幸福的生活開闢坦途，也可以同類相殘，製造災難；科學是一把打開自然寶庫的萬能鑰匙，人們用它來取得光、熱、電，創造新的文明，但也能用它放出邪惡的火，製造罪孽。在進行第一次世界大戰時，人們還只能用老式的槍炮對射，到第二次世界大戰時便能用飛機轟炸，用潛艇偷襲。全世界死於二次世界大戰的人便有五千一百二十萬人。科學爲這場戰爭造就了最強大的殺人武器，就是那個愛因斯坦後悔不迭的原子彈，但是科學也在這時發現了一件救人免於死亡的法寶——青黴素。

話說一九四三年春天，正是太平洋戰爭緊張之時，美國在各處的傷兵源源不斷地運回國內，湧進伯利漢城的柏西乃爾陸軍醫院。這本是一個擁有兩千五百張病床的，世界上少有的大醫院，但是現在連走廊上都擠滿了傷患。他們大都是槍傷、炸傷或燒傷，缺臂少腿慘不忍睹。院長正在巡視現場，他只能在橫躺豎臥的傷患堆中跨行。他看看他們滲出鮮血的繃帶，聽著大呼小喚的呻吟之聲，更是愁腸百結，哭天不應。他知道這些小夥子說是被送來這裡搶救，但實則是來排隊等死。傷患送來之前，傷口幾乎全部感染，病菌吞噬著肌肉，侵入骨骼，侵入血液，病人被折磨得奄奄一息，而醫生卻束手無策。因爲他們能用的最好的消炎藥便是磺胺了。但這種藥大量殺傷人體的白血球，反倒削弱了病人的抵抗力，加快了病人的死亡。

這天，從波士頓來了一位青年醫生，他自稱帶來一種「神藥」，可以讓這些傷患起死回生。院長不信，但是這些傷患再也無其他辦法可救了，他便選了四十九名嚴重骨折的病人來試試看。他們的骨片都已刺出皮膚，傷口嚴重感染，醫生用這種「神藥」消除炎症，挖去死肉，縫合傷口，果然再未感染，其中四十二人竟很快出院。他們又把這種藥用於骨髓炎、腦膜炎、血液中毒等，結果受治療的兩百零九人就有兩百零六人活了下來，並很快出院。這眞是一個奇蹟！院長握住青年醫生的手高興地說：「年輕人，您從哪裡發現這種『神藥』？」

「不，這種藥的發現者是一個英國人，他叫弗萊明◎1。可惜它現在還不能大量生產。我這次帶少量樣品來，就是希望能引起軍方對這種藥的重視。」

各位讀者，這位青年醫生用的「神藥」當時叫「盤尼西林」，它是人類發現的第一種抗生素。提起它和它的發現者弗萊明，這故事還得從頭說起。

亞歷山大．弗萊明一八八一年生於英國的洛克菲爾特。他在醫學院畢業後特別要求到聖瑪麗醫院實習。說來這個原因很可笑，因爲聖瑪麗醫院的水球隊水準很高，而弗萊明酷愛這項運動，於是便投奔這裡而來。他實習成績優異，醫院要留他任住院部醫生，可是這時細菌部正在組建射擊隊，弗萊明對體育無有不好，射擊也是一把好手，於是他又被細菌部主任從住院部挖了過來。誰知他這個從游泳到射擊的業餘愛好的轉變，倒促成了他從醫生到細菌研究者的專業的轉變。柏西乃爾陸軍醫院得救的傷患，倒是眞應該感謝他那濃厚的射擊興趣呢。

再說弗萊明到細菌部上任不久，就趕上第一次世界大戰爆發，他立即上了前線。戰士們傷口潰爛感染的痛苦給他留下極深的印象。戰後他又回到聖瑪麗醫院細菌部，發誓要解決這個難題。

一九二八年，他集中力量研究葡萄球菌。這種可惡的東西，在顯微鏡下是黃色的，像一堆魚子，讓人一看就想嘔吐。它就是傷口潰爛、生膿長瘡和血液中毒的禍根。研究的辦法照例是把這種細菌接種在培養皿上，給它一點培養液，讓它生長，觀察它的形態和生長規律。這是一件很枯燥又要很細心的工作，從雷文霍克、巴斯德開始，便只有極富耐心的人才幹得了這種事。

一九二八年的一天早晨，弗萊明換上工作服，像往常一樣推門走進實驗室，第一件事就是檢查一夜間細菌的生長情況。他將那些小碟子似的培養皿一個個取出來，仔細觀察，看到有一隻培養皿上的黃色葡萄球菌比昨天少了一半。這是實驗室裡常有的事，細菌被別的菌污染後，培養皿上又會長出別的菌種。這一碟污染過的菌是不能用了，應該倒掉，重新培養。弗萊明站起身來，左手持碟，右手抓過一把鑷子，噹啷一聲刮在皿邊上，就要將這些可惡又可憐的葡萄球菌刮入垃圾筒裡去。但是，就在這鏡子碰著皿邊噹啷一響之際，弗萊明的手又縮了回來。他轉念一想，我何不看看到底是什麼討厭的細菌總是污染我的培養皿，破壞我的實驗？

弗萊明這一轉念不要緊，他可挽救了千萬條生命。

註解

◎ 1. 弗萊明（西元 1881 年～ 1955 年）：Alexander Fleming。

他把碟子拿在手裡仔細觀察，被污染的地方好像長了一層綠黴。這不知是哪裡飛來的一點線黴菌的孢子落在了培養皿上，它便這樣迅速地生長開來。更奇怪的是，這種綠色的菌十分強悍，竟將那些黃色葡萄球菌慢慢地吞噬掉了。按一般生物學家的解釋，這是因爲新菌奪去了培養皿上的養分，舊菌自然餓死。可是弗萊明不願因襲這個傳統觀點，他想弄清這支「綠軍」是怎樣將「黃軍」戰敗的。他在筆記上寫道：「是什麼引起我的驚異呢？就是在綠黴的周圍，葡萄球菌被蝕化，以前它長得那樣茂盛，現在只剩下了一點枯影。」

弗萊明未敢耽擱時機，他立即取來白金絲，挑了一點黴菌，放在皿上細心培養。這些黴菌在顯微鏡下很是好看，起初長出一點白色的絨毛，後來就變成一層綠色的「地毯」，而每一根就像浸在水裡的毛筆，頭上還有向四周張開的筆毛。他興奮極了，立即召來兩名助手說：「這種新菌生長力這樣強，我看它很可能是葡萄球菌的死敵，它不只是和葡萄球菌爭奪養料，而是自己分泌了一種汁液直接殺死了對方。」於是弗萊明吩咐助手將黴菌培養液仔細過濾。然後，他取過一只長滿葡萄球菌的小碟，用白金絲挑了一滴過濾液滴入其中，幾小時後，那些可惡的葡萄球菌竟消失得無影無蹤。

弗萊明高興極了，他連連吩咐助手們趕快再製一點過濾液來。他們將過濾液稀釋到各種濃度，試驗於各種細菌。當濃度爲百分之一時就足以殺死鏈狀球菌；到三百分之一時還可能阻止葡萄球菌的生殖；到八百分之一時，還可殺滅肺炎球菌。這可眞是一件從天而落的大喜事。那些瘋狂作亂的病菌原來自有一種與它同樣小的玩藝兒來輕而易舉地對付它。病菌是可以由其他菌來對抗的，這便是抗生素，弗萊明把這個人類發現的第一個抗生素命名爲青黴素。

各位讀者，青黴素存在於世界上也不知有幾千百年，何以單單撞在弗萊明的手中，去讓他發現？這就要說到科學研究的一個重要方法，就是觀察。其實客觀事物存在於我們每個人的周圍，同每人奉獻著平等的發現機會。有人熟視無睹，掃一眼即過，他睜著眼其實並沒有看見什麼；有的人留戀不止，注視良久，想了又想，想了又看，總要發現事物中的特殊之點，找出問題的最新解釋。於是這個平等的發現機會在不同人的身上就會結出極不平等的結果。這也就是爲什麼從古到今科學門庭人來人往，攻關大軍浩浩蕩蕩，而摘冠奪魁者總是少數偉人。原來他們一決定獻身科學事業，便努力練就了一雙銳利而又冷靜的眼。弗萊明也正是一位這樣的學者。他在孩童時代就養成一種細心的習慣。一次他隨母親到醫院裡探望一位病人，他問那人得了什麼病，爲什麼會得這種病，直問得苦主再也答不出來，只好說：「孩子，人們還沒有詳加研究的病症多著呢！」

他記住了這句話，以後發誓學醫，無論在戰場上觀察那腐爛的屍體，還是在醫院裡收集培養各種病菌，都要極細心地觀察記錄和思考。今天他發現青黴素實在是理所當然的了。

再說弗萊明發現了青黴素的抗菌作用，欣喜若狂。他又一轉念，還不知這菌本身對動物和人體有無毒性。於是他趕快找來一隻家兔和一隻白鼠，同它們的耳朵上和腹內分別注射了濾液。還好，並無一點不良反應。他又在人的血液內混上一點青黴素，證明對白血球也無殺傷作用。於是弗萊明便揮筆將這一成果寫成一篇短文，發表在一九二九年九月份的《英國實驗病理學》雜誌上。當時有人勸他就這項發現去申請製造青黴素的專利，他說：「爲了我自己和我一家的尊榮富貴，而無形中危害無數人的生命，我不忍心！在我畢業之時就宣過誓，一定要以所學知識救死扶傷。醫藥界最可怕的莫過於貪，貪名貪利而不捨己救人無異於拿刀殺人。」他毅然將這一發現過程詳細公佈。

但是，正像許多重大發現一樣，科學原理的發現到轉換爲具體應用，這中間還有許多技術難題。青黴素可以救命治病，但是靠在碟子裡培養，實在太少太少了。哪怕治療了一個輕微的傷口也需要幾公升的濾液。且不說造不出這樣大量的藥來，就是能造出來，把幾公斤的濾液傾注到人的血管中去，這也是不可能的。人們一時還找不到一種提取出有效成份的好辦法，於是這種「神藥」在醫界引起一陣小小的興奮之後，又漸漸被人遺忘了。

歲月整整過了十年，有一個從德國流亡到英國的青年化學家錢恩◎2，他看到了十年前弗萊明發表的那篇文章，於是又開始作提煉實驗。到一九四〇年冬，他提煉出很少一點青黴素，剛夠給四隻老鼠注射。他先給八隻老鼠注射了致死的病菌，再給其中的四隻注射青黴素，結果這四隻活了下來，另外那四隻立即死去。但是錢恩提鍊的藥其純度才只有百分之零點三。而且這種方法所需黴菌培養液極多，要提煉出能治一個惡性病人的藥，就需要注滿一節火車廂的菌液。所以實驗還是只能在白鼠身上做，因爲一隻白鼠的體積只有人體的三千分之一。

到一九四一年，青黴素研究的接力棒又傳到了一位澳大利亞人手裡，他叫佛洛里◎3，此時正在牛津大學教病理學。佛洛里想方設法在英國一家化工廠的幫助下，提煉出一小匙青黴素藥粉。他估計這足夠治療一個病人了。這年冬天恰巧有人急慌慌地來請他出診。他登門一看，床上躺著一位四十八歲的員警，頭上臉上全是膿瘡，全身也已多處潰爛，眼睛腫得已經睜不開，神志昏迷，離閻羅殿也就只差一步了。佛洛里想別無他法，只有將這一小匙藥粉拿出來或許還可救命。

這佛洛里忙吩咐助手將藥粉配成生理鹽水，架起輸液裝置，藥液一滴滴地滲入病人的血液中。他也顧不得吃飯睡覺，一直守候在病人身旁。二十四小時過去了，病情顯著好轉，膿瘡不再惡化，病人竟睜開了眼睛。到第五天，病人已能吃東西了。家屬和鄰居們都高興地擁進來，他們歡呼佛洛里帶來了「神藥」，親人有救了，從此人類再不怕這種病魔。可是這時佛洛里卻急得坐立不安，他臉脹得通紅，額頭上滾下豆大的汗珠，大家越是高興，他就越是手足無措。原來他那一小匙藥粉已經用完。眼看著病菌又捲土重來，病人那本已放出光亮的黑眼重又閉上，臉上的膿瘡重又鼓起，死神對他只鬆了一下手，又緊緊地將他拉走了。

病人死了，是在醫生的手中眼睜睜地死去的。佛洛里捶胸頓足，他的悲痛還要勝過別人十分。是自己醫術不高明嗎？不是。是這種新藥無效嗎？不是。是這種藥太少啊，它發現已經十多年了，可是總邁不出實驗室的門，進不了病房。看來做醫生的不能只等藥，還要推動生產單位去造藥。佛洛里大聲疾呼，在倫敦奔走。但是這時正是第二次世界大戰的緊張階段，炮火連天，倫敦尚在生死存亡之時，有誰來投資生產這種新藥呢？可是，戰爭不能正常生產藥品，卻在大量地生成傷患和病人。佛洛里眼看看一批批傷員、病人在自己面前死去，心如刀割。他知道在國內

註解

◎ 2. 錢恩（西元 1906 年 ~ 1979 年）：Sir Ernst Boris Chain。

◎ 3. 佛洛里（西元 1898 年 ~ 1968 年）：Howard Walter Florey, Baron Florey。

一時是得不到支持了，轉念一想，大西洋彼岸的美國還未經戰火灼燒，或許還可生產這種「神藥」，於是便帶了一名助手，毅然飄洋過海，投奔美國而去。

正是：

眼見病人輾轉死，懷抱妙方無人識。

喊天不應地無聲，飄洋過海覓相知。

卻說佛洛里到了美國之後又少不了一番遊說，為救人類於病痛，他受盡了跋涉之苦與唇舌之累。這樣幾經周折，一天他找到了美國農業部實驗室，又力陳新藥的好處和商業應用的可能。真是天無絕人之路，這個實驗室發酵組的主任也是一位熱心人，他立即表示支援，並組織了二十五人的研究組，就請佛洛里指導開始了實驗。果然，不久他們用玉米汁培養黴菌，青黴素的產量一下提高了十倍。

這個可喜的進展對佛洛里是極大的鼓舞，他立即請求軍方幫忙。辦法很簡單，就是飛行員外出執行任務時從各地機場抓一把土帶回來。於是佛洛里的實驗臺上很快堆滿了印度、中國、非洲、南美洲等地的泥土。他就從這些土中分離菌種，青黴素的產量從每立方公分兩單位，一下子提高到四十單位。真是翻過高山見平川，難關一過，順利的事就接踵而來。一日佛洛里高興，下班之後在實驗室大門外的街上散步。他見路旁水果店裡西瓜滿架，想這幾日工作很有進展，何不買幾個西瓜慰勞一下同事們，便步入店內。他正要舉手點瓜，忽見櫃檯上有一只擠破的西瓜，有幾處瓜皮潰爛，上面長了一層綠色的黴。他忽然對售貨員說：「就要這一只。」

「先生，那是我們剛選出的壞瓜，正準備扔掉呢！」

「那就請您送給我吧。」

佛洛里捧著這顆爛西瓜回到實驗室裡，他小心地取下一點綠黴，培養出菌種。想不到從這裡得來的青黴素又從每立方公分四十單位猛增到兩百單位。青黴素的產量從此猛增，到一九四四年美國已有兩千所青黴素倉庫。戰後，這種曾是極貴重、極神秘的藥已經能在藥店裡隨意購到了。而弗萊明、錢恩和佛洛里三人因爲這項偉大的功績同時被授予一九四五年度的諾貝爾生理學或醫學獎。這是後話。

還說佛洛里在美國兩年終於將青黴素從實驗室推廣到了病房，雖冒著風浪，遠渡重洋，但有此收穫也算不虛此行。他還一直惦記著在英國的研究工作，大事辦完便收拾行裝準備回國。這時美國科學研究院的醫科主任聽說弗格裡要走，便特邀他去敘談。因爲這位主任近幾年主要研究醫治槍傷、燒傷、實得力於佛洛里的青黴素。兩人坐定，主任說道：「大戰中我們科學研究生產了一種最厲害的殺人武器，又研究生產了一種最有效的救命良藥。前者是原子彈，後者是青黴素。先生您眞可與愛因斯坦媲美了。」

佛洛里說：「這萬萬不敢，而且青黴素也不是我首先發現的。但作爲一個生理和醫學工作者，我要大聲呼籲，科學除了研究自然現象外，實在也該將注意力對準我們人體自身。這裡面還有許多的謎還沒有被解開呢。」

到底人們怎樣揭開自身的謎，且聽下回分解。

第六十八回 嚴師長聲色俱厲教學子 慈老翁語重心長勉後人

——條件反射學說的創立

上回說到佛洛里爲了推廣一種藥，遠渡重洋四處奔波。他面對這個烽煙四起，戰事不休的世界，發出一聲關心世人的長嘆。而有一位偉人正是以此爲己任的。這便是蘇聯生理學家巴夫洛夫◎1。

巴夫洛夫於一八四九年九月二十七日生於俄國中部的梁贊城。父親是一個窮神父，母親常外出給人家幫傭。家境十分貧寒。兄弟姐妹十人，他是老大。在這樣苦困的條件下，他父親堅持讓兒子讀書，並告訴他讀書最要緊的是認眞，一本書要讀兩遍，努力理解其中的思想內容。巴夫洛夫謹記父訓，從小就刻苦認眞，肯動腦筋。一次，他隨父親到一個農家去，替一個危重病人做臨終祈禱。在回來的路上，小巴夫洛夫想起剛才病人痛苦的樣子，便憂傷地問道：「爸爸，你救不了她的命？」

「這種病是無法治好的，但願我剛才的祈禱能救了她的靈魂。」

從此，他就暗下決心，將來「要弄清人的構造，幫助人們成爲健康、聰明、幸福的人」。他先是考進聖彼得堡大學博物科，學了幾年生理。但到大學畢業時，他對自己掌握的這一點知識很不滿足，便寫信給父親說：「這個世界上冤死於疾病的人太多了，實在是人類的一大憾事。雖然我明年即可大學畢業，但我現在正跟教授們商量，可否准許我放棄自然科學的學習，轉入醫學院從頭學起。」

母校的醫學院嫌他年齡大，不肯錄取，他便進了軍醫學校。他從軍醫學校畢業時已三十四歲，因成績優異留校從事研究。一次，他爲了一篇論文，發表在新醫藥雜誌上。一位德國生理學權威看到這篇文章後大呼：「眞是一位天才！」便託雜誌社給他轉去一筆路費，請他到德國合作。一八八九年，巴夫洛夫已四十歲，便啓程來到柏林。這時，原來曾拒絕他入學的母校醫學院方知道他是一匹千里馬，於是再三電邀他回國。數年後他又回到聖彼得堡大學任實驗醫藥學院生理研究所主任。

巴夫洛夫一生的研究有三個階段，先是血液循環系統和消化系統，後來又研究神經系統。一九〇四年，巴夫洛夫因爲對消化系統的研究成果而獲得諾貝爾獎。這年他已五十五歲，就是這一榮譽也足夠他享用終生了。但是他突然提出一個小小的題目：唾液是怎樣流出來的？他的朋友聽說這一決定後專門跑來勸他：「你這個老頭子不是發瘋了吧？以你這位剛獲得諾貝爾獎的偉大生理學家，卻搞這樣司空見慣的實驗，只怕不但不能出新成果，還給人家空留下笑柄。」

巴夫洛夫微微一笑說：「一片樹葉雖小，卻要靠樹根、樹身給它輸送養分。難道這一滴唾液不會牽動人的全身嗎？而其中的秘密又有誰知呢？」

巴夫洛夫是一個治學極嚴又雷厲風行的人，他說做就做，立即和助手們佈置起一個實驗室。他將一條狗捉來，在牠的頰部開一個小孔。狗嘴裡本有六條唾腺分泌唾液，這個孔只將一條唾腺的唾液引到外面來，有一個專門的儀器來準確地計算唾液的滴數。這隻狗被關在一間沒有聲音的

註解

◎ 1. 巴夫洛夫（西元 1849 年～ 1936 年）：Ivan Petrovich Pavlov。

房子裡，這種手術也不使它有什麼痛苦，因此它可以照常生活，進食、睡覺。當食物在嘴裡嚼動時，它就分泌唾液，只不過其中有六分之一沒有流到胃裡，而流到下巴邊的管子裡。

這一切佈置好後，巴夫洛夫把助手們召集來。他每次做實驗前都要向助手和學生講清原理及操作過程。他的實驗室規矩極嚴，牆上寫著「細心觀察」幾個大字，地上乾淨得不許有一張紙片。實驗一開始，這裡的氣氛嚴肅得不亞於一個軍事指揮所。這時助手們都穿著白色工作衣，聚精會神地聽他說話：

「動物怎樣支配自己的活動？我們現在還不清楚。有一種觀點，說是靈魂在起作用，這就更玄了。以往的生理學做了許多解剖，也探明不少問題，但他們解剖的是已停止了生命的動物，所以無法觀察動物生命的運動。我們現在這套實驗，就是讓狗既能正常進食，又能觀察到它的唾液分泌。」

「老師，吃東西就要分泌唾液，這不是早已觀察過多少次的嗎？」

「對。但是我們今天不只觀察狗吃東西時怎樣分泌唾液，還要觀察它不吃時能不能分泌，或在怎樣條件下分泌。如果能，這就不只是一個吃的問題，而是什麼地方指揮狗的唾腺在什麼時候分泌唾液。就是說，我們是通過狗的唾液來研究一下它的腦子，看看它的神經是怎樣活動的。」

啊，原來如此。巴夫洛夫是想舉一反三，通過幾點唾液來探測神經活動的奧秘。

他們先是一搖響鈴鐺就開始給狗餵食物，這樣配合了幾十次後，只要鈴鐺一響，即使不餵食物，狗也分泌唾液。後來他們又改成電燈一亮就餵食物，接著又換了其他多種信號。但無論哪一種信號，只要重複配合幾十次，就都能得到同樣的效果。這種信號刺激的準確度實在令人難以置信。就是我們耳朵根本不能區別的振動數每秒五百次和每秒四百九十八次的音，只要與前者同時餵食數十次，那麼狗也能在聽到前一種聲音的情況下分泌唾液，而在聽到後者時絕不分泌。這就很可以理解，爲什麼一隻狗，當我們剛一舉起棍子，或突然蹲下做個摸石頭的動作時，它就會機靈地逃避。就是說，動物的每一個微小的器官都是由大腦和神經把它們聯繫在一起，外部世界對動物有什麼刺激，神經和大腦就會作出反應，再重複刺激，以後一遇到相同的條件，就立即有相同的反應。巴夫洛夫將這稱爲「條件反射」。如果沒有這種條件反射能力，動物和人將不能生存。不過人和動物又有不同。動物只會根據具體的條件反射，而人還可以根據語言來反射，這叫「第一信號系統」和「第二信號系統」。

一九二七年巴夫洛夫公佈了他的研究成果，使全世界都爲之震驚。人被靈魂支配的學說被徹底擊垮了。身體的活動是肌肉的運動，意識的精神活動原來也是作爲物質的大腦生成的。這是唯物論的一個最好例證。第二年，一九二八年，正好是生理學家哈維誕生三百五十周年，巴夫洛夫應邀參加在倫敦舉行的紀念活動，各國學者都向他歡呼，稱爲哈維再世。

各位讀者，這「條件反射」作爲一個科學的原理是巴夫洛夫第一個發現和提出的，但是我們平時早就在不自覺地運用它了。據說曹操一次帶兵打仗，將士行軍艱難，正趕上日午，口乾舌燥，但附近又無水源。忽然曹操將馬鞭一舉說：「前面好大一片梅林！」人們聞言嘴裡不由得分泌出口水，其實並沒有什麼梅林。但這一條件反射倒眞止了一點渴。還有一個故事說的是清朝時有個地主，每當他騎驢出門就讓路上的窮人給他彎腰行禮。當時還是孩子的鄭板橋氣憤不過，忽生一法。他乘地主不在，就用一根柳條對那毛驢猛抽，抽幾下，對驢行一個禮。然後又抽幾下。這樣，這頭毛驢再馱著地主出門時，一見有人行禮便一驚，把主人摔落在地。如是幾次，地主騎驢出門時便再不敢讓人給他行禮了。那曹操和鄭板橋各比巴夫洛夫早一千六百多年和一百五十多年，卻也能如此熟練地運用條件反射。這是一段閒話。

再說巴夫洛夫所以能發現「條件反射」原理，實得力於他的認眞。他是位一絲不苟的學者，平時實驗用的狗，他都要親自餵食。他就是隨便寫一張便條，別人猛一看還以爲是印刷的。他對學生和助手極誠懇，但又要求極嚴，決不饒恕他們的哪怕是最微小的一點疏忽。一天，巴夫洛夫正指導學生做狗的唾液分泌實驗，他的助手因爲專心聽講，沒有記錄下唾液腺分泌的兩滴唾液。巴夫洛夫講完話後查看記錄本，便一把將本子摔在地上：「見鬼，你剛才幹什麼去了？你的職責是什麼？你要是對這個專業有興趣，那就請勞你的大駕，從頭到尾自己動手，用你自己的手和眼，這是我們的最高原則。如果你連這一點也做不到，又想得到知識，卻又不想認眞吃苦，那就請走你的路吧！」

這個學生一直被訓得滿面通紅，脖頸流汗。他想這回完了，好不容易進了這個全世界生理學界都注目的實驗室，可是就要被辭退了。但到了晚上，他卻接到一張便條，上面寫著：「不要妨礙事業，明天請來做實驗。」凡是跟隨巴夫洛夫工作過的人，都受過這樣嚴格的訓練，所以他的實驗室提出的報告，從來是無懈可擊。有整整五十年，人們竟找不出他們的一項資料錯誤。

各位讀者，科學就是要求得世界的眞實面目。由於自然現象的紛繁複雜，由於我們的知識和觀察手段在一定階段的限制，我們對世界本來面目的認識總有一定的誤差。科學的任務就是不斷克服這種誤差，弄清眞相，逼近眞理。爲此達爾文才甘冒風浪之險，環球五年，去覓物種起源的根據；爲此居里夫人才不避煙火，煉鐳八年，去尋放射性的蹤跡；爲此，赫歇爾才不憚其苦地觀察記錄了十萬多顆恆星，終於弄清了銀河系的結構；爲此拉塞福才不厭其煩地分析了兩萬五千張基本粒子的照片，終於從六張片子中找到了人工轉變元素的根據。人們爲對付自然假象的蒙蔽，克服主觀與客觀間的誤差，最有效的武器莫過於「認眞」二字。所以在知識學習和科學研究中最不能原諒的就是「馬虎」一詞。試想，科學的任務本就是克服主觀與客觀間的誤差，而我們自己在工作中卻又製造誤差，容忍誤差，這豈不是自己欺騙自己？所以一切老實的，希望有作爲的科學家，無不把「認眞」二字刻在額頭上，有了這件法寶，那就無論什麼難題也要退避三舍了。

正是：

自然本是一座城，街巷門牌甚分明。

細心辨認都是路，馬馬虎虎行不通。

巴夫洛夫對工作要求極嚴，對自己也有極嚴格的規定。他每天總是上午九點開始工作，下午六點離開實驗室，中間有一個半小時的午餐。到七十歲後，他的工作時間改爲上午十點到下午五點。他每天來和去連一分鐘也不差。下午六點一到就回家吃飯，飯後玩一會牌，七點到九點睡覺，絕不會客，家裡的電話筒也拿下來。九點到十一點會客，吃茶點，十一點後工作到兩點再睡覺。

巴夫洛夫就這樣像一個時鐘一樣有規律有節奏的工作、研究、休息。一九三六年新年剛過，二月二十七日，他突然病倒，一陣昏迷之後，脈搏跳到每分鐘一百五十次。他吩咐把神經病理學教授尼琪琴請來。這位老人很安詳地說：「我研究了一輩子生理，弄懂了一些生理規律，但並不能阻止和改變它。自然規律是不可抗拒的。我知道自己將不久於人世。我唯一掛念的是國家的科學事業，是下一代的年輕科學工作者。我已擬好一篇遺囑，請您再爲我讀一遍，看還有無需要更改之處。」

尼琪琴教授含淚輕誦道：

我對於我國獻身科學的青年的願望是什麼呢？

第一點，最重要的，是連續性。

我每次談起這個有效的研究工作的必要條件，不能不感到心情上的激動。連續性，連續性，最後還是連續性！

從工作開頭起，在知識的積聚上，必須訓練自己嚴格的連續性。

為達到科學的預峰，你必須先從它的初步著手。當你還沒有把前面弄清楚的時候，切不要急於往前進。切不要用大膽的猜度和臆測來掩飾自己知識上的缺陷。肥皂泡的美麗色彩，雖足以使你眩目，但遲早終要破裂，到那時除了悵惘以外，你什麼也得不到。

你必須學習涵養和忍耐。在研究科學的時候，決不能怕用苦功——研究事實，對比事實，還要搜集事實。

試看鳥的翅膀，如果沒有空氣的支持，就不能使鳥提起來。事實就是科學家的空氣。如果沒有事實，你們就不能飛起。同樣，如果沒有事實，你們的理論都是白費的。

但是在研究和實驗的時候，又不能停留在事實的表面上，不要僅僅作一個事實的保管者，你必須徹底闡明事實根源的秘密，並且還要專求支配事實的規律。

第二點，是虛心。

你絕對不要以為你自己已經知道了一切。無論人家怎樣器重你，你時時要有自認為無知識的勇氣。

切不要使驕傲佔有了你。因為如果這樣，當你應該同意的時候，你就要執拗了，你將要拒絕別人的忠告和友誼的幫助，並且你將失掉你的客觀見解。

在我指導的集體方面，一切都靠著合作氣氛的支援。我們大家都趨向一個目標，每個人盡自己的能力來推動這共同的事業。在我們中間往往難於分出那些是你的工作，那些是我的。但這樣的做法對於我們共同的工作是只有益處沒有害處的。

第三點，是熱情。

你應記著，科學是需要我們終身努力的。假定你有兩倍的壽命，仍舊是不夠用的。科學是需要人們最大的努力和熱情的。當你工作和研究的時候，必須具有強烈的熱情！

尼琪琴讀罷這位先輩誠摯的囑託，淚珠早已掛在腮邊，周圍的人也都沉默不語。在場的有許多學生和助手，過去不知挨過這位老人的多少次訓斥，他們多麼希望再跟隨他做一次實驗，再聽聽他那嚴厲的聲音。但是，不可能了。老人現在聲音已很微弱，而且變得格外慈祥。他聽罷遺囑，平靜地說道：「好，就照這個樣子發表吧。我還有兩句話要說。一是自從我生病以來，我就在把自己作爲研究材料，也整理了幾篇論文，你們可以拿去作資料，這是一個病人兼醫生的第一手材料，或許有參考價值。這次昏迷之後，我自己覺得我的腦子腫脹，腦壁加厚了。我給照顧我的住院醫生說過，他們不信。尼琪琴先生，您是研究神經病理學的，我死後請您負責對我做病理解剖，驗證一下我的判斷。還有一件事，我在病中想到，我所以能活到八十七歲，身體一直健康，大概有三個原因：一是我從不沾菸酒；二是我一生的生活極有規律；三是我父母的身體很好，可能有遺傳因素。這些都供你們探討怎樣讓人們活得更健康、長壽時參考。特別是遺傳問題，還是一個很大的謎，値得我們研究生理、病理的科學家多下點功夫。」

老人越說聲音越小，他爲生理科學奮鬥了一生，但還是覺得有許多事未做完，想盡量將自己的身體和自己的經驗全都貢獻出來。在場的人只有含淚點頭，他們這一群醫學、生理學專家恨自己沒有回天之力，不能再挽留自己敬愛的師長在人世上多待一刻。

巴夫洛夫平靜地說完這許多話後，便幸福地閉上眼。他可以安息了，他爲人類的健康幸福，已經付出了足夠的心力。

到底巴夫洛夫留下的話別人怎樣去實現，且聽下回分解。

第六十九回 黃豌豆綠豌豆孟德爾詳察父和子 紅果蠅白果蠅摩爾根細究雌與雄◎1

——遺傳學說的創立

上回說到巴夫洛夫臨終時提到遺傳問題。欲說清此事，我們還得先退回半個世紀，從遺傳學的奠基人孟德爾◎2講起。

凡一個偉人，在其成名之後，總可以從他長成的過程中尋找到一點成功的因素。若也用這個道理來分析孟德爾的少年時代，那麼可用兩個字來概括，一是「美」，二是「苦」。

孟德爾出生於奧地利一個叫海因岑多夫的鄉村，這裡森林遍野，鮮花遮徑，氣候濕潤溫和，有「多瑙河之花」的美名。孟德爾的父親在家鄉務農，也很留心於園藝。孟德爾從小就受這樣一個極美的自然環境的薰陶，對植物的生長、開花極感興趣。他經常想：爲什麼不同的植物會開不同的花，結不同的果？而海因岑多夫莊園的女主人瓦德堡伯爵夫人也是一個熱心科學事業的人，她堅持在本地學校中增加了一門《自然》課，這對孟德爾實在是一大幸事。

但是，孟德爾在這樣美的自然環境裡卻過著很清苦的生活。他小學畢業後進了附近的中學，父母供不起他的一日三餐，他半饑半飽地讀了六年，雖勉強畢業，身體卻大傷元氣，經常鬧病。雖然他在學校成績極好，人又聰明，但是他明白，家裡是無論如何再供不起他上大學了。恰在這時父親在一次砍樹時被砸傷，再無力氣種地，便索性將地買掉，將錢分給孟德爾和他的姐姐泰妮莎。泰妮莎的這份錢是準備作嫁妝的，但是她看到弟弟聰明好學，便說：「不要因爲缺錢耽誤

註解

◎1. 摩爾根（西元 1866 年～ 1945 年）：Thomas Hunt Morgan。一般譯為摩根，此處因配合回目格律對稱而做摩爾根，內文仍作摩根。

◎2. 孟德爾（西元 1822 年～ 1884 年）：Gregor Johann Mendel。

了你的前程，你把我這份錢拿去讀書吧。」孟德爾就靠著這點錢，又半饑半飽地讀了四年大學。正像在小學階段時多虧有一個熱愛自然的伯爵夫人一樣，在大學裡孟德爾又遇見一個好的數學老師——法蘭茲博士◎3。這一段打下的數學基礎，竟是他以後在生物學上有所發現的關鍵。

大學畢業時◎4，吃盡了生活之苦的孟德爾決心要找一個再不為糊口操心的行業，以便能安心做學問。他去請教老師，老師說：「要是這樣的話，你最好去當修士。」於是，一八四三年十月九日，孟德爾進了設在布爾諾的聖奧古斯丁修道院。說來也巧，在孟德爾來這裡之前，修道院裡就有一名叫薩勒的神父極喜好植物。他主持在院裡開闢了一個很大的植物園，花草樹木一片蔥蘢，就和孟德爾小時候所在的莊園一般可愛。但是這薩勒有一樣壞毛病，就是極愛喝酒，常常在鎮上酒店裡深夜不歸。院長覺得這有損修道院的名聲，便在一天晚上等在院門口，見他搖搖晃晃地走來，便大喝一聲：「好大膽的薩勒，你這副樣子還配做一名神父嗎？」這薩勒還沉迷在酒後的心蕩神搖之中，一聽這話，便向院長鞠了一躬說：「主啊，我是不配進你這個門了！」說罷竟揚長而去了，再不歸來。他這一去不歸，倒給孟德爾留下了一個園子，留下一塊好的實驗基地。

各位讀者，關於遺傳問題在孟德爾之前早有許多生物學家眾說紛紜，各抒己見了，但是都沒有實驗根據。許多國家的科學院還專門為此特設懸賞獎金。到孟德爾著手這一問題時，達爾文已就物種起源做了較透徹的研究，但是都未能回答生物進化中遺傳與變異的具體根據。於是孟德爾就決心站在達爾文的肩膀上，開始更上一層樓。

現在孟德爾有了修道院這個「鐵飯碗」，再不用為吃穿發愁，又有了薩勒留下的一座好園子，萬事俱備，就只等他一展抱負了。

他仔細分析了他的前輩們的工作，發現他們一是沒有抽出生物的主要性狀來研究，許多現象混雜在一起，很難分清遺傳的脈絡；二是大多局限於個體觀察。這樣偶然性很大，差異很大，難以概括出規律。於是，孟德爾就選了豌豆來做他的實驗材料，因爲這種植物是自花授粉◎5，不怕外界的干擾。他在窗後園子裡專闢了一塊地，從種子商人那裡收集了三十二個品系的豌豆，仔細種植、提鍊，最後選出二十二種。各位讀者，你道這二十二種豌豆是什麼樣子，其他次要的特徵不說，你只要往地裡一站就看出它們有七對正好對應又截然不同的性狀，這就是種子有圓有皺；葉子有黃有綠；種皮有灰有白；豆莢有飽有癟；莢皮有綠有黃；花位有腋生頂生；莖桿有高有低。雖說是豌豆長在地裡，可是倒像擺在商店裡的貨色一樣，這般齊全又這般巧合。說來容易，要知孟德爾爲選出這些性狀明顯的品種已經整整費了七年心血，寒來暑往，其間辛苦自不必說了。但是，這才只是準備好了實驗材料。

現在孟德爾認爲品種已經很純，實驗可以開始了。於是他就按照對應品種一一雜交，拋開其他特徵，先觀察最主要的性狀，看它們的雜交一代（F1）與父母到底有什麼不同。誰知這新長出來的子一代，只清一色的繼承父母之中一方的特性。比如高株和矮株雜交，所得全是高株；灰色和白色雜交，所得全是灰色。孟德爾把高、灰等這類保留下來的特徵叫做「顯性」，矮、白等叫做「隱性」，這些性狀被隱去了。但是他沒有灰心，第二年又用上一年得到的雜交子一代（F1，雜種第一代）進行自交（F1×F1），所得的種子再播種，生成子二代（F2，雜種第一代）。這一

註解

◎3. 法蘭茲（西元 1783 年 ~ 1860 年）：Friedrich Franz。

◎4. 事實上孟德爾於 1843 年因家貧而輟學，1851 年才至維也納大學重新修習課程，1853 年從維也納大學畢業。

◎5. 自花授粉：即一朵花上同時有雄蕊和雌蕊，花粉自行由雄蕊授給雌蕊使子房受精、結子。

下奇怪的現象又出現了，和子一代F1的清一色不同，子二代F2不但有顯性性狀，而且曾經消失了的隱性性狀又出現了。孟德爾一口氣又種了兩百七十八個雜交組合，授粉之後他給豌豆套上布袋，小心地觀察記錄。這樣又經過幾年的種了收，收了種，從花色上雜交對比，從種子上雜交對比等等，翻來覆去地排列組合。現在他那間修士住的小屋裡除了聖經之外，架子上已堆滿了許多小布口袋，裡面鼓鼓囊囊全是豌豆，上面還標著F1、F2；高、矮；黃、綠等，只有他自己才能看懂的字和符號。

一八六五年，新年剛過，這天孟德爾又坐在桌子旁。他將聖經推到一邊，順手拾起一個種子口袋，沉甸甸的，心頭一陣歡喜，忽然想起自己和這些圓滾滾的小傢伙打交道不覺已有十年。再看看架子上那些小布袋，還有那厚厚的一本本觀察記錄，覺得資料已經不少，也該分析整理一下了。

各位讀者，我們前面說過孟德爾在上大學時曾得到一位數學教授的指導，所以他與其他研究生物的人不同，除了勤於觀察之外，還特別留心資料的對比分析。現在他將記錄本搬開，將十年所得的資料抄在一張紙上，反來倒去地演算。不一會他就列出前面這樣一張表來。（見左頁表格）

孟德爾仔細分析了表的最右一行，發現不管前面兩行數字多麼不同，但在這一行中比例卻都近似於3：1，他不覺高興地大喊一聲：「秘密原來在這裡！」從這些數字中孟德爾看到隱性性狀並沒有消失，它還是傳下來了。他假設，每個生物細胞中都有控制性狀的因數（我們今天

性狀	第二子代顯性數目	第二子代隱性數目	顯性：隱性
子葉的顏色	黃色 6022	綠色 2001	3.01：1
種子的形狀	圓粒 5474	皺粒 1850	2.96：1
種皮的顏色	灰色 705	白色 224	3.15：1
花的位置	腋生 651	頂生 207	3.14：1
莖的高度	高莖 787	矮莖 277	2.84：1
豆莢的形狀	飽滿 882	不飽滿 299	2.95：1
豆莢的顏色	未成熟 428	黃色 152	2.82：1

叫基因），因數在細胞中是成對的，到了受精時，精子與卵子就各帶一個因數，又結合成一對新的因數。這就是生物遺傳的分離定律，即遺傳學第一定律。

這就可以清楚地說明，在子一代時，隱性因數與顯性因數結合，它被掩蓋，所以全表現為顯性（高莖）。但是掩蓋並不一定消失，到子三代時，就可能出現純顯性因數結合、顯隱性因數結合及純隱性因數結合三種情況，它在比例上是1：2：1，但顯、隱結合時外表仍是顯性，所以顯、隱的總比例就是3：1。再往下繁殖一代時，顯、隱結合的那一部分（即「2」◎6）又可分成1：2：1，這樣顯性、隱性的遺傳就會準確無誤地永遠傳下去。這就說明，為什麼高個子的父親和低個子的母親所生的孩子，不一定都是他們的平均高度。否則，全世界的人早就是一樣的

註解

◎6. 指的是上述比例「1:2:1」中的「2」。

高了。

一對性狀雜交的子二代是3：1，要是兩對性狀呢？比如黃色圓形種子和綠色皺皮種子，它們的子二代是什麼樣子呢？這就有四種情況：黃色圓形、黃色皺皮、綠色圓形、綠色皺皮，比例爲9：3：3：1。純顯、隱性遺傳是3^2：1^2。要是三對性狀呢，純顯、隱性遺傳比例正好是3^3：1^3，依此類推。就是說，這些性狀都會參加組合，進行遺傳。這樣孟德爾又得出一條自由組合定律，即遺傳學第二定律。

各位讀者，故事說到這裡，您也許會想起這套書第二十三回曾講到一個人，他的研究方法與孟德爾多麼相似。那就是克卜勒，他也是將多年測得的行星運行資料這樣清單推算，從最後兩列中發現了其中的規律，從而確立了克卜勒定律。這說明科學研究除了觀察、實驗之外還要善於運用數學統計分析。許多規律和發現不是直接用眼看見、手摸著的，而是用筆、用電腦算出來的。讀者諸君中也許有正在學校讀書就學的，千萬不可看輕了數學的學習，現在看來枯燥的數字、符號，將來都是治學的得力武器，請大家記住馬克思的這句名言：「一種科學只有成功地運用數學時，才算達到了眞正完善的地步。」

再說孟德爾發現了遺傳規律後，一八六五年，剛好一場奧地利自然科學會議在布爾諾召開，他就興沖沖地到會中宣佈了這一成果，但是台下的人沒有一人能聽懂他在說什麼。第二年，他又寫了一篇論文，公開發表，還把這論文分送到歐洲的一百二十個圖書館裡去，但是誰也沒有注意這篇文章。孟德爾最後還是在園子裡安靜地擺弄那些花草、蜜蜂，他對自己的朋友尼斯爾說：

「讓那些論文先睡上幾十年覺吧，我相信，承認我的一天終將到來。」

沒有人理孟德爾的論文，倒不是大家有什麼偏見，因爲他超越時代實在太遠了。

「超前性」是任何偉大理論的共同特點。馬克斯威爾一八六四年發表電磁理論，一八八八年赫茲才證實電磁波的存在，他超前了二十四年，門得列夫一八六九年發表元素週期律，一八七五年布瓦博德蘭發現鎵，才證實了週期律，他超前了六年，愛因斯坦一九〇五年提出質能互變 $E=mc^2$，一九四五年第一顆原子彈爆炸，他超前了四十年。當孟德爾在一八六六年發表遺傳定律論文時，他奇怪爲什麼沒有人回應，但是他不知道，他的理論比實驗超前了三十四年。只有等人們對微觀細胞有了進一步的研究後才能驗證他的理論。

果然，這一天來到了。一九〇〇年春天荷蘭的德弗里斯◎5、德國的柯倫斯◎6和奧地利的賽塞內格◎7都各自獨立地通過實驗得出如我們敘述過的那種遺傳規律的結論。但是當他們在發表論文前查閱文獻資料時，又都同時發現孟德爾早已有言在先。孟德爾的論文在圖書館裡被塵土封埋了三十四年後又這樣戲劇性地被重新發現了。

孟德爾理論的重新被重視，還得感謝細胞學說的進步。原來一八七九年德國生物學家弗萊明◎8發現了一種辦法，用鹼性染料可以把細胞核內的微粒狀物質染成黃色，而且再不會褪色。有了這個標記，觀察起來就十分方便。弗萊明發現這些微粒先變成絲狀，這細胞再斷裂成數目相同的兩半，一個細胞就變成兩個，細胞原來是這樣分裂的。一八八〇年弗萊明就把這種能染上色的微粒叫做「染色體」，就是我們現在常說的這個名詞。

註解

◎ 5. 德弗里斯（西元 1848 年 ~ 1935 年）：Hugo Marie de Vries。

◎ 6. 柯倫斯（西元 1864 年 ~ 1933 年）：Carl Erich Correns。

◎ 7. 賽塞內格（西元 1871 年 ~ 1962 年）：Erich Tschermak, Edler von Seysenegg。

◎ 8. 弗萊明（西元 1843 年 ~ 1905 年）：Walther Flemming。

一九〇〇年孟德爾學說重新發現不久，過了四年，美國細胞學家薩頓◎9突然想到，孟德爾說遺傳因數成隻成對，我們細胞學界說染色體成雙成對，這兩個怕就是一回事吧？漸漸的遺傳規律就要到細胞內部來尋找根據了。

這時在美國有一個生理學家叫摩根，他有間奇怪的實驗室，裡面只有幾張舊桌子和幾千只瓶子。就靠這些瓶子，他培養了幾萬隻果蠅。這東西繁殖率高，生活史短，便於觀察。摩根本是不相信孟德爾學說的，但是一九一〇年的一天，他偶然發現許多紅眼果蠅中出現了一隻白眼果蠅。他出於好奇，便想：我何不也做一次雜交試驗。他讓紅白果蠅雜交，結果，下一代全是紅眼，顯然紅對白來說表現爲顯性，正合孟德爾的豌豆試驗。他不覺暗吃一驚。他又使子一代交配，子三代中的紅白比例正好是3：1，這下摩根對孟德爾五體投地了。

摩根決心沿著這條線索追下去，看看動物是怎樣遺傳的。他進一步觀察，發現子三代的白眼蠅全是雄性。這說明性狀（白）和性別（雄）的因數（後來叫基因）是「連鎖」在一起的。而細胞分裂時，染色體先由一變二，可見能夠遺傳性狀、性別的基因就在染色體上，通過細胞分裂一代代地傳了下去，染色體就是基因的載體。摩根和他的學生眞的還推算出了各種基因在染色體上的位置，並畫出了一張果蠅的染色體位置圖。

摩根的染色體理論成功地解釋了性別遺傳。原來，性細胞，即精子和卵子，除可先一分爲二，變成成倍的新細胞外，它還可以「減數分裂」。就是本來細胞中含有四十六個染色體，結果分裂後只剩二十三個。這樣兩個精子和卵子結合，又成爲一個有四十六個染色體的新細胞了，這就是新的生命。男女雙方的二十三個染色體有二十二個是普通染色體，只有一個是決定性別的。這一個在女性一方都是X染色體，在男性一方則有可能是X也可能是Y。精子與卵子結合時，如果雙方都含X染色體，則生女孩，如果X卵子碰到一個Y精子則生男孩。這個謎到摩根這裡才終於揭破了。於是他終於創立了著名的基因學說，並獲得了一九三三年的諾貝爾生理學或醫學獎金。

各位讀者，遺傳學的規律自孟德爾到摩根，其間過了四十多年才逐漸摸清。先是由孟德爾提出一個遺傳因數的假說，然後由後人一步步驗證，再提出新的假說，再驗證，科學就這樣向前發展了。恩格斯有一段話專門談這種研究方法。他說：「只要自然科學在思維著，它的發展形式就是假說。一個新的事實被觀察到了，它使得過去用來說明和它同類的事實的方式不中用了。從這一瞬間，就需要新的說明方式了——它最初僅僅以有限數量的事實和觀察爲基礎。進一步的觀察材料會使這些假說純化，取消一些，修正一些，直到最後純粹地構成定律。如果要等待構成定律的材料純化起來，那麼就是在此以前要把運用思維的研究停下來，而定律也就永遠不會出現。」

遺傳是由基因決定的，那麼基因又是由什麼構成的呢？生物學還有待向更微觀的領域開拓。孟德爾的假說被證實了，摩根接著又向後人提出一個假說，他在自己的名著《基因論》的末尾說道：「我仍然很難放棄這個可愛的假設：就是基因之所以穩定，是因爲它代表著一個有機的化學實體。」

這個假設是否能夠成立，且聽下回分解。

註解

◎ 9. 薩頓（西元 1877 年～ 1916 年）：Walter Stanborough Sutton。

第七十回　破密碼遺傳謎底終揭曉　大融合科學深處無疆界

——生命科學的發展

上回說到摩根在他的《基因論》一書末尾預言了基因是化學實體的假設。但是摩根總是念念不忘他的老本行——胚胎發育學，他作此預言之後就離開細胞遺傳學的研究而重操舊業去了。

這科學的研究總是從現象到本質，從宏觀到微觀，就如那物理從牛頓探討天體運行，直到拉塞福打碎原子，這生物學自從達爾文創立進化論，孟德爾、摩根發現遺傳規律之後，又漸漸追根到細胞內，進而又研究細胞核的結構。就如物理學進入核子物理階段一樣，生物學也進到了一個新階段——分子生物學，它要對生物細胞的分子結構進行探索，從而來破基因之謎。

其實在摩根之前就有人在作這樣的探索，不過當時未能引起人們的注意。一八六九年，瑞士人米歇爾◎1發現細胞核主要由含磷物質構成，二十年後人們發現這種物質是強酸，便稱為核酸。德國人科塞爾◎2將核酸水解，又發現它含有三種成份：核糖（五碳糖）、磷酸和有機鹼（含氮的雜環鹼基）。而有機鹼又共含有五種成份：胸腺嘧啶（T）、胞嘧啶（C）、腺嘌呤（A）、鳥嘌呤（G）、尿嘧啶（U）。這名字念起來有點彆扭，我們只要記住那五個字母就行，下面還會有用。這細胞核真像一個竹筍，到此為止已被剝掉好幾層皮了。但是科塞爾的學生美國化學家利文◎3接過竹筍又剝了一層，他發現核酸裡的糖比普通糖少一個碳原子，就叫它核糖（核酸又稱五碳糖，普通糖是六碳糖）。他又發現有些核糖少一個氧原子，就命為去氧核糖。

註解

◎1. 米歇爾（西元 1844 年 ~ 1895 年）：Friedrich Miescher。

◎2. 科塞爾（西元 1853 年 ~ 1927 年）：Ludwig Karl Martin Leonhard Albrecht Kossel。

◎3. 利文（西元 1869 年 ~ 1940 年）：Phoebus Aaron Theodore Levene。

這樣，核酸就有了兩種：核糖核酸（RNA）和去氧核糖核酸（DNA）。好，現在筍皮已經剝光，下一步且看摩根的繼承者怎樣在這個DNA上作文章。◎4

科學發展到二十世紀，和十九世紀以前相比，其研究方式已有了明顯的不同。一是，一個課題很難由本學科單獨完成，出現了多學科交叉。比如原子核的裂變便需要許多費米、哈恩一流的物理學家、化學家共同參與才能發現。二是，一個難題由一個科學家單獨解決越來越不可能，需要有龐大的實驗室、研究中心，要有許多科學家的通力協作才能完成。這個DNA就在這樣的時刻被拖到解剖臺上，而首先舉起解剖刀的卻是幾個物理學家。

三十年代中期，正是波耳領導的哥本哈根學派在與愛因斯坦大論戰，他們新創立的量子力學正蓬勃向上。這批物理學家不滿足於只用物理現象解釋自己的理論，觸角又向生物學伸來。

話說一九三二年夏天，哥本哈根正在召開一個國際光療會議。作爲物理學家的波耳不怕人說班門弄斧，竟與會在各國醫學家、生物學家面前作了一個《光與生命》的演講。他別出機杼，沒有就生物論生物，而是從量子力學出發，大談物理與生物的互補原理，使在場的許多專家聽得茅塞頓開，猶如久坐密室忽然打開窗戶，吹進一股清新的涼風。單說這時在台下有一位叫德爾布呂克◎5的青年。他雖然才二十六歲，但正是一位原子物理學家。德爾布呂克本是德國人，曾就讀於著名的哥廷根大學，這時正在丹麥波耳的實驗室裡工作。當時他聽了波耳的講話，忽然覺得和物理學相比生物學的微觀世界遠遠沒有被人涉足，而物理學的一些研究方法和原理正可以用於這門新學科。生理現象是比物理現象複雜，這原因就是它是生命的體現，而生命之謎正在遺傳，這

註解

◎4. 核酸的單體結構為核苷酸，亦即核苷酸為核酸的基本構成單位，每一個核苷酸分子有三部分組成：一個五碳糖、一個含氮鹼基、和一個磷酸基。如果糖是脫氧核糖，該聚合物是DNA。如果糖是核糖，該聚合物是RNA。構成DNA的核苷酸內主要含有四種鹼基：鳥嘌呤(G)、胸腺嘧啶(T)、腺嘌呤(A)、胞嘧啶(C)，構成RNA的核苷酸內主要含有四種鹼基：腺嘌呤（A）、鳥嘌呤（G）、胞嘧啶（C）和尿嘧啶（U）。

◎5. 德爾布呂克（西元1906年～1981年）：Max Ludwig Henning Delbrück。

是一個多麼誘人的題目。於是，德爾布呂克暗下決心，改弦更張，由物理轉入生物學研究。

這次大會不久，歐洲大陸戰雲密佈，科學家們紛紛避難美國。前面我們說到波耳也去美國參加研究原子彈去了。他的學生德爾布呂克也到了美國，但是他並沒有參加曼哈頓工程，而是一頭栽到摩根的研究基地——加州理工學院。這時他看到實驗室裡在使用一種「噬菌體」做細菌和病毒研究的材料。這噬菌體是一種病毒，它的結構簡單得出奇。它有一個六角形的頭，頭部中心含有DNA，頭部後面拖著一條尾巴，尾巴稍上又有六根尾絲。當噬菌體感染細菌時，先用六根尾絲牢牢地粘附在細菌壁上。這時它的尾部放出一種酶，把細菌的細胞壁溶解開一個洞，然後就可鑽入。噬菌體與其他生物的細胞染色體的基因有一樣的物理、化學屬性，但是它又極簡單，就是一層蛋白質外殼包了一組基因。而且它繁殖得很快，侵入大腸桿菌內後，只要二十分鐘就可繁殖數百個後代。德爾布呂克見到這東西心中不覺一喜。選擇最簡單而又典型的物件來研究，不是物理學中常用的方法嗎？要研究自由落體規律，就用一枚石子；要研究原子結構就先從只有一個質子、一個電子的氫原子入手。現在要研究基因，何不就從這個噬菌體身上突破呢？

噬菌體頭部含有DNA，其他部分都是蛋白質，現在的問題是要區分它進入大腸桿菌後是靠哪一部分遺傳繁殖的。好個搞原子物理的德爾布呂克，他立即從物理學的武器庫裡借來了放射性同位素標記法，和生物學家赫希◎6等人設計了一個極妙的試驗。

原來DNA中只存在磷，不存在硫，而蛋白質中大多是硫，只有極少的磷。於是他們用放射性磷（P—32）和放射性硫（S—35）來分別給DNA和蛋白質作了記號。然後用作了記號的噬菌體去感染大腸桿菌。帶有放射性的噬菌體就像背了一個發報機一樣，人們隨時可以接收到它發回的信號，掌握其行蹤。果然，這一著很靈。他們發現，當噬菌體侵入細菌內部時是將身體外殼留在細胞壁外，而將DNA滲入細胞內，這通過記錄到的P—32和S—35就可以分得一清二楚。確實是只有DNA進入大腸桿菌內。但是二十分鐘後生成的噬菌體仍和原來一模一樣，這就再清楚不過地證明只有DNA才是眞正的遺傳物質，執行遺傳任務的並不是蛋白質。德爾布呂克因這項發明而獲得一九六九年的諾貝爾生理學或醫學獎。

他半路出家，擅借他山之石，終於有此殊勳，被後人尊稱爲「分子生物學之父」。

DNA就是遺傳物質，那麼它是一個什麼樣的結構，怎樣實現遺傳呢？這個生物學中的大難題卻又是一個物理學家首先來作答案。讀者還記得，一九〇〇年這個年頭發生了兩件事，一是孟德爾遺傳學說被重新發現，二是普朗克創立能量子概念。想不到四十多年後這兩條各不相干的河流卻流到了一起。一九四四年量子力學家薛丁格寫了一本研究生物學的書《生命是什麼？》。他指出遺傳物質可能是由基本粒子連接起來的非週期性晶體。它就像電報中的電碼，通過「·」和「—」組合成一種口令，這種生命的口令被複製，傳給後代，這就是遺傳。眞是無獨有偶，薛丁格這本書和波耳的那篇演講同樣出手不凡，很快成爲名著廣爲流傳。在爲這本書所激動的許多讀者中也有一位青年物理學家叫克里克◎7，他本畢業於倫敦大學，曾專攻物理，但看到薛丁格的書後就如德爾布呂克一樣決心轉攻生物，便來到劍橋的卡文迪許實驗室。這時克里克遇到了從美國來的華生◎8，他本是學動物的，也受到薛丁格那本小冊子的影響來探索遺傳之謎。於是兩人

註解

◎ 6. 赫希（西元 1908 年～ 1997 年）：Alfred Day Hershey。

◎ 7. 克里克（西元 1916 年～ 2004 年）：Francis Harry Compton Crick。

◎ 8. 華生（西元 1928 年～）：James Dewey Watson。

合兵一處開始探求DNA的結構。當時一起向DNA這個神秘王國進軍的共有三支人馬。

這第一支人馬是倫敦大學的威爾金斯◎9領導的一個小組。他也是用物理辦法，請X射線來幫忙。因爲DNA是生物高分子，普通光學顯微鏡根本看不到它的分子結構。X射線波長很短，穿過DNA分子時，射線打在分子的不同位置，造成在一些方向上加強，在另一些方向上減弱，這叫繞射。分析這種繞射圖樣，就可以確定原子間的距離和排列，這樣就可以弄清它的分子結構。威爾金斯就用這種辦法拍到了一張DNA晶體結構的照片，這上面是一片雲狀的圈圈點點，他不敢立即下結論，只猜想DNA的結構大概是螺旋形的。

這第二支人馬是美國的結構化學權威鮑林◎10領導的小組。一九五一年夏天他先用X射線探測蛋白質的結構，順利地得出 α 螺旋模型，眼看離探清DNA的結構也只有一步之遙了。

這第三支人馬就是半路出家的華生和克里克了。論實驗條件是威爾金斯實驗室最好，論知識底子是鮑林最雄厚，但是論年齡卻是華生和克里克最年輕，思想也最少保守。

卻說這兩個年輕人日夜苦幹，決心打破這三軍鼎立的局面，首先奪魁。也合該他們得勝，機會終於到來。一九五一年五月華生在一個科學會議上遇見威爾金斯，威爾金斯身邊正帶著幾張DNA的X光繞射照片。華生歡喜異常，立即要了一張。威爾金斯倒不保守，和他們眞誠地談了自己的猜想。

再說華生得了這張照片，回到卡文迪許實驗室立即喊克里克快來。兩人伏在案頭好一陣切磋。DNA的結構是螺旋形，看來確定無疑了。這時華生拿起一個放大鏡仔細掃視圖面，突然他把目光停在一個十字狀的地方說道：「這地方有個交叉，我看這種螺旋很可能是雙層的，就像一個扶梯，旋轉而上，兩邊各有一個扶手。」

「對，很有道理。根據我們掌握的資料，威爾金斯小組的富蘭克林◎11也認爲它是一種雙鏈同軸排列。現在看來這個問題就只差一層窗戶紙沒有捅破了。到底在這個雙螺旋體裡T、C、A、G這四種物質怎樣組合排列，弄清這個也就弄清了DNA的模型。」克里克說著也感到很興奮。

「看來我們現在的主攻方向就是要立即製出一個DNA模型。有了這個模型才能說清遺傳機理。」

他們找來金屬絞合線，又參考了弗蘭克林測得的資料，兩人在實驗室的工作室裡做成又拆掉，拆了又重做，這樣連續十幾個月，總是找不到一個理想的模式。這天他們正在實驗室裡累得汗流滿面，突然助手推門進來說：「有了一個新方案。」

「什麼方案？」

「鮑林已經宣佈，他完成了DNA模型，是三股螺旋！」

這個消息可是非同小可，就是說在這場競賽中，對手已經超過他們衝到了終點。剛才還是一種迷惘的煩惱，現在更加一種失敗的沮喪。克里克一屁股坐在椅子上，順手將那些亂七八糟的木棒、線頭推到一旁。華生病呆呆地站在那裡，半天自語道：「三螺旋，這不大可能吧？」

事實上他們是虛驚一場。沒有多久各實驗室都證明三股螺旋的模型並不能解釋DNA的結

註解

◎ 9. 威爾金斯（西元 1916 年 ~ 2004 年）：Maurice Hugh Frederick Wilkins。

◎ 10. 鮑林（西元 1901 年 ~ 1994 年）：Linus Carl Pauling。

◎ 11. 富蘭克林（西元 1920 年 ~ 1958 年）：Rosalind Elsie Franklin。

構。華生和克里克經這場虛驚之後對自己的想法更有把握，更加緊了製作，卡文迪許實驗室的工作室也爲他們幫了大忙。一九五三年元旦剛過，華生和克里克就製出了一個新模型，在兩股糖與磷酸的螺旋鏈之間，夾著一一相同的鹼基。A基與A基相對，T基與T基相對。這種模型倒是符合已知的資料，但是結構彎扭，因碳基分子大小不同，使兩條外骨架發生了扭曲。

華生坐在桌旁。對著這個奇怪的模型陷入沉思。他想神秘的DNA應該是有一種和諧的、美的結構，決不應該這樣歪歪扭扭，他這樣想了一會兒便把鹼基拆下來重新換了個位置，大小搭配，讓A和T配對；G和C配對。這樣一來面前的模型眞如一條淩空翻舞的彩綢，那樣舒展自如，那樣輕鬆和諧。而且又符合前不久關於DNA結構的另一項發現：A、T兩基的數目與G、C兩基的數目都正好相等。DNA結構之謎從此解開。讀者也許要問，物質的客觀形狀與人主觀的美感有什麼關係，那華生何以從美學角度出發倒找到了問題的根本。原來自然中的生物卻常常是以一種美的、合理的結構存在。你看那樹葉上對稱的葉脈，你看飛鳥對稱的雙翅，還有那蜜蜂爲自己建造的蜂房都是標準的六角形小格，就是高明的建築師見了也嘆爲觀止。所以這美感決不獨爲藝術家所有，它又常常是科學家的一種素質。甚至現在還專門有一門工程美學。

再說華生和克里克得到這個美的、合理的模型，喜不自禁，便立即寫成一篇論文發表在一九五三年四月的英國《自然》雜誌上。他們在給編輯部的信中說：「這確是個奇特的模型。不過既然DNA是個不尋常的物質，我們也就敢作不尋常之想了。」的確，在這三支力量的競爭中，華生和克里克資歷最淺而首先奪魁，正得力於他們敢大膽想像，不循常規。後來，直到一九七四年，鮑林還遺憾地說：「我深知核酸內含有嘌呤和嘧啶，但為什麼就沒有想到給它們配對呢？我總在探討三螺旋，就是沒有去試一下雙螺旋。唉，那些極簡單的概念，有時竟是這樣難以捉摸。」華生他們的論文僅千來字，但足可與達爾文的《物種起源》相媲美，它開創了分子生物學的新時代。華生、克里克和威爾金斯因此同時獲得一九六二年諾貝爾生理學或醫學獎。

按照華生的模型，遺傳信息怎樣傳遞呢？在這條螺旋中兩股糖和磷酸組成梯子的兩側A—T、C—G連成梯子的橫槓。在一個人體細胞中，DNA梯子全長約有一公尺，所包含的橫槓就有六十億條之多。一個人的基因，它可能是梯子的一段，約有兩千條橫杠。

當細胞繁殖的時候，這條雙螺旋就從中間分開，猶如拉鍊一樣從中間分成兩半。這時每一個鹼基對都拆開了，但是這剩下的一半在浮游於細胞核內的分子中很快就找到了新的伴侶。A又與新的T結合，G又與新的C結合，這樣就形成兩個與原來的DNA一模一樣的複製品，這就是生命的遺傳。如果DNA在複製過程中出一點意外，就會造成物種的突變。

DNA上怎樣攜帶大量的遺傳基因呢？這正是薛丁格假設的密碼。構成DNA的四種核苷酸，每次取出三個構成一組，這樣排列組合便有了足夠的遺傳基因。六〇年代末用電子顯微鏡攝到的放大七百三十萬倍的DNA照片已經證實了這一點。而科學家的一個目標就是解譯這些密碼了。

各位讀者，人類認識世界是為了改造世界。正如認識了原子核的結構就要設法讓它釋放能量一樣，現在既然知道了遺傳密碼就要讓生物按照人的意志來遺傳和變異了。這便是生物遺傳工程。一九七三年，美國科學家第一次實現了按人的意志來製造新的生物。他們將大腸桿菌的一個帶抗四環素，和一個帶抗青黴素的遺傳信息的基因重新組合，又放回大腸桿菌中複製，結果新的菌就同時既帶抗四環素又帶抗青黴素。

別看這個極小的實驗，它的意義就如費米當年發現核裂變就可引來以後的原子彈爆炸一樣，預示著人類在生命領域也將要大顯身手了。比如胰島素是治療糖尿病的良藥，但是過去要從牲畜腦漿中提取，十萬隻羊腦才能提取到一毫克，何等昂貴。一九七七年人們已經能人工合成胰島素，讓那個繁殖很快的大腸桿菌按照這個基因去複製胰島素，它果然順利完成了任務。提取一毫克胰島素，只需要兩公升大腸桿菌培養液，從此就不用那麼多羊腦了，成本大大降低。

在農業方面，作物需要大量的氮，因此全世界每年要生產四千多萬噸氮肥。人們早就發現豆科植物可以自己依靠土壤中的根瘤菌來吸收空氣中的氮。如果我們能將這種遺傳密碼也送到小麥、水稻等作物中去，那麼全世界的氮肥廠就都可以關門了。

隨著人們解開遺傳之謎和生命科學的發展，在不遠的將來，人類將可以按自己的意志來製造新的生物，將可以通過修復和調節基因來治療疾病，改造生命自身。試想，當人類對大自然還不甚瞭解時，會是怎樣的盲目、被動，是怎樣地受著自然的嘲弄。但是隨著自然之謎的揭開，一天一天，人類終於成了自然的主人。當人類對自己的生命還不甚瞭解時，也曾是怎樣地受著疾病的折磨和嘲弄。現在，隨著生命之謎的揭開，人對自身的認識便出現了一個飛躍，其意義決不亞於當初哥白尼發現宇宙。從此，人類不但能改造世界、還能改造自己的生命，科學將使他們在宇宙間獲得最充分的自由。

第七十一回　究方法說書人試談相似論
論精神有志者不屈事竟成

——結束語

尊敬的讀者，本書到這一回就要結束了。當我們合書默想之時，會發現一個問題，就是科學家費盡心機所探索到的自然現象，原來如此相似。你看那伽利略望遠鏡裡的月亮和地球多麼相似；牛頓眼裡的月亮和蘋果多麼相似；拉塞福發現的小小原子結構和哥白尼發現的龐大太陽系結構多麼相似；摩根發現的果蠅遺傳和孟德爾發現的豌豆遺傳多麼相似，甚至人的基因結構和那最簡單的噬菌體病毒的基因結構多麼相似；普朗克發現的能量的量子化和祖沖之發現的圓周可以看成正多邊形的無數個邊多麼相似；電場和磁場多麼相似；電磁波和光波多麼相似；貝克勒爾發現的天然放射性和倫琴發現的陰極射線多麼相似；德布羅意發現的物質波和光波多麼相似；達爾文和華萊士遠隔萬里之外，分別發現的生物進化現象多麼相似；戴維發現的鉀與鈉的化學特性多麼相似；拉姆齊等發現的氦、氖、氬、氪、氙等惰性元素多麼相似；還有焦耳發現的電流生熱和摩擦生熱之間的相似，法拉第發現磁變電和電變磁之間的相似，甚至我們乍一看來毫無關係的人血液中血紅素與樹葉裡的葉綠素，其化學結構也很相似。

眞是大至宇宙，小至原子，從動物到植物，從人到細菌，好一個相似的世界！

這到底是爲什麼呢？辯證唯物主義告訴我們，外部世界是客觀存在的，是互相聯繫發展的。別的不談，我們只說這「聯繫」的一種重要形式就是相似（當然還有對立、變異等形式的聯繫）。

原來客觀世界不管它多麼複雜都可以分解成一定的層次，每一層次又都有一定的單元。這種不同單元和層次的排列組合就是一個複雜的世界。我們觀察客觀世界時只要像剝竹筍一樣一層層剝去，就能發現它們各自間的相似關係，通過這種相似關係就能發現制約每一層次的規律。比如宏觀宇宙間，眾星圍繞太陽運動是一個相似的層次，有克卜勒定律管著；而在微觀原子內，核外電子是一個相似層次，其作用力是電磁力；再深入到原子核中，質子、中子等又是一個相似層次，其作用是強作用力和弱相作用力。原子組成分子，分子組成各種物體，組成地球；眾星又組成太陽系；很多個星系又組成銀河系等。這樣一層一層組成世界。但是層次再多，我們只要找到其中的一層，就可以找到其中相似的聯繫。正如，世界上的人有幾十億，但總可以分爲少年、青年、中年、老年等幾個層次，只要是青年人，他們之間總有一些相似的聯繫。

在人對自然的探討中，無論是牛頓還是達爾文，阿基米德還是愛因斯坦，他們都是力圖通過一些相似的現象去發現其中的聯繫，然後概括出某個層次上的規律。不過有的人只能在低層次、淺層次發現規律，管得範圍小一些；有的人可以在高層次、深層次發現規律，管得範圍大一些。當伽利略在比薩斜塔上一站時，他發現了地球上的自由落體定律，而一六八七年當牛頓迎著涼爽的秋風，在蘋果樹下仰望明月時，蘋果與月亮的相似，使他發現了萬有引力，完成了人類認識自然的第一次理論大綜合（天、地間規律的綜合）；當一八四九年焦耳分析了電、機械、化學等運動的做功發熱的相似性時，確定了能量守恆定律，完成了人類認識自然的第二次理論大綜合；當一八七三年馬克斯威爾發現光、電、磁都是波的相似性時，將它們統一起來，建立了電磁理論，完成了第三次理論大綜合。科學史上的第四次理論大綜合，是迄今完成的一個最高層次，即一九○五年到一九一五年愛因斯坦創立的相對論。它揭示了「鐘慢尺縮」、「質能互變」等時間、物質在空間和運動中的相似變化，揭示了它們之間的本質的統一。

看來，自然界的事物常以相似（不是相同）關係來體現它們之間的聯繫，而抓住這種聯繫也就發現了規律。

人們在對相似規律的運用中又常表現爲幾種方式。

一是，從橫向看，通過相似形的擴大來加大研究的深度廣度。比如我們常見的白光，在牛頓之前，認爲是一色的。牛頓第一次用三棱鏡分出從紅到紫的七色，創光譜學，光的範圍由一段到七段，以後的研究者又向兩邊做相似形的擴大，紫外又有X光、γ射線、β射線，紅外又有微波、電視波、無線電波，不斷擴大戰果，就出現一個大的相似系列。

二是，通過發現兩事物間的相似聯接點，來開拓新的研究領域。比如本生發現不同元素都有自己的固定光譜，根據這一點相似聯繫便創立了光譜分析學，並得以發現銫、銣、鉈、銦、氦、氬等，開墾出一片新元素的處女地；居里夫人根據一些不同元素都有一定的放射性和相似聯繫，創立了放射化學，據此，人們發現了釙、鐳、錒、氡等，在元素王國裡又拓出一片領地。作爲物理學家的拉塞福，在研究原子放射性時，卻發現了原子的衰變，從而發現「放射性是原子現象，又是生成新物質的化學變化的伴隨物。」他在這個十字路口上不自覺地走進化學領域。因此，當他獲得一九二八年的諾貝爾化學獎時，連他自己也大吃一驚。他說我一生經歷許多變化，想不到這一次從物理學家變成了化學家。量子力學興起後，這個相似點更是聯結了許多學科，出現了量子物理，量子化學，量子生物等。作爲量子物理學家的薛丁格寫出了《生命是什麼？》，波耳寫出了《光和生命》將生物研究推向了一個新階段。事物間的相似點常常是暗渡陳倉出奇兵的好地方，只要選準，就會驟然取勝。

三是，從縱向看，通過事物發展的週期相似波，來預測方向，推動新的發現。比如化學元素的發現就由於新的研究方法的出現而相應出現了幾次相似的發現高潮：即化學分析法之後，電解法之後，光譜分析法之後，放射法之後等等。又如，人們對自然科學的研究，開始都包括在哲學裡面，後來又分成各門學科，研究再深入，又在分子水準、量子水準上得到統一，經歷了合——分——合的否定之否定的相似重複。前面說到，人類在認識自然過程中，每積累到一定程度就要出現一次相似的理論大綜合，已經出現了四次。按照這個規律，現在科學家們都在磨拳擦掌，希望能在第五次大綜合中立一頭功。

大自然中相似的單元和層次決定了其客觀存在的相似性，我們就可以按照「相似形」、「相似點」、「相似波」等各種方式去指導科學發現，開拓未知領域。

另一方面，大自然經過長期的進化，又篩選出了許多最優方案。所以我們還可以按照自然中的客觀存在去指導技術發明，創造新的文明。

人們千百年來的發明創造，實際上是通過「人工」來再現「天工」。是向自然求得相似。當美國政府費盡巨大的人力物力，試製成第一顆原子彈時，它不過是重複了太陽表面億萬年來就在進行的核裂變；當艾菲爾完成了三百多公尺高的巴黎鐵塔，全法國人都引爲自豪時，人們發現其結構和人的一根小腿骨並無二致，甚至兩者的表面角度都相符合。莫斯科人也爲自己的五百四十公尺高的電視鐵塔而自豪，但人們仔細一分析，其結構不過是一根纖細的竹竿。飛機是一九〇三年發明的，這是千百年來人類幻想與鳥相似的結果。而自從萊特兄弟的第一架飛機上天以來，這種飛行工具的每一次改進又都是從鳥身上繼續發現一些新的相似點。鳥的翅膀是拱形的，飛行時空氣會對它生成托舉力，飛機雙翅也是如此；鳥飛行時雙腿收到腹下，是爲了減少阻力，於是飛機的起落架也就收起，蜻蜓雙翅的前上方各有一塊深色的角質部分，這是爲了消除飛行中空氣阻力造成的顫振，於是飛機機翼上也有與此相似的抗顫部分。數學家和物理學家發現六角柱狀體是一種最經濟的形體。他們經過長時問的測算，算出這些柱狀體底面的三個菱形◎1的銳角是七十三度三十二分，鈍角是一百零九度二十八分，而這正是蜂窩的結構，竟連一分也不差。

中國生物學家貝時璋曾對生命下過一個定義：「『生命』就是物質、能量、資訊三者的理化、協調和有機統一的動作。」那神奇的電腦正是靠著硬體、電源、網路等接收資訊的裝置，相似於人的軀體、能量和視覺聽覺，然後用軟體將這些有機地統一起來。於是電腦能聽、能看、能寫，儼然是一個有「生命」的東西了。

我們平常說向老師學習，是因爲老師積累了很多知識，而大自然在億萬年間篩選、積累下來的最優模式正是一個最理想的老師。

註解

◎1. 意即一個正六角形柱，底部由三個全等的菱形作成。

我們在認識自然，改造自然的過程中，不但有相似的規律可循，有相似的模式可借鑒，更有趣的是，同時還生成許多相似的研究方法，甚至許多科學家還有相似的遭遇。門得列夫根據元素週期律準確地預言了元素鎵的性質，與勒維耶根據萬有引力準確地預言了海王星的位置多麼相似；法拉第由電變磁啓發而發現了磁變電與德布羅意由波是粒子啓發而發現粒子也是波多麼相似；本生利用不同元素有不同的光譜和居里夫人利用不同元素的放射性能使空氣生成不同的導電性來測量新元素多麼相似。正是因爲有了這些相似，我們才可以將科研方法大致分成幾類，才生成了許多方法論方面的專著。

各位讀者，當我們順著科學史的長河順流而下，這樣飄行了一趟之後，我們知道了許多知識，也瞭解到一些學習方法和研究方法。但還有一樣是更重要的，這就是爲我們開闢這條航道的科學家，他們在與大自然鬥爭中所表現出來的偉大精神。也許我們並不從事科學工作，有些知識和方法對我們並不直接有用，但是他們的這種精神將會如陽光一樣溫暖看我們的周身，無論走到哪裡，都會使我們受益無窮。擇要而說，大概有三種精神。

第一便是犧牲精神。對自然的認識是受無數代人連續不斷地工作才能完成的艱巨事業。所以凡是有志於從事自然科學研究的人就要準備將自己短暫的一生全部投入這無限的事業中去。這裡需要徹底的無私。除事業外，個人別無所求。只要能有一點發現，能爲後人的再發現開闢一寸道路，他就心滿意足了。所以克卜勒在發現了天體運行規律後說：「大事告成，書已寫出，甚至可能要等一個世紀才有讀者，這我就管不著了。」愛因斯坦在完成了廣義相對論後說：「我死不死無關緊要。廣義相對論已經問世了，這才是眞正重要的。」其甘爲事業捐軀的心懷多麼坦然。只要有了這一點便無堅不可攻，無峰不可攀。因爲治學猶如打仗，未知世界變幻無窮，總要有一點風險。這就要敢於冒險，要有先幹起來再說的膽量。正如歷史上不敢鋌而走險，揭竿而起，就永沒有農民起義的勝利。從沛縣的小吏劉邦到鳳陽的放牛娃朱元璋，無不是以這種冒險之勇而得天下的。而從達爾文在貝格爾艦上撈起第一塊貝殼到居里夫人在小木棚子裡第一天支起煉鐳的大鍋，任何一項科學發現。無不是以敢鬥敢闖才有成功的。所以愛因斯坦說：「物理學是一種認識的冒險。」只不過它不如政治、軍事鬥爭那樣會大量的流血，所以這一點不大爲人注意，但其道路是一樣的。

第二是創造精神。當我們開始登上治學之路時，第一是繼承，是將前人已掌握的知識接受過來。一般人做到這一步也就爲止了。而科學家卻不甘心於只數別人的腳印，我們看牛頓、法拉第、巴斯德、達爾文、拉塞福等這些偉人，他們讀了一些書，一旦接受到一種新思想的啓迪之後，便立即進入自己的創造軌道；去頑強追求前人沒有發現的東西。當愛因斯坦還是個十六歲的中學生時就有了自己對於世界的獨特思考。一部科學發現年表幾乎全部爲青年人所佔有。只有不斷地創造，科學才能發展，才能延續。

創造是科學的生命，同時也是科學家的生命。科霍◎2作爲一名普通的鄉村醫生，經過頑強的觀察和實驗成了細菌學的開山鼻祖，他發現了結核菌這個可怕的殺人犯，獲得了一種創造的飛躍。有人說得好：「這出人意料的一躍，科霍離開了許許多多無名醫生的隊伍，降落在最有獨創

註解

◎2. 科霍（西元 1843 年～ 1910 年）：Robert Koch。

性的研究家之中了。」世界之大，歷史之久，曾湧現過多少學者專家，爲什麼只有如牛頓、愛因斯坦這樣的少數偉人永存呢？這是因爲他們有所創造，歷史才承認他，才肯回報他一席之地。他們在創造歷史中也創造了自己的價值，自己的生命（一個科學家的生命）。當居里夫人從八噸鈾礦渣中大海撈針般地尋找鐳時，當拉塞福決心打碎原子看個究竟時，他們覺得不這樣做，活著就沒有價值。正是這種強烈的創造欲望支持著他們不斷發現，不斷開拓。一個人云亦云，毫無創新的人，可能在官場上還能混下去，甚至可以紅光滿面，榮寵一生。但是在科學的講壇上，他只要還是重複一遍昨天的話，就再沒有一個人聽。

第三是刻苦精神。就是要頑強、勤奮、認眞。科學研究既然是從未知世界中探眞知，就不會是囊中取物，甕中捉鼈，不會易如反掌。它包含有比成功更多的失敗、犧牲和挫折。沒有這個思想準備就不要來敲科學的大門。但眞正的學者既然抱定犧牲之心，吃苦也就算不得什麼了。達爾文考察生物，五年環球，櫛風沐雨；瓦特改進蒸汽機，二十年含辛茹苦；弗萊明等人研究青黴素，十七年不間斷，奔波於大西洋兩岸；瑞利、拉姆齊等追蹤氦元素二十七年，從天上找到地下。當這些科學家在一個早晨突然宣佈自己的新發現時，人們羨慕，敬佩甚至嫉妒，但是有誰知道他們已付出了十年、幾十年的心血呢？當居里夫人在八噸鈾礦渣中煉得零點一克鐳鹽，當拉塞福在兩萬五千張基本粒子的照片中終於得到六張人工轉變元素的照片時，人們尊他們爲第一批敲開原子物理大門的人。但是這些開拓者的腿上、手上已經被沿途的荊棘劃得傷痕斑斑：科學史上每一次光榮的發現背後都有一串兒浸滿血、淚、汗的腳印。正如地面上每一棵迎著陽光的綠樹，地下都有同樣大、同樣密的根系在艱難地穿過苦澀的土石，吸收養料和水分。

一個科學家當他不怕犧牲，擅於創造，又特別能吃苦時，成功就在眼前了。

尊敬的讀者，眾位科學家發明創造的事故，講到這裡告一段落。相信他們創造的知識，他們的治學方法，和他們獻身事業的精神，一定能對您有所裨益。

大家在緊張地學習、工作之餘還能卒讀這本小書，作者謹表深深的謝意。

國家圖書館出版品預行編目 (CIP) 資料

數理化通俗演義（下）／梁衡 著 ——二版
——臺中市：好讀出版有限公司，2023.09
面； 公分——（一本就懂；27）
ISBN 978-986-178-681-0（下冊 : 平裝）
1.CST: 科學 2.CST: 通俗作品
307.9 112012663

好讀出版

一本就懂 27

數理化通俗演義（下）【新裝版】

作　　者／梁　衡
審　　訂／徐桂珠
總 編 輯／鄧茵茵
文字編輯／莊銘桓
美術編輯／王志峯、鄭年亨
行銷企畫／劉恩綺
發 行 所／好讀出版有限公司
407 台中市西屯區工業 30 路 1 號、407 台中市西屯區大有街 13 號（編輯部）
TEL:04-23157795　FAX:04-23144188
http://howdo.morningstar.com.tw
(如對本書編輯或內容有意見，請來電或上網告訴我們)
法律顧問／陳思成律師

讀者服務專線：02-23672044 / 04-23595819#212
讀者傳真專線：02-23635741 / 04-23595493
讀者服務信箱：service@morningstar.com.tw
晨星網路書店：http://www.morningstar.com.tw
郵政劃撥：15060393（知己圖書股份有限公司）

二版／西元 2023 年 9 月 01 日
初版／西元 2016 年 7 月 15 日
定價／ 370 元
如有破損或裝訂錯誤，請寄回 407 台中市西屯區工業區 30 路 1 號更換（好讀倉儲部收）

Published by How Do Publishing Co., Ltd.
2023 Printed in Taiwan

ISBN 978-986-178-681-0